本书是教育部人文社会科学重点研究基地中国公共管理研究中心自设项目和中山大学“优秀青年教师培养计划”的阶段性成果。

空气污染治理国际比较研究

叶　林／著

Comparative Studies on Air Pollution Control Policies

总 序

经过30多年的改革，中国经济和社会发生了根本性变化。如何适应经济、社会变迁，重构国家治理体系，已是中国国家建设面临的最大挑战。2013年11月，中共十八届三中全会通过了《中共中央关于全面深化改革若干重大问题的决定》（简称《决定》）。在这份对中国未来进行整体规划的指南性文件中，执政党首次提出“推进国家治理体系和治理能力现代化”的改革目标，并将其提到前所未有的高度。《决定》同时指出，“到2020年，在重要领域和关键环节改革上取得决定性成果”，并“形成系统完备、科学规范、运行有效的制度体系，使各方面制度更加成熟更加定型”。2014年2月17日，习近平主席在主要领导干部学习贯彻十八届三中全会精神、全面深化改革专题研讨班上进一步指出，党的十八届三中全会提出的全面深化改革的总目标，就是完善和发展中国特色社会主义制度、推进国家治理体系和治理能力现代化。

在推进国家治理体系和治理能力现代化的过程中，作为一个历史悠久、人口众多、内部差异性比较大，而且文化、政治传统独特的发展中大国，中国必须立足于自身的文化、政治和治理传统，充分考虑本国国情，针对中国治理面临的重大问题和挑战，以实现国家的长治久安、实现国强民富、构建一个公平公正和谐幸福的属于绝大数人的美好社会为目标，不断探索创新，构建一个符合中国历史和国情的国家治理体系。在这个过程中，应防止简单复制和移植其他国家、尤其是过去两百年来在全球占主导地位的西方国家的治理模式。然而，扎根历史，立足现实，坚持特色，并不等于固步自封，盲目自大。古语云，“他山之石，可以攻玉”。各国治理皆有其所长，有其所短。为了推进国家治理体系和治理能力现代化，中国应充分、广泛地学习和借鉴世界各国的治理经验。同时，在全球化发展日益深入的今天，各国经济联系越来越紧密，世界各国的治理越来越互相依赖。这也要求我们充分了解其他国家的治理体系和治理模式。

为了对中国国家治理体系和治理能力现代化贡献绵薄之力，2014 年 4 月，中山大学成立国家治理研究院。中山大学国家治理研究院是一个“智库”型的研究机构，重点研究治理哲学和理论、国家治理制度、重大公共政策、中国地方治理、比较国家治理、互联网与国家治理，等等。为推动国家治理的比较研究，有针对性地借鉴世界各国的治理经验，由中山大学国家治理研究院牵头，中山大学公共管理研究中心、政治与公共事务学院、传播与设计学院共同参与，编纂“国家治理比较研究丛书”。本丛书的宗旨有三：一是，针对中国治理面临的问题和挑战，研究世界各国相关治理经验，提炼出对中国治理有用的经验；二是，开展世界各国治理模式的比较研究，形成对中国国家治理体系现代化有价值的建议；三是，推动中国治理与世界各国治理的比较研究，推动中国治理模式和治理经验国际化。

是为序。

中山大学国家治理研究院

目　录

序

在过去的几年中,“雾霾”已经成为中国点击率最高的词汇之一。我国的许多城市纷纷陷入“你我对面不相识”的严重空气污染之中。2013 年 12 月 6 日,我国 20 个省份 104 个城市空气质量达到重污染的程度,中央气象台发布了自有霾预警以来的首个橙色预警。2013 年全国平均雾霾日数已经成为有记录以来的历史之最。我国快速城市化下正面临着一系列空气污染的威胁,阴霾的“魔爪”在本应该蔚蓝美好的城市天空中肆虐,危害着亿万城市居民的身体健康,严重损害着公众的生活质量。

环顾四周,不禁使我们困惑,恶劣的空气质量是城市化必须经历的噩梦吗?其他国家是如何度过这个难关,治理空气污染的?带着对这些问题的疑惑,2013 年初,我受到马骏教授和何艳玲教授的委托,开始了对空气污染治理的国际经验探索。这是一个对我来说既熟悉又陌生的领域。熟悉的是空气污染治理与其他公共治理一样,都需要对其中的参与主体,包括政府、企业、社会和公民进行全面的分析,特别是空气污染治理的城市性和跨域性都与我之前对城市与区域发展的研究有所联系。陌生的是空气污染治理是一个结合了自然科学和社会科学的议题,作为环境保护的一个重要内容,这是我在近几年的公共管理研究中尚未涉及的。带着这个重要的问题,我和课题组成员开始了为期一年的研究。在研究中遇到的困难主要包括:较难进行实地的第一手调研,大量的文件、数据和政策都需要通过对中外文的期刊、网站和书籍进行梳理和分析。在研究中我们也发现,我国对空气污染治理的研究大多还停留在技术分析的阶段,现有的专著很少涉及空气污染治理的政策、多国的比较和理论的提升。这对课题组既是一个填补国内研究空白的机会,也增添了探索创新的挑战。

经过前期的详细准备,本书写作的主要内容确定为欧洲篇、美洲篇和亚洲篇的国际经验比较。欧洲篇包括了英国、德国和法国三个传统工业化强国,美洲篇包括了美国和加拿大为代表的北美工业化国家,亚洲篇包括了新加坡、日本和中国香港三个新型工业化国家和地区。本书希望通过对不同地区、不同发展阶段的国家空气污染治理经验的对比,得出可供我国借鉴的经验。在写作结构上,本书对不同国家和地区空气污染与城市化进程、重要立法和政策特色等主要内容进行了分析、比较和总结,发现虽然各地历史背景不同,空气污染情况各异,治理措施多种多样,但是都反映了一种"公众行动—政府立法—技术创新—多方协同"的合作治理模式。这与本书的写作目的不谋而合,公共治理的最佳模式也是空气污染治理的成功经验。

本书的主要目的是对不同国家空气污染治理的实践经验进行探讨和对比,结合学术界有关公共事务治理的理论思考,以政策实践为基础,分析国际经验与我国面临的困境和发展的趋势,并提出解决空气污染问题的可行路径。由于各个国家的空气污染治理立法繁多、政策复杂,也由于作者的能力有限,难免出现遗漏和不足,甚至是以偏概全,希望得到同行和读者的指正。本书的撰写参考了大量的文献资料,在文中尽最大努力进行了标注和引用,难免还有不尽之处,希望得到同行和读者们的指正。我在中山大学政治与公共事务管理学院指导的多位学生协助了各个章节的资料收集,在此向他们致以感谢。梅双同学协助搜集了美国的相关资料,张光明同学协助搜集了英国和德国的相关资料,傅超同学协助搜集了法国的相关资料,贾德清同学协助搜集了加拿大的相关资料,夏晓凤同学协助搜集了新加坡、日本和香港的相关资料,梁托、罗丽叶、张育琴和高颖玲等同学协助了相关资料的整理，特别感谢谢萍同学对部分法语资料进行了翻译。希望他们在这个过程中也有所收获。

希望本书的出版能为关注中国城市空气质量的各方人士提供一个参考，为重现中国城市的蔚蓝天空作出贡献。感谢马骏教授和何艳玲教授对本书写作的启发，感谢中央编译出版社的总编助理贾宇琰女士和王琳编辑的指导与支持。本书是教育部人文社会科学重点研究基地中国公共管理研究中心自设项目和中山大学“优秀青年教师培养计划”的阶段性成果。

叶林

2014 年 6 月于逸湖居

第一章　城市化与空气污染：一个世界范围的难题

第一节　城市化、空气污染及其影响

一、全球城市化历程

城市是人类文明进步的标志，是人类经济、政治和社会生活的中心。城市化不但是人类社会进步必然要经过的过程，也是人类社会结构变革的重要推动力量。城市化的程度是衡量一个国家和地区经济、社会、文化、科技水平的重要标志，也对不同国家和地区的社会发展和管理水平提出了重要的要求和深远的挑战。城市化为人类带来了翻天覆地的变化，其影响之巨大，意义之深远，都可以说是人类文明发展史上最重要的变化之一。城市化是指人口向城市聚集、城市规模扩大以及由此引起一系列经济社会变化的过程，其实质是经济结构、社会结构和空间结构的变迁。从经济结构变迁看，城市化过程是农业活动逐步向非农业活动转化和产业结构升级的过程；从社会结构变迁看，城市化是农村人口逐步转变为城市人口以及城市文化、生活方式和价值观念向农村扩散的过程；从空间结构变迁看，城市化是各种生产要素和产业活动向城市地区聚集以及聚集后的再分散过程。然而，随着城市化进程的深入，越来越多的城市人口，日益膨胀的城市规模，给自然环境带来了沉重的压力。像很多次人类经济社会的进步一样，城市化过程中也夹杂着许多不和谐之音。蔚蓝的天空日益浑浊，在世界上许多国家的城市化进程中，空气污染都成为繁重的负担，演变成各个国家和地区难以回避的重要难题。

“城市化”一词起源于拉丁文“Urbanization”的概念，最早源于1867年西班牙工程师塞达（A. Serda）的著作《城镇化基本理论》，这一概念被用来大致描述乡村向城市演变的过程。早在原始社会向奴隶社会转变的时期，就出现了城市的原始形态。世界上最古老的城市可以追溯到近一万年前约旦河西岸的城市雏形。中国在四千多年前的夏朝就有了“都城”的概念。但是，在早期人类社会，以游牧为主的生产力发展水平使城市的规模发展不快，城市人口的增加也比较缓慢。直到1800年，全世界的城市人口只占总人口的3%。人类社会早期，空气污染主要是自然因素造成的，如火山爆发以及雷电、日照引发的森林大火。早期人类行为对空气造成污染的原因主要是由于大范围火灾引发的有害气体污染。在欧洲移民到达美洲大陆之前，印第安人尽管使用了自然资源，并开垦了大量土地，种植了马铃薯、玉米等农作物，但并未产生空气污染。随着人类生产力的不断提高，煤开始成为人类生产生活的主要能源，并产生了大量烟尘。直至今天，空气污染主要的来源依然是人类使用的包括煤炭在内的燃烧性能源。

作为一种全球性的现象，城市化的真正腾飞开始于西方工业革命之后。随着产业革命的掀起，机器大工业和社会化大生产成为经济发展的主要推动力，规模化的资本主义生产方式在世界范围内催生了新兴的工业城市。在工业化和城市化双重力量的推动下，城市人口迅速增长，城市人口比例不断上升。1800—1950年，地球上的总人口增加1.6倍，而城市人口却增加了23倍。从1800年至今，世界人口从9亿增加到70亿，增长了近7倍，其中城市人口则从不到3000万增加到36亿，增长了超过120倍。这也催生了更加严重的空气污染。

工业革命前，人类的生产活动会产生烟或烟尘，虽然烟尘会对人类的生活健康造成影响，但由于这种烟或烟尘影响范围小、易于从使用源头进行控制，因此并没有成为社会普遍关注的问题。1765 年，瓦特发明的蒸汽机成为第一次工业革命的重要标志之一。1807 年，美国人富尔顿发明了蒸汽轮船，并在哈德逊河上航行成功。1814 年，英国人史蒂芬森研制出世界上第一辆蒸汽机车并运行成功。1825 年，英国建成了世界上第一条铁路。1840 年后，美国也开始了大规模兴建铁路。蒸汽机成为车辆、船舶等交通工具上的首选动力。与此同时，蒸汽机还为机械大工业的发展解决了最为重要的动力问题，也为机械大工厂的建立开拓了广阔的地理空间。蒸汽机和机械化的普及，使人类的足迹遍及地球的各个角落。蒸汽机的出现推动了工业的发展和交通工具的革新，充足的燃料使人类大量兴建工厂，铺设铁路、开通火车、建造轮船将货物运送到陆地、河流、海洋的各个地区。然而，由于蒸汽机燃料燃烧排放的尾气，人类社会开始面临着前所未有的空气污染危机。

在第一次工业革命的技术大跃进基础上，以电力为标志的第二次工业革命进一步增加了人类社会对能源的依赖，带来了更严重的有害气体排放隐患。1866 年，德国人西门子制造出了发电机。19 世纪 70 年代，电力开始逐步取代蒸汽运用于工业生产。1882 年，爱迪生建立了美国第一个火力发电站，开创了电力的时代。19 世纪 80 年代中期，戴姆勒和卡尔·本茨设计了以汽油为燃料的轻内燃发动机，成为现代发动机的雏形。19 世纪 90 年代，工程师狄塞尔设计出了使用柴油作为燃料的内燃发动机，其燃烧和驱动效率比汽油发动机更高，但同时也带来了更为严重的尾气污染。汽油和柴油内燃机的发明，引起了交通运输领域的革命性变革，汽车、飞机、轮船、火车等都广泛使用内燃机作为驱动，同时也推动了石油开采业和石油化学工业的产生，石油从此开始成为一种重要能源。这些原料和电力的大量使用，大力推动了汽车、火车、轮船、飞机的生产，为大机器生产提供了源源不断的动力支持，使夜晚如同白天一样明亮，人类创造出前所未有的巨大物质财富。

在工业化的初期，尽管交通工具的运行、电厂的运转以及工厂的生产活动会带来黑烟、异味以及令人难受的噪音，但人们还是为其所带来的物质财富和更便捷的生活所兴奋。人们不仅不反对烟尘对空气造成的污染，反而认为烟尘是经济发展和城市繁荣的象征，是人类社会进步的标志。因为有烟尘的地方就会有运转的工厂，有烟尘的地方就会有聚集的人群，就会有工作机会，也就会带来财富，烟尘越多代表工厂越多。所以，在煤与钢铁的早期时代，城市工业中心将工业产生的浓烟看作是进步的象征和市民社会的成功。① 这一时期的烟尘并不像 20 世纪中期以后那样引起世界各国和各大城市的重视，人们对空气污染的担忧还处于萌芽状态。

当代意义上的空气污染是在 19 世纪的工业革命后，随着工业化和城市化的发展而出现的，其集中的区域主要是城市。城市能够为工业发展提供人力、物力和财力，而工业发展又为人员集中提供了条件。因此，城市集中了大量的工厂和企业，并在集中的区域内造成了严重的空气污染。随着煤作为工业能源的大量使用，各国城市产生了严重的以煤烟型为主体的空气污染。②

由于自然条件、地理环境、人口数量和社会经济发展的不平衡，各国城市化的水平和速度相差很大。在全世界城市化的进程中，特别是过去 30 年中世界人口向城市迁移的进程中，中国占据了极其重要的地位。正如图 1.1 所示，发达国家的城市居住人口比例从 1950 年的 55% 左右增长到 2010 年的 75% 以上。在同一时期，欠发达国家的城市居住人口比例从低于 20% 增长到 45% 左右。在 21 世纪，如果剔除中国的影响，欠发达国家的城市居住人口比例将有一个约为 3% ~5% 的下降。由此可见，中国人口向城市的聚集在全球范围内都有着显著的影响。

---

① Carolyn Merchant, *The Columbia Guide to American Environmental History*, Columbia University Press, 2002.

② 尹志军：《美国环境法史论》，中国政法大学博士学位论文，2005 年。

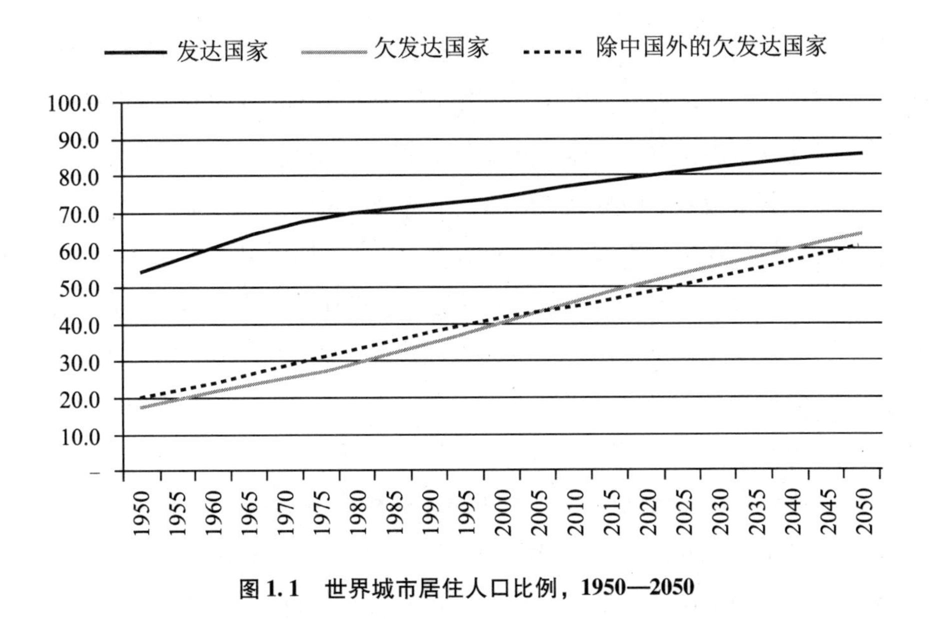

图 1.1　世界城市居住人口比例，1950—2050

数据来源：United Nations，Department of Economic and Social Affairs，Population Division，"World Urbanization Prospects：The 2011 Revision"。

二、城市化与空气污染：主要类型、特征及全球分布

城市化使人类文明发展到一个新的高度，但是同时也给自然环境带来了巨大的挑战。占据地球总面积一小部分的城市排放了占全球总排放量大部分的二氧化碳，消耗着大部分的资源。特别是发展中国家的城市规模迅速扩大，人口高度集中，贫困和城市环境恶化等现代工业化社会的根本性问题日益暴露出来。当今世界大部分的城市人口居住在发展中国家，贫困人口中至少有一半人的基本生活需求得不到保障。此外，交通拥挤、环境污染、住房紧张、资源短缺、治安混乱等问题严重影响着社会的稳定和健康发展。空气污染日益成为一个突出的问题。

（一）空气污染的类型

空气污染是众多城市都面临着的一个很严重的问题。城市生产和市民生活排放出的二氧化碳、二氧化硫、一氧化碳等气体和有害的悬浮颗

粒物是空气污染的主要来源，引起热岛效应，严重影响着城市的环境和经济发展。空气污染就危害而言主要有三种：一是因使用化石燃料排放的二氧化碳等温室效应气体而导致全球变暖；二是由化学制品氟利昂等气体而引起平流层中的臭氧层破坏，也就是常说的臭氧空洞；三是二氧化硫等酸性气体广为扩散，形成酸雨等，其危害加深。①

一般来说，三种广泛存在的空气污染物对环境与人类健康的危害最大：（1）二氧化硫（SO_2），在冶炼或者其他工业过程中，由含硫量高的化石燃料在燃烧过程中产生；（2）氮氧化物（NO_X），由移动源（如汽车）和静止源（如发电厂）产生；（3）颗粒物（Particulate Matter，PM），即指悬浮在空气中的细小颗粒，颗粒物根据粒径大小来进行分类，粒径小于10μm被称为PM10，粒径小于2.5 μm被称为PM2.5，汽车、发电厂和工业过程都可以产生颗粒物。根据世界卫生组织2005年版《空气质量准则》指出："当PM2.5浓度达到每立方米35微克时，人的死亡风险比每立方米10微克的情形约增加15%。"②

其他的污染物还包括：（1）一氧化碳（CO），一种无味气体，主要经过没有安装催化转换器的汽车排放，工业生产中化石燃料的燃烧也会排放一氧化碳；（2）铅，一种由使用含铅汽油的汽车排放的颗粒物质；（3）臭氧，由挥发性有机物（VOCs）和氮氧化物（NOx）在晴朗和无风的天气情况下产生；（4）挥发性有机物（VOCs），包括碳氢化合物、乙醇、乙醛和乙醚，碳氢化合物在臭氧形成中发挥作用，并且由工业过程以及汽车尾气产生。③ 总的来说，空气污染的物质主要有以下几种：

二氧化硫

二氧化硫是一种无色气体，可溶于水，并与空气中的水滴发生反应

---

① 刘民望：《成为大气环境问题的世界性城市化》，载《大气环境》，1991年第5期。

② 世界卫生组织："关于颗粒物、臭氧、二氧化氮和二氧化硫的空气质量准则"，2005年全球更新版，"风险评估概要"，第11页。

③ 李虎军：《直面细尘埃》，载《财经》，2009年第242期。

后可被氧化。二氧化硫的最重要来源是化石燃料燃烧，冶炼，制造硫酸以及焚烧垃圾。其中煤炭燃烧是二氧化硫最主要的来源，占每年排放量的50%左右。

氮氧化物

氮氧化物是一个集体名词，用来指氮的氧化物中的两个种类：一氧化氮（NO）和二氧化氮（NO_2）。在全球范围内，自然产生的氮氧化物（由细菌、火山活动和雷电引起）的数量远远大于人为的排放量。人为排放主要包括固定污染源的化石燃料燃烧，即发电和移动源（运输）。其他主要来自非燃烧过程，例如，硝酸制造、焊接过程和炸药使用。

一氧化碳

一氧化碳是一种无色、无味的气体，比空气略轻。一氧化碳是所有的碳物种在氧气中燃烧时必须经过的一个中间产物。在氧气充足的情况下，燃烧过程中产生的一氧化碳立即被氧化为二氧化碳。然而，当氧气不足、燃烧不充分的时候便产生了一氧化碳。一氧化碳是大气中分布最广和数量最多的污染物，也是燃烧过程中生成的重要污染物之一。大气中的一氧化碳主要来源是内燃机排气，其次是锅炉中化石燃料的燃烧。

颗粒物

颗粒物特指悬浮在空气中的固体颗粒或液滴，是空气污染的主要来源之一，其中，直径小于或等于10微米的颗粒物称为可吸入颗粒物（PM10）；直径小于或等于2.5微米的颗粒物称为细颗粒物（PM2.5）。颗粒物的成分很复杂，主要取决于其来源。主要的来源是从地表扬起的尘土，含有氧化物矿物和其他成分。一部分颗粒物是自然过程产生的，源自火山爆发、沙尘暴、森林火灾等；另外一些颗粒物往往是由于人类行为造成的，比如化石燃料（煤、石油等）、垃圾焚烧以及汽车尾气排放。表1.1简单描述了主要的空气污染物及其来源。

表 1.1　主要的空气污染物及其来源

污染物	来源
二氧化硫	以煤和石油为燃料的火力发电厂、工业锅炉、垃圾焚烧炉、生活取暖、柴油发动机、金属冶炼厂、造纸厂
颗粒物（灰尘、烟雾、PM10、PM2.5）	以煤和石油为燃料的火力发电厂、工业锅炉、垃圾焚烧炉、生活取暖、各种工厂、柴油发动机、建筑、采矿、露天采矿、水泥厂
氮氧化物	以煤、石油和天然气为燃料的火力发电厂、工业锅炉、垃圾焚烧炉、汽车
一氧化碳	汽车、燃料燃烧
挥发性有机化合物（VOCs），如苯	汽油发动机废气、加油站泄漏气体、油漆厂
有毒微量有机污染物（如多环芳烃、多氯联苯）	垃圾焚烧炉、焦炭生产、烧煤
有毒金属（如铅、镉）	（使用含铅汽油的）汽车尾气、金属加工、垃圾焚烧炉、燃烧石油和煤、电池厂、水泥厂和化肥厂
有毒化学品（如氯气、氨气、甲烷）	化工厂、金属加工、化肥厂
臭氧	挥发性有机化合物和氮氧化物形成的二次污染物
电离辐射	核反应堆、核废料储藏库
臭味	污水处理厂、废渣填埋厂、化工厂、石油精炼厂、食品加工厂、油漆制造、制砖、塑料生产
温室气体（如二氧化碳、甲烷）	二氧化碳：燃料燃烧、尤其是燃油发电厂 甲烷：采煤、气体泄漏、废渣填埋场

资料来源：Elsom, D. M., "Air and climate", in Morris, P. and Therivel, R. (eds.), *Methods of Environmental Impact Assessment*, London: UCL press, 1995, p. 129。转引自［英］德利克·埃尔森：《烟雾警报——城市空气质量管理》，田文学、朱志辉、韩建国等译，科学出版社 1999 年版，第 37 页。有修改。

（二）全球范围的空气污染

空气污染目前是全球最严峻的环境问题之一。然而，空气污染正如其他许多问题一样，在全球不同地区的分布是极其不均衡的，而且污染程度正朝着不同的方向发展。

发展中国家目前正面临发达国家在 20 世纪中叶之前所面临的同样严重的空气污染问题。世界资源研究所在 2008 年发布的报告《治理全球空气污染问题迫在眉睫》分析了目前全球、尤其是中国等发展中国家所面临的空气污染的现状与挑战。在美国以及其他发达国家，氮氧化物和二氧化硫的排放通常与使用化石燃料的发电厂有关，随着发电量的增加而减少。汽车尾气中的氮氧化物和二氧化硫水平也有所下降，这些结果主要归因于发达国家制定的严格的汽车引擎和燃料标准。然而，在大多数发展中国家，汽车、发电厂和工厂的数量正逐渐增加，而由于单纯追求经济发展，缺乏更清洁的技术和更严格的规定。在 1990—2000 年间，发展中国家的空气污染增加了 50%（图 1.2）。更为严重的是，空气污染造成的死亡占所有与污染有关的死亡的 65% 以上，形势十分严峻，而且因空气污染造成的死亡大部分分布在发展中国家。[①] 空气污染已经成为发展中国家面临的最为突出的问题之一。

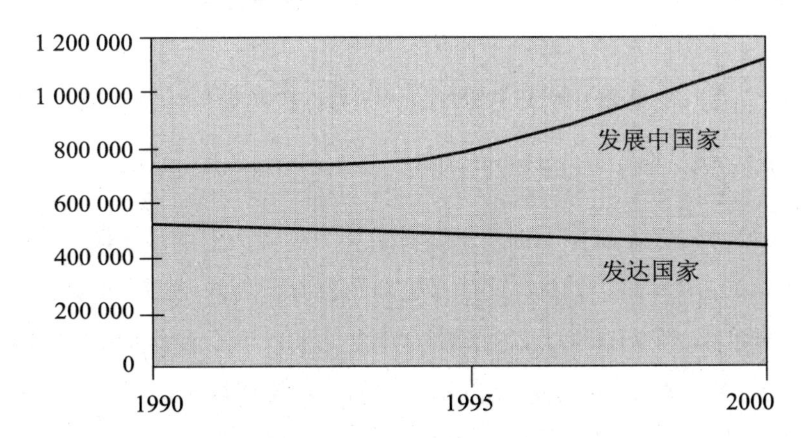

1.2　1990—2000 年发达国家与发展中国家的空气污染情况（单位：千吨）

资料来源：曾静静：《治理全球空气污染问题迫在眉睫》，http://news.sciencenet.cn/html/shownews.aspx?id=211804

① 曾静静：《治理全球空气污染问题迫在眉睫》，http://news.sciencenet.cn/html/shownews.aspx?id=211804。

图 1. 3 显示了加拿大哈利法克斯市达尔豪西大学研究人员绘制的全球 PM2. 5 浓度值分布图和世界卫生组织绘制的世界城市 PM10 浓度值分布图。在全球范围内，人均 GDP 在 10000 美元附近的城市其 PM10 浓度值有着很大的差别。在经济发展水平相近的情况下，北美和西欧城市的空气质量明显好于亚、非、拉美国家。

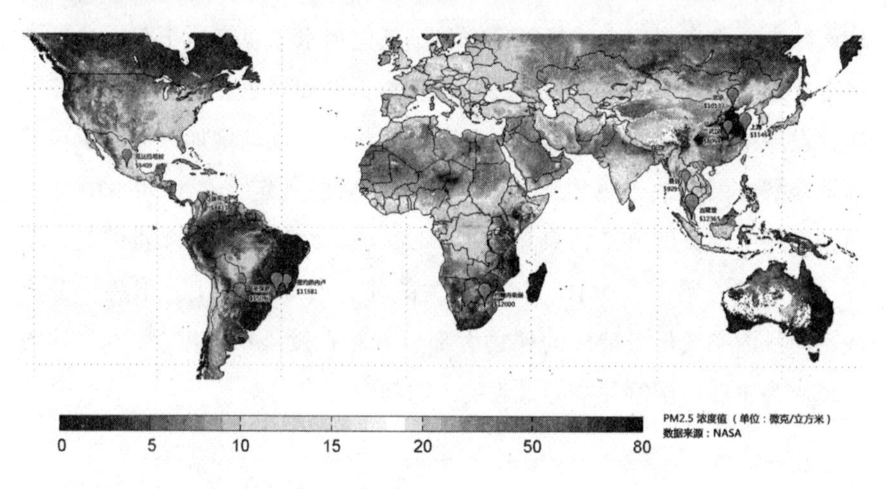

图 1. 3　人均 GDP 在 10000 美元附近城市 PM2. 5 浓度值分布图

资料来源：http：//discover. news. 163. com/special/globalairpollution/

图 1. 4 显示了世界上机动车保有量在 200 万以上的城市的 PM10 浓度值分布。从中可以看出，同样是机动车保有量大的城市，北美和西欧的大多数城市 PM10 浓度都在 50 微克/立方米以下。而亚洲和拉美国家则处于 PM10 浓度 50 微克/立方米以上的高污染区域。这表明了汽车的数量并不完全决定尾气的排放和城市的空气质量。发达国家在近年来推行的汽车尾气净化、能源创新等技术改良都显著降低了汽车尾气排放对空气污染的影响。欠发达地区由于汽车制造技术水平较低，尾气处理标准较弱，车辆尾气排放对城市空气污染的影响越来越大。

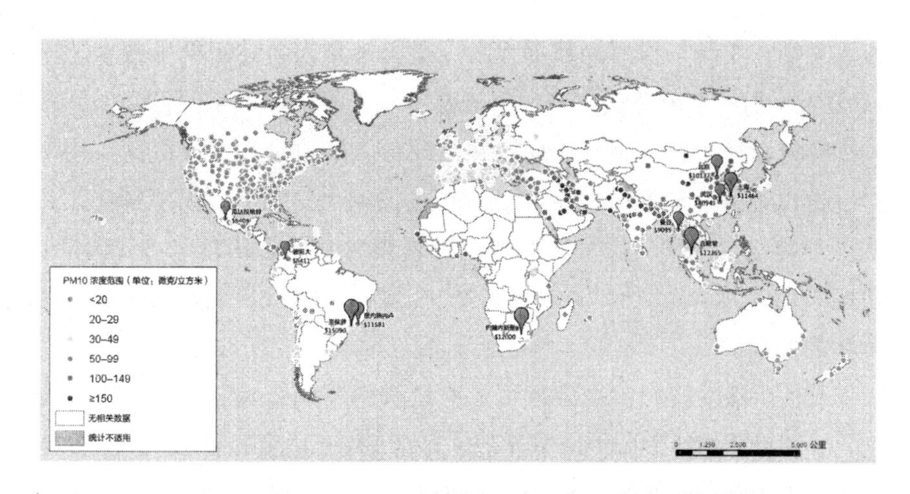

图 1.4 汽车保有量 200 万辆以上城市 PM10 浓度值分布图

资料来源：http：//discover. news. 163. com/special/globalairpollution/

三、空气污染的危害及其影响

空气污染，不论是可见的阴霾还是无形的臭氧和一氧化碳，几乎是世界上每个国家都存在的问题。仅户外空气污染预计每年就会导致 80 万人死亡，此外，还有由于室内空气污染导致 160 万人的过早死亡。[①] 在许多城市地区，尤其是发展中国家，空气污染是对人类健康最大的环境威胁。

日前，中国、美国、以色列研究人员在《美国国家科学院学报》发表研究报告称，与生活在南方的居民相比，空气污染使中国北方居民的人均预期寿命减少 5. 5 年。在其他因子相同的情况下，空气污染越严重，人均寿命越低。世界卫生组织的数据显示，高污染城市中的死亡率超过相对清洁城市的 15% 至 20% ，空气污染每年造成全球数百

---

① 资料来源：曾静静：《治理全球空气污染问题迫在眉睫》，http：//news. science-net. cn/html/shownews. aspx?id = 211804。

万人早逝；美国环保署的数据显示，美国每年因空气污染导致5万至12万人早逝；在欧盟国家中，由于暴露于人类活动产生的PM2.5，人均期望寿命减少8.6个月。反过来，改善空气质量有助于提高人均寿命，这也有科学证据。2009年，美国杨伯翰大学和哈佛大学科研人员在《新英格兰医学杂志》上刊登的研究报告显示，1978年至2001年美国人均寿命从先前的74岁延长至77岁，其中4.8个月归功于空气质量的提高。①

长期生活在空气污染的环境下对健康的不利影响已经得到很好证实。一项世界银行进行的研究发现，日常PM10浓度每增加30微克/立方米，上呼吸道疾病的征兆就会增加9%。在高暴露人群（那些在公路或者工厂附近生活或者工作的人群）以及生活在一个更好的受保护环境中的低暴露人群中都发现了这种趋势的增加。即使PM10只增加10微克/立方米，也与心血管疾病死亡率增加1%～2%、呼吸疾病死亡率增加3%～6%有关。其他研究还将空气污染与新生儿的体重偏低等疾病相联系。空气污染还会严重地破坏自然环境。二氧化硫可以引起酸雨，从而破坏湖泊、河流和森林。由氮氧化物排放量沉积造成的活性氮可以引起陆地生态系统营养过剩，由此产生的径流可以导致海岸带的富营养化。②

根据世界卫生组织（World Health Organization，WHO）2014年3月发布的一项统计数据，空气污染仅在2012年一年就在全球导致370万个婴儿早产死亡，这其中的88%发生在中低收入国家。世界卫生组织下属的国际癌症研究机构（WHO's International Agency for Research on Cancer，IARC）的研究表明，空气污染，主要是空气中细微颗粒的污染会显著提

---

① 新华网：《研究称空气污染使中国北方居民人均预期寿命减少5.5年》，2013年7月15日。

② 曾静静：《治理全球空气污染问题迫在眉睫》，http://news.science-net.cn/html/shownews.aspx?id=211804，2008年10月9日。

高人类患癌症的几率，特别是肺癌和泌尿系统癌症的发病率。[①]

总而言之，伴随着全球城市化的高速发展，空气污染似乎已经成为不可避免的后果，严重影响着自然环境以及数以亿计居民的生活质量和健康状况。

第二节　空气污染治理：概念、发展及本书框架

前文的分析表明了空气污染在全球的蔓延程度及其对人类生活的严重影响。但是，对不同国家和地区的横向比较表明比较发达和欠发达国家和地区的空气污染现状有着极不均衡的差异。这种差异是否由于不同国家和地区的自然条件、历史原因抑或是空气污染治理的政策制定、实施上的差异造成的呢？对这个问题的回答需要通过对不同国家与城市空气治理实践的总结与比较得出。

首先，必须明确空气污染治理的概念和定义。经济合作与发展组织（Orgnaization of Economic Cooperation and Development，OECD）将空气污染防治（air pollution control，又称为“大气保护”，protection of ambient air）定义为“为了维护公共健康，保证空气纯净度，保护动植物，维护公共物品，提高环境视觉条件，保证陆路和水路交通通畅而采取的各种措施”[②]。为了保护大气的质量，主要采取的措施包括建造、维护和运行各种有关设施，减少和控制有害微粒、气体物质向大气中的排放。[③] 随着人类社会工业化和城市化进程的快速推进，特别是在20世纪50年代第二次世界大战之后全球经济社会的迅猛发展，许多国家发生了包括空气污染在内的严重环境问题。各国逐渐意识到无节制的工业发展和城市

① 详见世界卫生组织2014年3月的官方报道，http：//www. who. int/mediacentre/factsheets/fs313/en/。

② 参见http：//stats. oecd. org/glossary/detail. asp？ID＝87。

③ 参见http：//stats. oecd. org/glossary/detail. asp？ID＝2181。

扩张对环境带来的不可承受的压力，长此以往，经济发展将对环境造成不可逆转的破坏。

在这种严峻的形势下，联合国于 1992 年在巴西里约热内卢召开了“可持续发展问题世界首脑会议”（也称“地球首脑会议”，The Earth Summit）。与会各国一致同意在保证经济和社会发展的同时，采取广泛措施保护环境，为发展中国家和发达国家在共同的、同时又有区别的需求和责任的基础之上建立起全球伙伴关系打下基础，确保地球拥有一个健康的未来。这次峰会通过了《21 世纪议程——里约环境和发展宣言》（*Agenda 21*, *the Rio Declaration on Environment and Development*，通常简称“21 世纪议程”）。这个宣言还包括了《森林原则声明》（*The Statement of Forest Principles*），对世界范围内对森林进行可持续发展的指导方针；《联合国气候变化纲领性公约》（*The United Nations Framework Convention on Climate Change*），针对全球气候变化提出应对方针，以及《联合国生物多样化公约》（*The United Nations Convention on Biological Diversity*），旨在保护全球生态圈的平衡。① 这些条约一起，明确了各国在全球环境保护中的权利和义务，科学上的不确定性不应该延缓我们在环境遭到严重的难以逆转的破坏的地区采取措施阻止环境的恶化。全球的发展目标应该是根除贫穷、减少差距、追求可持续发展，发达国家必须根据其国家对全球环境造成的压力和它们所需要的技术和经济资源对可持续发展承担起责任。②

《21 世纪议程》提倡在政策上采取行动，以便减少经济活动所产生的负外部效应，其中的第九章专门针对全球大气保护（protection of the atmosphere）提出了一系列的指导措施，主要包括四个方面的内容：（1）通过技术的改良，提高环境决策的科学基础；（2）提倡在能源使用效率、

---

① 参见 http：//www. un. org/geninfo/bp/enviro. html。

② 参见 http：//www. un. org/chinese/esa/sustainabledata. htm。

交通运输、工业发展和水陆资源保护及土地利用等领域的可持续发展；（3）防止臭氧层漏洞；以及（4）跨境大气污染防治。这几个原则成为世界各国空气污染防治的主要手段。全球大气污染防治的基本目标是从全球、区域和地方各个层面（global，regional and local scale）认识对大气质量产生影响的物理、化学、地质、生物、海洋、水体、经济和社会过程，通过建立国际合作，增强对空气污染治理的防治能力，在充分理解大气变化的经济社会后果的基础上，全面应对和缓解大气变化和空气污染。①

在《21 世纪议程》条约生效的前后几年，国际社会针对包括大气污染在内的环境问题制定了一系列的多国协议，主要包括：

（1）联合国为了避免工业产品中的氟氯碳化物对地球臭氧层的损害，继 1985 年保护臭氧层《维也纳公约》的大原则之后，于 1987 年 9 月 16 日在加拿大蒙特利尔所签署的《蒙特利尔破坏臭氧层物质管制议定书》（*Montreal Protocol on Substances that Depletethe Ozone Layer*），该公约自 1989 年 1 月 1 日起生效。

（2）1989 年签署、1992 年生效的《控制危险废料越境转移及其处置巴塞尔公约》（*Basel Convention on the Control of Transboundary Movements of Hazardous Wastes and Their Disposal*）简称《巴塞尔公约》（*Basel Convention*）。

（3）1997 年 12 月在日本京都由联合国气候变化框架公约参加国三次会议制定的《联合国气候变化框架公约的京都议定书》（*Kyoto Protocol*，又称为“京都议定书”），是《联合国气候变化框架公约》（*United Nations Framework Convention on Climate Change*，*UNFCCC*）的补充条款，目标是“将大气中的温室气体含量稳定在一个适当的水平，进而防止剧

---

① 参见 http：//sustainabledevelopment. un. org/content/documents/Agenda21. pdf。

烈的气候改变对人类造成伤害”[1]。

（4）2001 年签署、2004 年生效的有关减少持久性有机污染物的《斯德哥尔摩公约》（*Stockholm Convention*）。

这一系列国际条约为全球控制空气污染的不同源头建立了总体的框架。世界各国政府以这些条约内容作为 21 世纪空气污染治理的范本，结合本国在过去多年中的空气污染治理经验，明确了空气污染治理的政策目标，制定和实施了适合各国国情的空气污染治理措施，全力遏止城市空气质量日益恶化的趋势。[2] 比如，北美和西欧的一些发达国家在实现工业化和环境保护并重的基础上重点采取了以无铅汽油提高汽车排气标准，减少细微粒和超细微粒为代表的空气污染治理措施。许多发展中国家则开展了以工业污染源控制为代表的空气污染治理。[3] 对世界不同国家和地区进行研究将有利于比较处于不同发展阶段、不同自然条件和不同社会环境中的地区在空气污染治理中的经验和教训，总结空气污染治理的可行路径。

我国正处在高速城市化和工业化的进程之中，空气污染已经成为我国经济社会发展的重要问题，如何既保证城市发展，又提高空气质量，是我国空气污染治理的核心。因此，很有必要通过国际经验的比较，为我国在城市化发展过程中的空气污染治理提供借鉴，避免我国重复其他国家“先污染、后治理”的弯路，减少经济增长和城市发展对环境带来的影响，尽早走上可持续发展的道路。

在过去几年中，我国已经将空气污染治理作为了建设生态文明、推

---

① 由于对此条约中规定的发达国家和发展中国家对减少排放的成本承担比例不满，美国于 2001 年退出了该协议。在 2011 年 12 月，加拿大也宣布退出《京都议定书》。

② 在 20 世纪的前半段及中叶，许多国家就已经针对空气污染治理进行了数十年的尝试。在一定程度上，《21 世纪议程》及相关国际条约的相关内容可以说是对 20 世纪全球空气污染防治的一个总结和推广。

③ 陈盛樑：《城市空气质量管理的系统研究》，重庆大学博士学位论文，2002 年。

动可持续发展、加强国家治理能力现代化建设的重要内容之一，推进建立系统完整的生态文明制度体系，实行最严格的源头保护制度、损害赔偿制度、责任追究制度，完善环境治理和生态修复制度，用制度保护生态环境。从国家到地方层面在节能减排、工业转型、绿色出行等方面都下大力气推进空气污染治理。学术界也纷纷开始对空气污染治理的技术和措施进行探讨。但是，对空气污染治理的政策性研究却很不多见，特别是综合性的政策研究专著相对空白。比较全面的空气污染治理方面的学术著作大多为20世纪90年代翻译引进的国外论著。[①] 在近十年来对空气污染治理的研究专著主要集中于空气污染防治的技术指标[②]、排污措施[③]、法律实务[④]、企业行为[⑤]以及各地实践[⑥]等方面。对于空气污染治理国际经验的讨论和研究主要出现于新闻媒体和政府报告，尚未形成系统的研究和比较。然而，空气污染作为一个全球性的重要问题，西方以及亚洲的工业化国家已经经历了多样化的污染、治理和协调发展的历程，对空气污染治理的先进国家的经验进行比较分析和系统总结，将为我国的空气污染治理提供宝贵的借鉴。特别是对不同国家空气污染治理政策的研究将大大提高我国空气污染治理的政策效率，避免重复其他国家的弯路，做到“他山之石，可以攻玉”，利用中西方治理的比较经验，为我国设计空气污染治理的有效路径，构建改善空气质量的合理政策

---

① 比如国际空气污染防治协会联盟：《全球空气污染控制的立法与实践》，侯雪松、赵紫霞、朱钟杰、张新华译，中国环境科学出版1992年版；［英］德利克·埃尔森：《烟雾警报——城市空气质量管理》，田文学、朱志辉、韩建国等译，科学出版社1999年版。

② 白志鹏、王宝庆、王秀艳：《空气颗粒物污染与防治》，化学工业出版社2011年版。

③ 钱华、戴海夏：《室内空气污染来源与防治》，中国环境科学出版社2012年版。

④ 高桂林、于钧泓、罗晨煜：《大气污染防治法理论与实务》，中国政法大学出版社2014年版。

⑤ 邓玉华：《雾霾天气治理中的企业社会责任：理论与案例研究》，中国工商出版社2013年版。

⑥ 关大博、刘竹：《雾霾真相：京津冀地区PM2.5污染解析及减排策略研究》，中国环境出版社2014年版。

模式。

因此，本书接下来的章节将分别对欧美和亚洲的传统和新兴工业国家和地区的空气污染治理进行分析，通过国际经验的比较，结合我国的实际情况，提出针对我国空气污染治理的措施建议。

选择这些国家和地区的原因在于，英国、德国和法国虽然同为早期工业化国家，但其城市化的历程各不相同，空气污染治理的道路也遵循不同的轨迹。英国作为英伦三岛的代表，是世界上工业化的发源地，也是最早经历空气污染的地区，伦敦等城市经历的空气污染是人类历史上最早、最典型的由于城市化和工业化带来的空气质量问题。德国作为欧洲大陆早期工业化国家，城市化和工业化在17世纪经历了高速的发展，其经济发展与交通设施的发展相结合，对空气质量的影响很大。相比之下，法国的城市化速度较为平缓，而且城市与乡村的形态在很长一段时间内并存，因此其空气污染的问题也是逐渐出现的，并未产生像英国的伦敦地区或德国的鲁尔工业区那样集中爆发的空气污染问题。对这些国家进行比较研究，可以发现早期工业化和城市化对城市空气质量的影响，并总结城市化和工业化轨道不尽相同的传统欧洲国家的应对政策。

美国和加拿大是北美工业化国家的代表。美国治理空气污染的法律已经成为全球的典范。加拿大幅员辽阔，城市化程度和问题具有较强的区域差异。美国和加拿大之间的跨域和跨国环境保护和空气污染治理有着很长的合作历史，这两个国家之间形成的空气污染合作治理措施很值得其他地区借鉴。

在亚洲，新加坡和日本是亚洲新兴工业化国家的代表，都经历了严重的空气污染问题，但通过强有力的治理较为成功地摆脱了空气污染的困扰，走上绿色发展的道路。我国的香港地区与广东省相邻，两地的各项合作如火如荼，为跨境空气污染治理提供了良好的发展基础。这些国家和地区的空气污染治理经验可以为我国提供多方面的借鉴。

为了对世界各国的空气污染治理经验进行系统地比较和理论的总

结，本书采用合作治理理论作为分析的主要框架。治理（Governance）一词源于拉丁文和古希腊语，原义是控制、引导和操纵。1989年世界银行在其报告中首次提出“治理危机”以来，治理概念和治理理论开始走进政治学、行政学、管理学和社会学等多学科的研究视界。有关治理的定义，各学者众说纷纭，但是全球治理委员会（Commission on Global Governance）在《我们的全球关系》研究报告中给出的定义具有很大的权威性与代表性：治理是各种公共的或私人的个人和机构管理其共同事务的诸多方式的总和。它是使互相冲突的或不同的利益得以调和并且采取联合行动的持续过程。这既包括有权迫使人们服从的正式制度和规则，也包括各种人们同意或认为符合其利益的非正式制度安排。① 治理的概念区别于传统的政府管制，它更倾向于治理主体的多元化，治理方式的民主化以及协调互动共同管理公共事务的过程。正如罗西瑙在《没有政府的治理》中所言：治理的意思是指在没有法律效力可借助的情况下办好事情的一种能力，其在实施过程中需要强有力的公众参与。② 俞可平在《治理与善治》一书中将治理描述为官方的或民间的公共管理组织在一个既定的范围内运用公共权威维持秩序，满足公众的需要。与统治不同，治理更强调：（1）主体的多元化；（2）主体间责任界限的模糊性；（3）主体间权利的相互依赖性和互动性；（4）自主自治网络体系的建立；（5）政府作用范围及方式的重新界定。③

合作治理强调在“社会平等观”和“网络化权力观”下的秩序观念和实践。在这个过程中，政府通过自身的建设不断提升应对公共问题的能力，重新定位自身与公民个体、社会组织、企业组织的关系，同时也是非政府的个人与组织寻求互动，互相协调的过程。合作治理非常强调

---

① The Commission on Global Governance, *Our Global Neighborhood*, Oxford University Press, 1995.

② ［美］詹姆斯·N. 罗西瑙：《没有政府的治理》，张胜军、刘小林等译，江西人民出版社2011年版。

③ 俞可平：《治理与善治》，社会科学文献出版社2000年版。

政府组织、非政府组织、企业、公民个体之间的协同，自发促进公共部门、私有部门以及志愿部门的合作，以期实现市民需求的无缝满足。合作治理在某种程度上是对“作为管治的治理”和“无政府的治理”两种观念的整合，强调在地位平等的基础上，各个治理主体就公共事务管理中出现的问题实现充分的协调沟通。斯托克曾对这种治理模式作过详细的阐述：(1) 各种不同的政府和社会组织对公共事务的共同参与；(2) 不同参与者之间职责的融合和行为边界的交叉；(3) 参与公共事务的不同主体的相互依存；(4) 形成一种自我治理的网络；(5) 政府不再完全依赖其政治权力和行政手段，而是通过新的技术和工具来完成对公共事务的管理。[①]

空气是人人都不可或缺的生存条件和自然资源，良好的空气质量具有公共物品典型的非竞争性、非排斥性的特征。从这个角度出发，空气质量属于典型的公共物品，政府必须要承担起改善空气质量的责任。但是，经济增长、工业发展和居民消耗等因素带来的严重压力，使空气质量作为公共物品具有广泛的经济外部性，空气污染产生的成本和污染治理带来的收益无法通过直接的经济手段进行测算和分摊。因此，对空气污染的治理需要通过平衡各利益相关主体的成本和收益进行协调，对其中的政府、社会、企业和个人的集体行动进行系统的分析。[②] 同时，空气污染治理又具有典型的跨域性，传统以地域为边界的治理方式无法独立完成空气污染治理，要求政府、市场和社会的共同参与，通过合作治理的方式保证空气污染得到及时、有效的治理。

只有清楚地认识了空气污染治理作为多方行为和跨域事务的特点，及其在我国现阶段经济社会发展中的困境，才能根据实际情况循序渐进

① Stoker, G., “Governance as theory: Five propositions”, *International Social Science Journal*, 1998, Vol. 50, pp. 17 – 28.

② ［美］奥斯特罗姆：《公共事物的治理之道：集体行动制度的演进》，余逊达、陈旭东译，上海译文出版社 2012 年版。

地提出我国空气污染治理的合理路径。在提出具体建议之前，最重要的是需要厘清空气污染治理中政府与社会之间的关系，并致力于构建政府与社会之间的良性互动。否则，仅仅“碎片化”地设计空气污染治理的技术指标和实施机制都有可能只浮于表面，无法触及空气污染治理在我国现实情况下的本质问题。

在这个理论框架下，本书接下来的各章首先分析世界各地城市化进程与空气污染的发展，进而梳理相关的重要法律与核心政策，在此基础上总结各个国家和地区空气污染治理的机制与特色，对不同国家和地区空气污染的发展历程、法规政策、治理特色等三个方面进行系统的综合比较研究，既充分发掘各地的政策特点，又从中归纳共性，结合中国现实，形成可为我国借鉴和参考的空气污染治理模式。

第二章　欧洲篇：传统工业国家的春天

第一节　英国

一、城市化与空气污染：从19世纪的“工业帝国”到20世纪的“雾都”

（一）历史变迁

英国是世界上最早进入工业时代的国家，也是迄今为止世界城市化程度最高的国家之一。工业革命伊始，英国启动了城市化进程，成为最早步入高城市化水平的国家。在工业革命前，英国的城市人口不到总人口的20%。到了1851年，英国的城市化率突破50%。1861年，英国的城市化率超过了60%，标志着英国初步实现了城市化。随着经济的发展和城市的扩张，英国的城市化水平不断提高。经过一个多世纪的发展，如今英国的城市人口比例已达到90%以上。

英国城市化进程的特点主要表现为以下几个方面：（1）第一次工业革命推动小城镇的爆发式发展。工业革命初期，大机器生产首先在英国的棉纺织部门得到应用，这不仅使生产效率成倍地提高，扩大了生产规模，还促使小城镇不断地延伸，迅速发展成为各具特色的大城市。如格拉斯哥在18世纪末还是一个名不见经传小乡村，但是到了19世纪30年代已经发展成为具有相当规模的大工业城市了；曼彻斯特也从19世纪初一个仅有7.5万人口的小城镇发展成1871年拥有35万人口的工业城市。（2）工业革命改变了城市产业结构及能源结构。工业革命前英国农业是国家的主导产业，工业革命后这一状况迅速得到改变。据统计，在1801年，工业占国民生产总值的比重只有23%，而到了1841年增长了11个百分点达到34%，农业比重则迅速下降。工业革命后煤炭在国内燃料市场具有举足轻重的作用，煤炭成为大多数工厂和交通工具的主要燃料，并且居民家庭也大量烧煤做饭取暖。（3）交通运输发展成为英国城市化进程的加速器。工业革命后英国的交通运输发生了革命性变化，公路、铁路、水路运输逐渐繁荣。1836年，英国国会通过了总里程达1600公里的新铁路建设规划方案。在之后短短的20年间，英国的铁路总里程就超过了1万公里，内陆铁路运输网不断完善，成为名副其实的工业交通大国。到1842年，英国已修建了3960公里的人工运河，这一切都为英国的长足繁荣打下了坚实的基础。保尔·芒图评价说："在几乎不到30年的时间，整个大不列颠的地面上都开出了四通八达的航路"[①]。

英国的工业化和城市化进程带给人类的不完全是福祉。在20世纪之前，城市化给英国带来的城市空气污染由来已久，而且越来越严重。英国的空气污染最早可以追溯到13世纪，当时的伦敦就已经饱受煤烟的困扰。1273年，伦敦通过了第一个空气污染法。但是到了19世纪，随着工业进程的逐步推进，空气污染影响范围越来越大。后来英国政府任命了工业空气污染检查员，负责对空气质量进行检测和分析。第一个检查员R. A. 史密斯1852年发表了一篇论文，描述英国北部的一个大工业城市——曼彻斯特的空气和雨水的污染状况。20年后，在一本有关化学气候学的书中，史密斯对空气和降雨的状况进行了详细的描述，并创造了"酸雨"这个词汇。[②] 为抑制城市空气污染的蔓延，在19世纪50

---

① 董永在、冯尚春：《英、法城市化进程的特点及其对我国的借鉴》，载《当代经济》，2007年第12期。

② Woodin, S. J.：《英国空气污染的环境后果》，吴觐，赵秦涛译，载《生态学报》，1990年第1期。

年代英国国会开始审议制定一系列旨在减少空气中烟尘的法令。比如对当时作为有毒有害气体排放主要来源之一的制碱工业就采取了严格的监管措施。1863 年英国国会通过了《工业发展环境法》，要求制碱行业减少 95% 的排放物，目的在于控制制碱工程排出的酸性物质，减少制碱工艺所产生的毒气。[①] 1874 年英国又颁布了第二个《工业发展环境法》，首次制定了有毒污染物氯化氢的最高排放限值，并要求采取有效措施来控制毒害气体的排放。《工业发展环境法》在 1906 年再次得到修订，对散发有毒有害气体的行业进行分类，控制有害气体的排放。[②] 20 世纪初，城市烟尘污染虽然开始减少，但是并不意味着污染问题的解决。由于没有及时对污染气体采取有效的控制措施，伦敦一年之中能见度低于 1000 米的"雾日"平均多达 50 天左右。1952 年 12 月，伦敦被烟雾笼罩长达 5 天，在这五天内，由于烟雾引发的呼吸道疾病患者急剧增加，同期的死亡案例也远超过正常水平。这一年的冬天，伦敦的日照时间平均每天仅为 70 分钟，这就是历史上臭名昭著的"伦敦烟雾"事件。[③]

伦敦烟雾（THE GREAT LONDON SMOG）

1948 年至 1962 年间，伦敦发生了八次空气污染事件。但是，1952 年 12 月 5 日的伦敦大烟雾是最重要的也是危害最大的一次。这次烟雾持续到 9 日。伦敦国家美术馆的烟雾浓度达到了正常水平的 56 倍，能见度低到人们甚至看不到自己的脚。烟雾发生 12 个小时之内，市民出现了一些呼吸问题，医院住院人数急剧上升。在接下来的几周内，死亡人数比平时增加了 4000 多人。(见图 2.1)

---

① 《工业发展环境法》的具体内容详见下文。

② 李宏图:《英国工业革命时期的环境污染和治理》，载《探索与争鸣》，2009 年第 2 期。

③ 顾向荣:《伦敦综合治理城市大气污染的举措》，载《北京规划建设》，2002 年第 2 期。

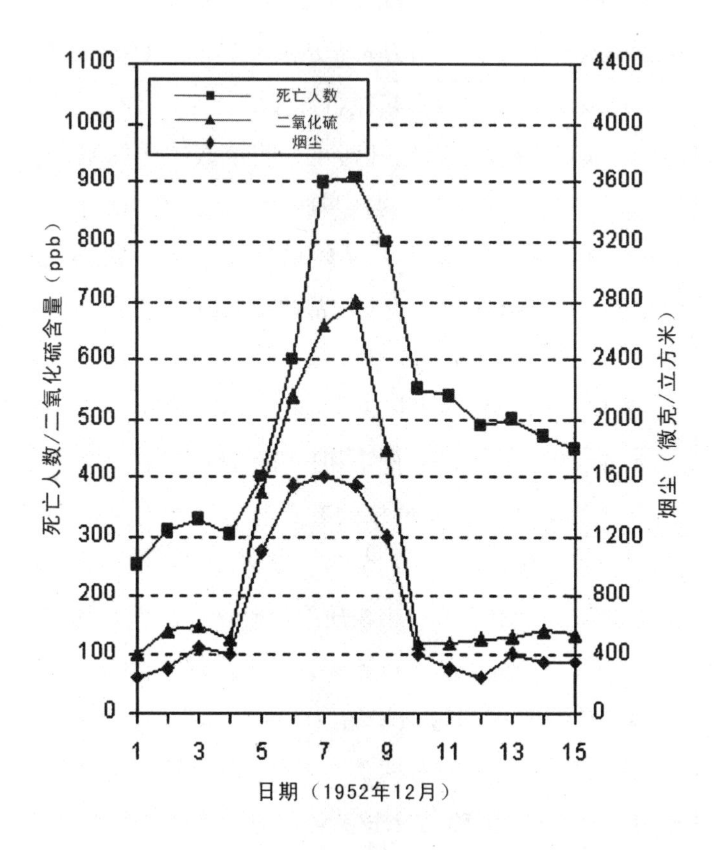

图 2.1　伦敦烟雾死亡情况

资料来源：http：//www. air - quality. org. uk/03. php

在这种严重的污染情况下，英国政府痛定思痛，在 1956 年通过了《清洁空气法案》（*Clean Air Act* ，1956），在城市中建立了烟雾控制区。这一法案规定城镇使用无烟燃料，推广电和天然气，冬季采取集中供暖，发电厂和重工业设施被迁至郊外等。在 20 世纪 60—70 年代，英国政府又相继颁布实施了《控制公害法》、《公共卫生法》、《放射性物质法》、《汽车使用条例》等多项法令，特别是 1974 年的《控制公害法》（*Controal of Pollution Act* ，1974）囊括了从空气到土地和水域的保护条款，添加了控制噪音的条款。该法案在 2002 年得到进一步的修订（*The Control of Substances Hazardous to Health Regulations*，2002），成为英国防治空气污染的重要标准。通过严格执行颁布的一系列空气治理法令，英国政府致力于大幅度减少城市空气污染，使伦敦这样的城市脱掉“雾都”的帽子。在空气污染治理取得初步成效后，英国致力于更广泛范围的环境保护，于 1995 年通过了《环境法》（*The Environment Act*，1995），旨在制定一个治理污染的全国战略。2001 年出台《空气质量战略草案》（*The Air Quality Strategy for England*，*Scotland*，*Wales and Northern Ireland*，简称“The Air Quality Strategy”），致力于进一步提高伦敦的空气质量，消除大气污染对公众健康和日常生活的影响。

城市的空气污染既与燃料排放的有毒有害物质有关，也与人口压力、交通运输、工业集聚有密切的关系，需要综合性治理。比如伦敦就将扩建绿地，增强环境对部分有害物质的吸收作为治理空气污染的重要手段之一。据统计，伦敦虽然人口稠密，但人均绿化面积达 24 平方米，在城市外围建有大型环形绿地面积超过 4000 平方公里，城区三分之一面积都被花园、公共绿地和森林覆盖，拥有 100 个社区花园、14 个城市农场、80 公里长的运河和 50 多个长满各种花草的自然保护区。[①] 即使是在全球地价最高的地区之一的伦敦市中心，也保留了海德公园、詹姆斯公园和各种社区空地，形成了城市中心的大片绿地，为城市空气净化形成了自然的条件。

英国政府还将空气质量上升与经济发展的战略目标结合起来，力争通过产业转型，不再单纯依赖工业和制造业粗放的增长，大力发展如服务业和高新技术产业等“无烟工业”，既能降低对环境的危害，又能提高单位经济产出，保证国民经济的转型和繁荣。在这种“多管齐下”的努力下，英国经过持之以恒的综合治理，使从工业革命时期所造成的环

① 孟小博：《治理雾霾，世界各地有高招》，载《三晋都市报》，2013 年 1 月 19 日。

境污染和城市环境问题得到了有效的解决。时至今日，伦敦摘掉了“雾都”的帽子，成为具有代表性的老牌工业化城市向“生态之城”转变的范例。英国则成为空气污染治理成功的典型，为世界其他国家的工业化、城市化进程提供了有益的借鉴。下文将从污染特征、主要立法和治理体制等方面具体阐述和分析英国治理空气污染的实践经验。

（二）污染特征

英国的空气污染最早可以追溯到13世纪。随着工业革命发生，工业化和城市化进程加速，空气污染的影响达到巅峰。英国的空气质量在工业革命后的100多年内剧烈恶化。当时衡量城市空气污染的指标主要有两种：一种是城市日照的程度；一种是每平方英里固体沉积物的质量。按照莫尔文的标准，大城镇的居民呼吸的空气中含有大量污浊物。[①] 19世纪的英国文艺作品中经常对伦敦烟雾展开批判，“雾都”、“阴霾”、“昏暗”成为那个时期的高频词汇。英国现实主义作家查尔斯·狄更斯（Charles Dickens，1812—1870）在小说《荒凉山庄》的开篇形象地描述了伦敦烟雾，“那是一种侵入人心深处的黑暗，是一种铺天盖地的氛围”[②]。

那么，是什么原因造成英国城市空气质量如此之差呢？研究表明，1950年以前，英国城市空气污染的主要污染物是来自各类工厂和家庭炉灶燃烧煤炭的煤烟，可称之为煤炭型污染。煤炭燃烧不充分时会释放烟气、粉尘、二氧化硫等一次污染物，而这些污染物质在发生化学反应后又会产生硫酸、硫酸盐类气溶胶等二次污染物。燃烧效率越高，煤炭燃烧排放的污染物越少，造成的污染也相对较低；反之亦然。但是由于锅

---

① Clap, B. W., *An Environmental Historyt of Britain since the Industrial Revolution*, New York: Longman Publishing, 1994. 转引自梅雪芹：《工业革命以来英国城市大气污染及防治措施研究》，载《北京师范大学学报》（人文社会科学版），2001年第2期。

② 余志乔、陆伟芳：《现代大伦敦的空气污染成因与治理——基于生态城市视野的历史考察》，载《城市观察》，2012年第6期。

炉结构简单和燃烧工艺落后，除尘设备和技术缺乏，烟雾的排放高度普遍较低。这样，越是在工厂企业林立和人口密度较高的城市，工业生产产生的污染物对空气质量的威胁越发严重。早期和维多利亚时代中期的曼彻斯特、谢菲尔德或伦敦等城市在很多时候都笼罩在来自锅炉的烟囱、熔炉、煤气厂、铁路机车排放的烟雾之中。此外，由于煤炭是当时城市主要的生活用能，因而生活用煤也一直是产生大气烟尘的一个罪魁祸首。总的来说，英国城市空气污染物的产生有各种各样的来源，但是最主要来源于生活排放、交通排放以及工业排放。

生活排放

家庭燃烧含硫的燃料，例如生活炉灶与采暖锅炉。城市中大量民用生活炉灶和采暖锅炉需要消耗大量煤炭，是采暖季节大气污染的重要原因。煤炭在燃烧过程中，由于燃烧设备效率低、燃烧不完全，烟囱高度较低，导致大量的烟尘、二氧化硫、一氧化碳等有害污染物低空排放，尤其在采暖季节采用煤量成倍增高，污染物排放量更多，造成居住区大气的严重污染，往往使污染地区烟雾弥漫，是一种不容忽视的污染源。

交通排放

截至2009年，英国的汽车保有量大约为3100万辆，重型货车，轻型货车，摩托车和客运服务车辆高达500万辆左右。机动车引擎排放出许多类型的污染物，包括氮氧化物（NOx）等，挥发性有机化合物（VOC），一氧化碳（CO），二氧化碳（CO_2），颗粒物，二氧化硫（SO_2）和铅。这些污染物产生的原因各异。如果发动机效率为100%，燃烧后的产物为二氧化碳和水。然而，在低负荷时，发动机效率低，因此一氧化碳占主导地位。氮氧化物是燃料（汽油）在燃烧过程中产生的一种物质。颗粒物也是燃油燃烧时缺氧产生的一种物质，其中以柴油机最明显。因为柴油机采用压燃方式，柴油在高温高压下裂解更容易产生大量肉眼看得见的碳烟。这种黑色的烟雾导致空气能见度降低，长久下去会腐蚀建筑物，并对人的健康造成危害。

工业排放

工业排放是英国空气污染的一个主要来源。工业革命时期，英国的主要工业燃料是煤炭。燃料的燃烧是否完全，决定产生污染物的种类和数量。燃烧完全时的产物主要有烟尘、二氧化硫、二氧化碳、二氧化氮等。燃烧不完全产物的种类和数量，视杂质种类、燃烧不完全程度而定。常见的有一氧化碳、一氧化硫、一氧化氮、醛类、碳粒、多环芳烃等。燃料的燃烧越不完全，产生的污染物的种类、数量及其毒性就越大。此外在生产过程中，由原料到成品，各个生产环节都可能会有污染物排出。污染物的种类与生产性质与工艺过程有关。表 2.1 显示了英国工业和交通排放的污染物比例。

表 2.1　英国工业和交通排放的污染物比例

污染物	工业排放	交通排放
苯	20%	67%
1，3 - 丁二烯	13%	77%
一氧化碳	12%	75%
铅	18%	78%
氮氧化物	37%	46%
颗粒	59%	26%（PM10）50%（黑烟）
二氧化硫	89%	2%
非甲烷挥发性有机化合物	53%	29%

资料来源：“Air Pollution”，http：//www. air-quality. org. uk/20. php

总的来说，英国在工业化初期和前期的空气污染具有以下特征：

1. 煤烟污染压力大

空气污染和能源状况密切相关。工业生产、生活用热和交通运输的燃料燃烧所产生的烟尘和二氧化硫是城市空气污染的主要污染源。英国因煤炭工业发展造成的环境污染时间比较长，早在 18 世纪，英国就因煤烟污染而有“黑国”之称。煤炭工业的快速增长，加剧了空气污染。煤特别是烟煤的最大问题就是煤烟，烟煤只有一小部分在产生热和动力的过程中被消耗掉，剩下的全部排放入空气。工业革命时期以煤为燃料的各类工厂和家用炉灶所排放的烟尘以及硫氧化物、碳氧化物等有害气体是伦敦主要的空气污染源。“无论是一个穷人家还是一个工业锅炉燃烧的煤，如果充分燃烧的话，就会变成微尘进入空气里，如果没有充分燃烧，也会作为固体保存下来。另外，如果没有好的保护措施，二氧化碳和二氧化硫等主要废气也会排入空气中。”据统计，1800 年，英国的煤炭产量达 1000 万吨左右。此后，煤产量每年增长 1 倍，到 1913 年达 28700 万吨。①

伦敦以煤作为燃料始于 13 世纪，在伊丽莎白统治的末期，伦敦煤的消耗量达到每年 5 万吨。② 此后，随着工业革命的进行，煤炭的消耗量不断上升，1829—1879 年间，伦敦煤的消耗量大约增长了 5 倍，上升到每年超过 1000 万吨。③ 1905 年达到 1570 万吨。④

此后在 20 世纪的大部分时间中，随着工业的进一步发展，英国全国对煤的消耗量呈逐渐上升的趋势。煤对于工业技术的进步、经济的发展起到很大的推动作用。但煤的大规模燃烧必然会释放大量的烟尘、二氧化硫和其他污染物质。当时燃烧煤的质量差，设备和工艺落后，消除烟尘的净化装置和方法简陋，再加上公众对空气污染的危害性没有完全觉悟。比如，早在 1257 年，英国国王亨利三世的妻子就曾批评过伦敦

---

① Clap, B. W., *An Environmental History of Britain since the Industrial Revolution*, New York: Longman Publishing, 1994. 转引自梅雪芹：《工业革命以来英国城市大气污染及防治措施研究》，载《北京师范大学学报》（人文社会科学版），2001 年第 2 期。

② Brimblecombe, Peter, *The Big smoke*, London And New York: Methuen, 1987. 转引自颜永光：《20 世纪中后期伦敦环境污染及其治理的历史考察》，湖南师范大学硕士论文，2008 年。

③ Michel, B. R., *British Historical Statistics*, Cambridge, 1988, p. 22. 转引自颜永光：《20 世纪中后期伦敦环境污染及其治理的历史考察》，湖南师范大学硕士论文，2008 年。

④ Michie, Ranald C., “The City of London Basingstoke”, Hamsphire: Macmillan Academic and Professional, 1992, p. 45. 转引自颜永光：《20 世纪中后期伦敦环境污染及其治理的历史考察》，湖南师范大学硕士论文，2008 年。

的煤烟污染，但并未引起高度重视。因此，烟尘和有害气体对空气质量的破坏越来越严重呢。学者这样描述19世纪到20世纪英国工业化时期的空气污染情况：伦敦到处是高高耸立的烟囱，空气中弥漫着煤烟。“煤烟曾折磨不列颠长达100多年之久，以烟煤为燃料的城市，包括伦敦，在未找到可替代的燃料之前，无不饱受了几十年严重的空气污染之苦。”①

2. 人口增长压力大

人口的急剧增加是环境污染的一个很重要的因素。随着城市人口的增加、生产生活规模的扩大，一方面消耗了大量的物质、能源，另一方面排出的废弃物也相应增加，产生了大量的废气、废水和垃圾等污染物。伦敦不仅是国家的首都，而且是国际商品市场和财政金融机构的中心，是国家的主要港口和工业区，因此大量的外地人口涌入这个城市，使得人口数量猛增。1750年，伦敦是英国人口超过5万的唯一城市。1801年，伦敦的人口达到109万，1881年激增到470万，1911年更达到了700多万。其中伦敦市郊区的人口增长速度最快，在1861年之后的20年中人口增长了1倍。到1961年，内、外伦敦人口已达820万。②

人口的增加引起用煤量的大量增加。人口增长导致日益增加的能源需要给环境造成了相当大的压力，“同一吨煤，在家用燃烧炉里产生的黑烟最多，比工业燃煤产生的烟雾更脏、更有害”。在整个19世纪，煤炭几乎成为家用取暖和做饭的唯一燃料。伦敦作为当时世界上最大的城市，造成了几乎最糟糕的状况。1880年，伦敦中心地区60万家庭有350万个火炉，基本上家家户户都在烧煤。③ 长期以来，伦敦的居民普遍使

---

① Strading, D. & Thorshein, P.,“The smoke of Great Cities, British and American Efforts to Control Air Pollution. 1860 - 1914”, *Environmental History*, 1999（4）: No. 1, 8. 转引自颜永光：《20世纪中后期伦敦环境污染及其治理的历史考察》，湖南师范大学硕士论文，2008年。

② 徐强：《英国城市研究》，上海交通大学出版社2005年版，第29页。

③ ［英］克莱夫·庞廷：《绿色世界史》，王毅、张学广译，上海人民出版社2002年版，第382页。

用旧式炉灶，1948 年伦敦 98% 的家庭仍然使用明火。这样未经处理的废气被排入空气中，加重了空气污染。

3．交通工具压力大

汽车是现代文明和进步的重要标志之一，汽车大量服务于社会，给人们的生活带来了诸多便利，但是随着汽车保有量的增加，它也给人们带来了危害，即废气污染。汽车在 20 世纪的大规模使用加剧了伦敦的空气污染，并且有愈演愈烈之势。1904 年底，伦敦还没有一辆出租汽车，只有 31 辆公共汽车，到 1907 年就有了 900 辆公共汽车，占整个英国公共汽车的 1/3 强。1933 年，伦敦上路的公共汽车达 4656 辆。不过，小规模的汽车数量还不足以引起环境污染。50 年代以后，伦敦汽车数量急剧上升，1955—1960 年间，小汽车的拥有率由 18% 增加到 32%。“60 年代初，全英国的私人轿车突破 1000 万辆，80 年代接近 2000 万辆。”1971 年伦敦的小汽车达 170 多万辆；80 年代初，已达到 244 万辆，道路交通阻塞日趋严重。①

随着大型工厂外迁出城区，人们对汽车的依赖性大大提高，加上城市的建筑物密集，且建筑物较高，汽车排出的尾气在地面不容易扩散，汽车也就成为城市空气的主要污染源。这样大量的汽车，每天排出的有害废气是惊人的。汽车的尾气里含有一氧化碳、氧化硫、氧化氮、挥发性有机化合物、铅、烟尘等有害物质和有害气体。一氧化碳主要由机动车的发动机不完全燃烧所引起，这种气体无味、无色，但有毒。在交通的高峰期间，伦敦空气里的一氧化碳浓度高达 20—30ppm（ppm 是气体浓度单位，代表百万分之一）。空气中 80% 的氮氧化物、60% 的硫氧化物、55% 的碳氧化物是由交通工具和发电厂所致。② 除了直接排放之外，有些有害气体通过阳光照射发生化学反应，还会形成新的有害气体。比

---

① 顾向荣：《伦敦综合治理城市大气污染的举措》，载《北京规划建设》，2002 年第 2 期。

② Neil Hawke，*Environmental Health Law*，London：Sweet & Maxwell，1995. 转引自颜永光：《20 世纪中后期伦敦环境污染及其治理的历史考察》，湖南师范大学硕士论文，2008 年。

如，低空中的臭氧就是一种由氧化氮和碳氢化合物在阳光照射下产生的一种有毒气体，这些有害气体对伦敦的空气也造成了严重的危害。

二、重要法律与政策：世界上第一部空气污染防治法律

（一）重要立法

立法是英国治理大气污染的主要措施，其中以国家立法为主。早在1863年，英国议会通过了第一个《工业发展环境法》（《碱业法》），控制路布兰制碱工艺所产生的有害有毒气体。11年后议会颁布了修订后的《工业发展环境法》（《碱业及化学工厂法》），第一次对氯化氢的最高排放限值作出了规定。1906年，在以上两个法令的基础上，英国颁布了最新的《工业发展环境法》，对会制造并传播有毒气体的行业进行了梳理，以控制化工产业排放的污染气体。

20世纪，随着现代制造业的发展，尤其是汽车工业的发展，英国各大城市的大气污染现象日益严重，空气污染逐渐由大中型城市的局部问题发展成全国性的严重问题，成为经济社会发展的一大障碍，严重危害了国民健康和生活质量。因此，英国政府加强了环境保护的法制建设。比如为了防止烟尘的危害，英国于1926年颁布了《公共卫生（烟害防治）法》。为了限制机动车辆的行驶，英国于1930年颁布了《道路交通法》。

英国立法对空气污染采取了大力的综合治理措施，有关环境立法不断涌现，逐渐取得了成效。如1956年英国国会颁布了《清洁空气法案》，规定禁止排放黑烟，包括烟囱、汽车等；防止煤烟，对排放煤烟的设备，要安装除尘和除硫设备，规定烟囱的高度；划定无烟区等。从20世纪80年代开始，伦敦的机动车数量突增。伦敦控制大气污染的治理重点开始转向了机动车尾气的综合治理。作为英国的首都，伦敦是英国城市化和工业化发展最快的城市，也成为空气污染的“重灾区”。尤其在20世纪50年代初至70年代末，治理煤烟成为伦敦对大气污染的治理重点。2001年1月30日，伦敦发布了《空气质量战略草案》。下文将

对这两个法案进行描述和分析。

《清洁空气法案》

1952 年 12 月发生的“伦敦烟雾事件”，夺走了超过 1.2 万人的生命，还有数十万人患上了支气管炎、冠心病、肺结核乃至癌症。这次事件也成为 20 世纪八大环境公害事件之一。在付出血的惨痛代价后，英国人从此觉醒，寻求依据法律治理大气污染的途径。1952 年著名的“比佛报告”（“the Beaver Report”）由此产生，推动了《清洁空气法案》的出台。四年后，英国政府颁布了世界上第一部全面防治空气污染的《清洁空气法案》（*Clean Air Act of 1956*）。该法案在两年后的 1958 年进行了进一步的修订。

早在 19 世纪伦敦就颁布并执行了《控制烟雾污染条例》（1853 年）[Smoke Nuisance Abatement (Metropolis) Acts of 1853] 和《公共健康法》（1891 年）[Public Health (London) Act of 1891]，这两部法令也成为 1956 年《清洁空气法案》的重要参考依据。《清洁空气法案》被认为是世界上最早的全国性控制大气污染的基本法。这部法令除了对煤烟等有害有毒气体排放作了详细具体的规定，对其他可能产生空气污染的工业的监管范围也进一步扩大。除了对历次《工业发展环境法》规定的行业类型加以限制外，还对其他相关的企事业单位、住宅、商店、交通工具等进行约束。其主要规定如下：（1）禁止排放黑烟：所排放烟尘鉴定以林格曼黑度为标准①，采用特殊测烟仪进行检测，超过“林格曼二度”定义为黑烟，超过“林格曼四度”则定义为浓烟。并且，该法案还对燃烧工具的内部构造和燃料环保标准作了详细的说明。（2）建立无烟区：所谓无烟区，即指全面禁止排放任何烟尘的地区，对无烟区的污染处罚更为严厉。无

① 林格曼是反映锅炉烟尘黑度（浓度）的一项指标。林格曼黑度就是用视觉方法对烟气黑度进行评价的一种方法。总共分为六级，分别是：0、1、2、3、4、5 级，5 级为污染最严重。常见的测烟仪器有：林格曼烟气浓度图、测烟望远镜、光电测烟仪。

烟区域的选址以及面积的大小，由地方主管大臣规划批准。在无烟区内生产生活用能，只能选取无烟煤、电、煤气、燃料油等低污染低排放的燃料，其他燃料的使用则被禁止。英国政府和地方公共团体加强了在锅炉结构方面的研究，并且在居民中推广使用污染较低的能源。（3）控制使用烟煤：该法规定，为防止烟煤造成的空气污染，应对一定规模以上的设备安装清尘装置。另外，还规定要测量烟雾排放量。因此，有许多烧煤大户如发电厂和重工业都迁往了郊区。（4）限定烟囱的高度：该法允许地方公共团体拥有一定的自由裁量权，可以根据当地实际情况制定建筑标准规范。[1] 各地在制定建筑实施标准时必须考虑到烟雾排放的特性，从科学角度出发对建筑物高度尤其是工厂烟囱高度加以规定。如发现建筑物的烟囱存在着对居民显性或者隐性的健康威胁，或者烟囱因高度达不到实现去除煤烟和有毒物质的标准，地方管理局就必须拒绝该项目的批准建设。地方管理局有权禁止建造烟囱高度不够的建筑。

《国家空气质量战略》

20 世纪后期，在英国一系列措施的整治下，传统的煤烟污染已经基本解决，但是英国的空气质量并没有得到显著提高。空气污染在英国出现了新的变化，汽车尾气成为主要的空气污染源。如何解决新型污染源逐渐成为人们关注的焦点。1995 年，英国通过了《环境法》（*The Environment Act*），要求制定一个在全国范围内对新型空气污染进行综合治理的长期战略。1997 年 3 月 12 日，《国家空气质量战略》（*National Air Quality Strategy*）出台。[2] 该战略将欧盟、世界卫生组织（WHO）的质量标准引入国内，明确制定了新型污染控制的定量目标。并且强调为了

---

① 梅雪芹：《工业革命以来英国城市大气污染及防治措施研究》，载《北京师范大学学报》（人文社会科学版），2001 年第 2 期。

② Krzyzanowski, M., Vandenberg, J. & Stieb, D., "Perspectives on Air Quality Policy Issues in Europe and North America", *Journal of Toxicology & Environmental Health: Part A*, 2005, Vol. 68 Issue 13/14, pp. 1057 - 1061.

减少一氧化碳（CO）、氮氧化物（NO_X）、二氧化硫（SO_2）等八种危害性较大的空气污染物的排放量，实现空气保护目标，中央机构与地方政府必须协同配合。该战略还规定要对城市空气质量进行定期评估，对于达不到国家标准的城市，当地政府必须定位污染区域，针对性地制订有效的整改计划。

《国家空气质量战略》通过以下几点为提高空气质量提供清晰的框架：（1）一个简单清晰的政策框架；（2）符合实际却又有挑战性的目标；（3）监管和财政激励支持帮助实现以上目标；（4）成本和效益分析；（5）监测和研究，提高对污染的认识；（6）提高公众意识的信息。[①]《国家空气质量战略》旨在通过不施加不可接受的经济和社会成本的情况下，保护健康和环境。这个战略是政府可持续发展战略的一个重要组成部分，主要包括四个主目标：（1）促进社会进步以满足公众需求；（2）有效地保护环境；（3）谨慎地使用自然资源；（4）保持较高并且稳定的经济增长和就业水平。[②] 该战略为英国八个主要威胁健康的空气污染物设定标准和目标。标准的设定基于每种污染物对公众健康的影响评估，并且通常会参考专家小组的空气质量标准、欧盟空气质量的分指令以及世界卫生组织的建议。地方政府空气质量管理目标的设定包含八个空气污染物中的七个。国家目标则必须包含第八种污染物，臭氧以及氮氧化物和二氧化硫（见表 2.3）。政府的根本目的是污染物的无害排放。因此，首先确定一个无害的标准是十分必要的。然后通过成本收益法采取一系列政策措施来实现这个目标水平。在《国家空气质量战略》的指导下，英国各地相应地发布了区域空气质量战略。2001 年 1 月 30 日，伦敦市发布了《空气质量战略草案》。为了降低由于交通工具造成的空气污染，伦敦市政府决定大力扶持公共交通，目标是到 2010 年把市中心的

---

① 参见 http：//www. air-quality. org. uk/20. php。

② 参见 http：//www. air-quality. org. uk/20. php。

交通流量减少10%到15%。伦敦还鼓励居民购买排气量小的汽车，推广高效率、清洁的发动机技术以及使用天然气、电力或燃料电池的低污染汽车。① 在2000年，英国政府对《国家空气质量战略》进行了进一步修订，提出了更高的空气质量要求。表2.2列出了《国家空气质量战略》的主要指标及其发展历程。

表2.2　国家空气质量标准和具体目标

污染物	浓度标准	达成日期
苯	5ppb（微克/升）	2003年12月31日
丁二烯	1 ppb（微克/升）	2003年12月31日
一氧化碳	10 ppm（毫克/升）	2003年12月31日
铅	0.5微克/立方米 0.25微克/立方米	2004年12月31日 2008年12月31日
二氧化氮	105 ppb（微克/升），每年不能超过18次 21 ppb（微克/升）	2005年12月31日 2005年12月31日
颗粒	50微克/立方米，每年不能超过35次 40微克/立方米	2004年12月31日 2004年12月31日
二氧化硫	132 ppb（微克/升） 47 ppb（微克/升） 100 ppb（微克/升）	2004年12月31日 2004年12月31日 2005年12月31日

资料来源：http：//www.air-quality.org.uk/20.php

表2.3　国家空气质量目标（不适用于地方空气质量管理）

污染物	浓度标准	达成日期
臭氧	50 ppb（微克/升）	2005年12月31日
氮氧化物	16 ppb（微克/升）	2000年12月31日
二氧化硫	8 ppb（微克/升）	2000年12月31日

资料来源：http：//www.air – quality.org.uk/20.php

① 王艳红：《雾都伦敦治理空气污染的历史》，《中国建设报》，2001年10月9日。

英国空气污染治理的相关立法

1845：铁路条款合并法案：要求铁路引擎耗尽自己产生的烟尘。

1847：改善条框法案：有一节涉及处理工厂烟尘。

1863：碱等工程监管法案：要求超过排放量的95%应该被逮捕。

1866：卫生法案：卫生当局有权在烟雾滋扰的情况下采取行动。

1875：公共卫生法案：包含一个部分涉及立法减排烟雾。

1906：碱等工程监管法案：延伸和综合以前的行为，包含了采取最佳可行的方式预防有毒气体的排放。

1926：公共卫生法案：对1875年和1891年的法案进行了修订和扩展。

1946：首设无烟区和事先批准的立法。

1956：清洁空气法案：介绍烟雾控制区，控制烟囱的高度。除了一些例外的情况下，禁止烟囱排放黑烟。

1968：清洁空气法案：扩展1956年法案的烟控规定，并进一步增加了禁止排放黑烟。

1970：欧盟指令70/220/EEC：采取措施应对与汽车有关的气体点燃式发动机空气污染。限定来自汽油发动机的一氧化碳和碳氢化合物的排放。

1972：欧盟指令72/306/EEC：采取措施应对机动车辆中柴油发动机排放的污染物。限定重型车辆排放的黑烟。

1974：污染控制法：允许对汽车燃料组成进行管制。此外，该法限制了燃油中的硫的含量。

1975：欧盟指令75/441/EEC：设置了成员国之间的空气质量信息交换的程序。

1978：欧盟指令78/611/EEC：限制汽油铅含量最大允许0.4gl^{-1}。

1979：跨境污染的国际公约：介绍了跨域酸雨影响的控制以及限制酸性污染物质的排放。

1980：欧盟指令80/779/EEC：为二氧化硫和悬浮颗粒设定空气质量指导值和限定值。

1981：汽车燃油（含铅量）条例：汽油中铅的含量不能超过0.4gl^{-1}。

1982：欧盟指令82/884/EEC：限定空气中铅的含量。

1984：欧盟指令84/360/EEC：建立一个共同的框架指令，从整个社区的工业厂房的污染进行防治。

1985：欧盟指令85/210/EEC：允许引进无铅汽油。

1988：欧盟指令88/609/EEC：限制发电站等大型燃烧设备有限公司排放的二氧化硫、氮氧化物和颗粒物。

1989：欧盟指令89/369/EEC：有关垃圾焚烧造成的污染的指令。设置新的垃圾焚烧炉的排放限值。

1990：环境保护法：第一次由地方政府在空气污染控制背景下建立了综合的控制系统，控制最可能造成污染的工业过程。

1992：欧盟指令92/72/EEC：建立一个统一的监控程序，相互警示和交换信息，向社会公开发行有关臭氧污染的信息。

1995：环境法：提供了一个新的法定框架，将对地方空气质量的管理纳入法律，且要求制定一个全国性的治理污染的战略。

1996：欧盟指令96/62/EC：提供了一种新的法定架构，规定了二氧化硫、二氧化氮、颗粒物、铅、臭氧、苯、一氧化碳和其他烃类的控制水平。

1997：国家空气质量战略：1997 年 3 月 12 日发布最终版本，承诺到 2005 年整个英国实现新的空气质量目标。

2000：英格兰、苏格兰、威尔士和北爱尔兰的空气质量战略：第二版全国空气质量战略颁布，公布了新的地方空气质量管理目标。

2008：气候变化法案：对碳排放作出法律规定，公布了详细的《英国低碳转型》国家战略方案。

资料来源：http：//www. air-quality. org. uk/02. php

（四）治理措施

1. 煤烟型污染控制

英国政府设立无烟区，在无烟区内，只能使用无烟煤、焦炭、电、煤气、低挥发性锅炉煤、燃料油等低污染低排放的燃料，其他燃料的使用则被禁止。因此有必要对燃烧锅炉进行改造。英国政府规定这类改造费用的 40% 由英国政府补助，30% 由地方自行解决，30% 由居民自理，形成了多样化的资金来源。同时地方管理局规定在无烟区内禁止排放超过林格曼二度的烟尘。新建工业锅炉在使用时尽量不排放黑烟，地方管理局有权禁止建设烟囱高度不够的建筑。同时通过疏散人口和工业企业，调整能源使用结构以及使用新技术等多方面的努力，1975 年，伦敦的“烟雾日”由每年的 50 天减少到了 15 天左右，到了 1980 年则降到 5 天左右。①

2. 工业污染治理

英国在 19 世纪中叶生产力革命以后，工业污染对环境造成的威胁成为了全社会关注的焦点，由此英国开始了长达 100 多年的空气污染治理历程。英国从制碱业污染（主要是氯化氢气体）整治入手，对产业结

① 顾向荣：《伦敦综合治理城市大气污染的举措》，载《北京规划建设》，2000 年第 2 期。

构加以调整，将环保目标引入企业生产，运用立法提高环保标准，提高企业的市场准入门槛，并通过引导企业转型升级来抑制空气污染，提升空气质量。1956 年，英国政府首次颁布了《清洁空气法案》。在城区设立无烟区，减少工业企业的排放，将发电厂和重工业等煤烟污染大型企业迁往郊区，对无烟区工厂环保标准进行严格规定，对于不达标企业进行严格地处罚。对于外迁的企业政府则给予灵活多样的政策优惠，以鼓励能源消耗率较低的工厂外迁或者是进行产业更新换代。自 1967 年起，伦敦市区制造业就业岗位逐渐外迁，工业用地开始减少。1968 年又颁布了一项清洁空气法案，对工业生产的烟囱高度进行了规定。1974 年实施的《控制公害法》制定了工业燃料硫化物含量上限，规定污染工业必须在有害气体排入大气之前采取除尘、过滤、降硫等工序对其进行处理，否则将面临严厉处罚。1990 年，英国通过了《环境保护法》，该法案的第一章节对工业污染的治理进行了细致阐述，并进一步对工业企业的污染排放标准进行严格限定。

3. 机动车尾气排放控制

从 1980 年开始，在英国各大城市，数量激增的汽车取代煤炭成为英国大气污染的"元凶"。为了缓解严峻的空气污染形势，英国官方采取了多项综合性的治理措施：第一，转变交通发展战略，在财政拨款、立项审批等制度上对公共交通进行重点支持，通过多种激励手段使家庭和个人减少对私人汽车的依赖，提倡绿色环保的出行方式，从而达到降低机动车二氧化碳排放量的目标。第二，扩大交通管治的范围。交通管治范围由高峰时期的中心城区扩大至外伦敦的城镇中心、主要的放射道路及高速公路。同时，为了防止空气污染的进一步蔓延与恶化，必须辅之以切实可行的土地利用和交通政策，做好城市建设规划和交通发展规划。第三，停车费用改革。从 2000 年起提高停车费用，市内公共场所的停车免费服务改为收费，以限制出行车辆的数量，减少堵车造成的时间浪费和空气污染。第四，汽车制造理念升级。在车辆设计生产中引进环保理念，同时倡导零排放电动汽车的研究开发和运行。[①] 通过对机动车尾气排放的控制，英国在许多地区建立了空气污染跟踪测试，建立了常年观测的模型。监管与监测两种政策的综合实施时英国许多城市的空气质量得到了改善。[②]

虽然饱受争议，但是伦敦在 2003 年开始在市中心对驶入的私人轿车征收“拥堵费”（Congestion Fee），在每星期一至星期五的早上 7 时至下午 6 时对每部车辆征收 8 英镑（2010 年起增加至 10 英镑）。伦敦“拥堵费”涵盖的区域包括伦敦市的最中心地带，面积大约 20 平方公里。[③] 虽然这项措施被批评为“扰民”，并且治理交通拥堵效果不明显，但是其初衷也是希望通过限制车辆在城市中心地区的行驶，降低空气污染，表示了英国和伦敦政府旨在通过降低机动车辆尾气排放，控制城市空气污染的决心。

4. 能源结构调整

1952 年，煤炭占伦敦能源消耗的 61%，而工业及家庭的煤炭燃烧正是空气污染物的主要来源之一。因此，政府对能源结构进行优化，大大增加清洁能源在燃料中的使用比重。1956 年英国《清洁空气法案》颁布后，政府通过财政补贴扶持居民改造燃炉，并且禁止市区工业继续采用传统烟煤进行生产，同时产生的废气也均须经过专业的除尘设备净化达标后方可排出。由于措施得当，家庭用煤量迅速下降，到 1965 年，使用煤炭作为燃料比例为下降到了 27%，水电和清洁气体燃料增加到了 24.5%（至 1980 年提高到 51%），燃料油为 43%（至 1980 年为 41%）。同时燃油消耗量快速上涨，直至 1973 年及 1979 年两次燃料危机，燃油消

---

① Parkhurst, G., “Air Quality and the Environmental Transport Policy Discourse in Oxford”, *Transportation Research: Part D*, 2004, Vol. 9 Issue 6, pp. 419 – 436.

② Marsden, G. & Bell, M. C., “Road Traffic Pollution Monitoring and Modelling Tools and the UK National Air Quality Strategy, *Local Environment*, 2001, Vol. 6 Issue 2, pp. 181 – 197.

③ 《收取已 10 年 伦敦“拥堵费”带来了什么?》，人民网，2013 年 9 月 16 日。

图 2.2 伦敦市中心的拥堵费征收地区

资料来源：www. theguardian. com

耗量才逐渐放缓。同时，随着在北海发现丰富的天然气资源，1970 年代伦敦开始大量使用天然气能源。1973 年顶峰时期（燃油大量降价之前），天然气替换了所有煤市场及 60% 的燃油市场。2000 年，天然气占伦敦市能源消耗的 60%，大大减少了由于煤炭燃烧带来的空气污染。

三、治理机制与特色：从中央到地方，从“皇家”到民间

（一）组织架构

1. 中央层面

在空气污染治理中，英国政府首先对行政管理机构进行了大胆的改革，改变了以往在环境保护行动中的被动局面。在中央政府和地方政府层面都成立了专门的环境保护职能部门。中央政府的环境保护事务主要由环境、食品与农村事务部（Department for Environment，Food & Rural Affairs，简称 DEFRA）负责，它的主要职能是制定环境保护、食品监管

和农村事务繁忙的政策法规和进行监督管理，包括负责全国环境保护。这个部门的前身是英国环境、交通和区域部（Dcpartment of the Environment，Transport and the Regions，简称 DETR）。1997 年，由于英国前农业、渔业和食品部（Ministry of Agriculture，Fisheries and Food，简称 MAFF）在预防手足口病中的失职，英国政府决定将 MAFF 和 DERT 合并，建立 DEFRA，全面负责环境事务。这个部门集中了环境保护中所需要的司法权、财政预算权和政策决定权。这种综合权力的集中减少了环境保护政策制定、实施和推广的阻力，保证了有关环境保护措施能够迅速有效地推进。在英国综合环境事务中唯一不隶属于 DEFRA 管辖的是大气变化，英国于2008 年成立了能源与大气变化部（Department of Energy and Climate Change），将原来环境、食品与农村事务部下属的与大气变化相关的职能纳入了能源与大气变化部，形成专门的管理。

环境、食品与农村事务部的一大特色是建立了一个独立运行的“公共组织”（Public Body）——“环境署”（Environmental Agency），合并了国家河流管理局（NRA）、英国污染监察局（HMIP）、废物管制局（WRA）、环境事务部（DOE）下属的一些分支机构。这一新的管制机构在环境保护与环境管理方面采用了更为综合的方式，首次把土地、空气和水资源的管制纳入了一个统一的体系，专门负责环境保护相关的技术标准和政策实施。[①] 环境署是根据英国《环境法》（*The Environment Act*，1995）的条例成立的，财政预算主要来源于环境、食品与农村事务部，并通过发放环境许可证等行政收入进行补充，其目的是通过治理污染、洪水等环境问题，推动英国的可持续发展，为当代和后代建立一个繁荣、健康和多样性的良好环境。[②] 环境署的主要工作人员都是科学界和技术专家，这种独立的运作模式保证了环境保护的政策执行不受政

---

① 张孝德：《从伦敦到北京：中英雾霾治理的比较与反思》，载《人民论坛·学术前沿》，2014 年 2 月 27 日。

② 参见 http：//www. environment-agency. gov. uk/。

治等因素的干扰，能够取得预期的效果。

在中央层面，英国议会还曾经在很长一段时间内建立“皇家环境污染防治理事会”（Royal Commission on Environmental Pollution），负责监督各环境要素的综合污染控制，起到高层次的协调作用。这个委员会是根据1970年的皇家法令（Royal Warrant）成立的，负责每年向皇室、政府和议会提交有关国内和国际的环境污染调查、环境保护领域的最新研究、自然环境变化等环境保护专题咨询报告，其建议大多被中央政府采纳，成为各项环境立法的基础。由于英国政府的财政危机，这个委员会于2011年终止运行。在其40年的存在历史中，总共提交了29份的咨询报告，内容涉及了自然环境、建成环境、国土整治、环境规划、废物处理、工业污染、水污染、土壤污染和大气污染等重要议题。其在1976年提交的《空气污染防治：一条整合的路径》（“Air Pollution Control: An integrated approach”）对英国政府空气污染治理的政策起到了很大的影响。

从环境、食品与农村事务部、环境署和前皇家环境污染防治理事会这几个核心部门的职责可以看出，英国对空气污染治理等环境事务采取的是专业治理的模式，将空气污染治理中的政策执行和技术指标严格贯彻，尽量不让政府和政治过分介入环境问题，以保证科学、高效和公正。

2. 地方层面

在地方层面，各地主要通过“地方空气管理”（Local Air Quality Management，LAQM）系统增强政府的环境保护职能。地方政府针对空气污染的“排放热点地区”进行重点监控，管理地方大气污染、地方性环境卫生、噪音尘土问题和地方生活垃圾的处理等环境问题。例如1995年的《环境保护法》第三和第四部分规定了对城乡的垃圾、烟雾和尘土污染、噪音污染、臭气的处理，地方政府是该部分的执行主体。该法案规定，如果地方政府发现某人或某企业随意制造垃圾、烟雾、尘土污染、噪声污染和臭气，将发出一个限21天处理的通知，如果超过21天没有得到解决，该个体或企业将面临起诉。英国地方政府在第二次世界大战后随着环保事业的日益繁琐及行政管理体制的改革，其环保机构的设置也日趋复杂。[①] 中央环境、食品与农村事务部在地方设立了一些分支机构，地方政府则相应地协助其环保政策顺利实施，尤其是空气污染的综合治理这样复杂的事务。

在“二战”之前，英国的空气污染治理涉及多个政府机构，包括地方政府、中央的环境部等。在公共卫生和环境事务等方面，英国的中央和地方政府有着巨大分歧。地方当局从环境保护角度出发，一直主张对污染严重的个人和商业活动进行强有力的控制，而中央政府则认为应该充分保护公民的权力，进而阻止地方当局对经济事务进行过多干涉。中央机构和地方当局各执一词，一方权利的扩张意味着另一方权利的削弱，二者始终关心的是自己的权限，因而摩擦不断。[②]

1952年伦敦发生的烟雾事件和接下来颁布的《清洁空气法案》成为中央和地方治理逻辑转换的转折点。之前中央和地方政府负责不同的治理对象。中央政府部门主要负责有害或难闻气体（noxious or offensive gas）的治理，地方当局则主要负责煤烟的处理。1956年《清洁空气法案》通过后，这种中央和地方以治理对象为标准的二分逻辑转换成新的以技术难度为标准的二分逻辑。在旧的治理生态下，中央部门和地方政府的摩擦通常表现为中央部门对地方政府治理行为的干涉以及与地方部门争夺空气治理的控制权和主动权。因此厘清中央层面碱业检查员和地方层面环境卫生官员的职责范围迫在眉睫。针对央地职能部门之间的争权夺利以及权力行使的重叠性和交叉性，英国建立了强效的中央部门，其环境、食品与农村事务部和环境署的设立保证了中央政府机构具备完

---

① 李峰：《英国环境政治的产生及其特点》，载《衡阳师范学院学报》（社会科学版），1999年第5期。

② 《伦敦空气治理启示：城市规划留下宝贵经验》，新华网，2013年3月19日。

善的职责来协调与环境及城乡发展各相关部门在环境管制方面的工作。这种强有力的中央部门加上“地方空气管理”的体制保证了纵向上的总体协调，各项空气污染防治政策能得到科学的制定和有效的实施。

3. 民间参与

随着全球化进程加快及传播媒介的发展，英国公众也开始大量关注环境问题。这一时期环保组织的规模和影响也迅速提高。到20世纪60年代末，英国的环境组织已经全面形成网络化状况，对公共政策的影响力也日趋显著。1958年英国全国只有200多个社区环境团体，到1975年则增加了6倍之多，达到1400多个。[①] 在新组织建设方面，其范围之广、数量之多也超乎人们的想象，尤其是一些国际环保组织在英国成立了分支机构，对当地的环保事业给予了有力的支持。如20世纪70年代初成立的地球之友和绿色和平组织的英国分部积极在环境事务中发挥自己的影响力，有效地督促政府逐步降低了汽油中的含铅量，对英国空气质量的改善发挥了重大作用。

此外，英国政府重视民间科研力量的参与，扶持成立了许多环境保护的研究机构。自然环境研究委员会（The Natural Environment Research Council，NERC）是英国最重要的科研委员会之一。这个委员会是一个非政府部门的公共机构（a non-departmental public body），每年从英国商业、创新和技术部（Department for Business，Innovation and Skills，BIS）获得3.7亿英镑的拨款，负责对空气、土壤、生物圈及水体等方面的环境保护进行研究。[②] 自1965年成立以来，自然环境研究委员会已经建立了十几个专业研究所。英国的不少高等学府和科研机构在从事环境监测和研究工作。自1960年起，以华伦·斯普林实验室为中心，根据遍布全英的1200多个监测站的测定结果，对空气中烟尘和二氧化硫的含量

---

① 李峰：《英国环境政治的产生及其特点》，载《衡阳师范学院学报》（社会科学版），1999年第5期。

② 参见 http：//www. nerc. ac. uk/about/。

进行估计，为各地有针对性地制定环保标准提供科学依据。[①] 包括里丁大学、阿斯顿大学、帝国理工学院、威尔士大学、谢菲尔德大学和利兹大学等高等学府，在政府研究资金的资助下开展对空气污染治理的相关研究，比如对车辆污染物排放、空气质量标准、空气污染对农作物和土壤的影响、测定灰尘及其他污染物的仪器的改进，以及烟囱的设计与安装位置等进行研究，为分析污染的后果、控制污染物的排放和加强对污染源的监测都提供了科学的依据。[②] 科研力量的广泛参与，无疑为大气污染的防治以及其他环境问题的解决，提供了有力的科学理论支撑。

这些科研机构很多时候为英国地方政府提供评估空气污染治理效果的咨询。作为英国《国家空气质量战略》(*National Air Quality Strategy*)在地方层面的实施方案，英国将全国划分成120个不同的空气治理管理区域（Air Quality Management Areas，AQMAs)。这些区域根据本地区空气污染的特征和污染热点区域（pollution hot-spots）制定相应的空气质量管理指标和政策。这些政策在执行中的效果需要进行全国范围内的综合评价。这种评价通常就由地方政府委托各个地方的大学承担。[③]

（二）政策特色

1. 政府、企业、居民和社会多方协作

在空气污染治理中，通常都牵涉到政府、企业、居民和环保组织等

---

① 梅雪芹:《工业革命以来英国城市大气污染及防治措施研究》，载《北京师范大学学报》(人文社会科学版)，2001年第2期。

② International Union of Air Pollution Prevention Associations，"Clear Air Around The World：The Law and Practice of Air Pollution Control in 14 Countries in 5 Continents"，Brighton，1988. 转引自梅雪芹:《工业革命以来英国城市大气污染及防治措施研究》，载《北京师范大学学报》(人文社会科学版)，2001年第2期。

③ Woodfield，N. K.，Longhurst，J. W. S.，Beattie，C. I. & Laxen，D. P. H.，"Critical Evaluation of the Role of Scientific Analysis in UK Local Authority AQMA Decision-Making：Method Development and Preliminary Results"，*Science of the Total Environment*，2003，Vol. 311 Issue 1–3，pp. 1–18.

多方的利益和参与，如何形成有效的协商模式，是提高空气治理效率，保障空气治理法规得到真正贯彻和实施的关键。这也是英国政府所致力推动的。如前文所述，英国政府主要负责立法，地方政府则通过“地方空气管理”体系严格监管空气质量。英国政府在环境治理中不像其他工业国那样是环境政策的绝对执行者，在很多环保的实践领域主要依靠不同地区、不同类别的群体或组织来执行。在实践中，政府通过多种方式鼓励社会团体或组织参与到空气污染治理中来。比如授予某些团体以“准官方”的地位，由英国皇室授予积极参与环境保护的社会组织“皇家”的称号，作为参加志愿的环保行动的荣誉和鼓励。另外，英国政府通过强有力的财政投入大力支持各种环保组织。英国的许多环保组织都收到政府资金的支持，有些组织直接就是政府创立的。

对于企业，英国政府要求企业在最大程度上使用“最适用的技术”（Best Available Technology，BAT）减少有害有毒气体的排放，改善空气质量。根据1990年的《环境保护法》英国制定了“统一污染控制”（Integrated Pollution Control），严格控制超过2000个超标准排放企业。另外，根据各个地方的空气污染防治条例，对其余的13000个超标准排放企业进行监管。英国政府在1999年颁布了最新的“污染防控”指标（Pollution Prevention and Control，PPC），目标是进一步减少企业的工业污染排放。在这种严格制定的控制指标基础上，政府和企业之间很少因为空气污染控制的标准问题产生分歧，通常可以通过协商的方式达成防控空气污染的目标。在环保政策的制定过程中，政府常态化地召集相关的主要企业经营者和环保组织负责人共同协商，通过听取各方意见，制定综合各方权益的、最合理有效的法律和政策，以保证各方最大限度地参与实施过程，提高制度有效性。

由于空气污染的复杂性，各方利益可能会产生冲突。比如作为污染源的企业和受到危害的民众，在这种情况下，英国政府采取居中调停的角色，通过法律的渠道和严格的制度解决纠纷，达到防治空气污染的目的。在很多情况下，遍布英国各个城市的环境组织经常作为居民和社区利益的表达机构，通过正式或非正式的政治和社会渠道进行游说活动，发挥其在政府和社会中的广泛影响力，采取循序渐进的原则，达到推进空气污染治理立法、解决空气污染重大问题的目的。在这种协商合作的大环境下，多数污染企业都能遵守相关法规条例，推动了空气污染政策的顺利执行。

2. 经济惩罚和激励手段并重

在考虑大气污染控制的经济基础时，英国将“污染者付费原则”作为大气污染控制的关键因素，这也成为英国空气污染治理的一个基本特点。“污染者付费原则”（Polluter-Pays Principle，简称 PPP）于 1970 年由经济合作与发展组织（OECD）在其通过的一项决议中提出，要求所有的污染者都必须为其造成的污染直接或者间接支付费用，污染者有责任对其造成的污染进行治理。欧美各国纷纷将这个原则作为制定环境相关法规的重要基础之一。在空气污染治理中，该原则意味着防治污染或者减轻因污染造成的环境损害的费用应由产生污染的一方主要承担。政府可以直接对所有利用像空气、水等类似资源而产生外部费用的活动制定价格或收费，要求那些把污染物排入大气或水体而占用公共环境资源的活动支付费用，包括向产生污染的工序征税，颁发向大气释放污染的有价许可证等收费方式。通过价格作用实现环境外部不经济性的内部化，从而达到环境资源的有效配置。这种情况下，在其他条件一致的前提下，企业边际成本将增加，最终影响企业决策，推动企业减少对空气的污染。

在严格贯彻“污染者付费原则”的同时，英国也根据本国国情，采取了对企业的产业转型和设备更新进行激励的政策，包括公共资金补助形式的支付，或减免税收来提供投资刺激。在意识到传统制造业、煤炭采掘业等工业对空气污染造成巨大压力后，英国政府对这些产业的补贴大幅度下降，使得长期依赖政府补贴的高污染产业，包括纺织、造船、机械、钢铁等大幅度萎缩。其他一部分制造业，如航空、化工、机电、石油等在市场竞争中，逐步从规模型生产向高端的设计、集成、概念化产品和附加值更高的品牌产品方向转变。与此同时，加大对服务业的扶持力度，促进低污染行业的发展。[①] 这在一方面鼓励了新兴服务业的发展，同时也降低了对空气环境的压力。

3. 强制性与可行性并重

英国在实施1974年的《控制公害法》(*Controal of Pollution Act*, 1974)的过程中建立了“切实可行的措施”（the Best Practicable Means，简称BPM)。这个原则表明了在实施法令的过程中应该根据不同的地方环境和条件（local conditions and circumstances)，采取最适用的技术知识和财政手段（technical knowledge and to the financial implications)，以完成对污染源或排放设备的设计、安装和维护（design，installation，maintenance)。但是这种“切实可行的措施”首先必须符合法律的规定，并且确定责任方，也必须遵循安全条例和工作环境（safety and safe working conditions)。[②]

在“切实可行的措施”的原则下，英国各级政府在空气污染治理中通常不会制定太多的强制统一标准，地方政府会依据各地情况的不同，以及与各地工业集团和社会组织的协商结果，根据“地方空气管理”政策在执行过程中制定相应的标准和条例。[③] 这些标准也随着经济的发展、工业结构的改变和污染源的不同进行及时地改变。根据1988年英国环境部的解释，BPM的基本要素有：“(1) 不能容忍造成某种工人的或长或短的健康公害的排放物；(2) 在考虑地方条件与环境、控制技术知识现状、所排放物质的后果、财政状况和所使用的措施等基础上，必须根据排放物浓度和质量，将其减至最低的适当的水平；(3) 为确保排放物

---

① 张孝德：《从伦敦到北京：中英雾霾治理的比较与反思》，载《人民论坛·学术前沿》，2014年2月27日。

② 参见 http://www.legislation.gov.uk/ukpga/1974/40/section/72。

③ 李峰：《英国环境政治的产生及其特点》，载《衡阳师范学院学报》（社会科学版)，1999年第5期。

达到最低的适当的水平，必须规定气体排放的高度，以致通过稀释和消散使残留的排放物无害而不令人生厌。”实施 BPM 的优点在于，它能将污染控制措施施行于污染过程的各个环节，通过灵活、有效的方法控制开支与收益之间的平衡，并且根据不同的污染者财政状况，考虑在不同的地方环境落实“切实可行措施”的经济要素考虑，设定污染者付费的最高限额，采取既有强制又有弹性的执行手段。[①]。

在综合采取了一系列措施之后，英国的大气污染得到了有效控制，空气质量有了明显的改善。譬如说伦敦，经过多年的治理，到了 20 世纪 70 年代中期，已基本摘掉了“雾都”的帽子。如今的伦敦，大雾天气已经从 100 余年前的每年 90 天，减少为不到 10 天。[②] 过去由于污染而消失的 100 多种鸟类，重新飞回伦敦上空，给旧日的“雾都”带来勃勃生机。

第二节　德国

一、城市化与空气污染：欧洲大陆的工业巨人

（一）历史变迁

德国在 19 世纪中叶之前处于德意志帝国统治下的 38 个小邦国割据状态。在 35.6 万平方公里的国土上，邦国之间各自为政，经济发展比较缓慢，没有形成全国性的工业化趋势。1864 年丹麦战争爆发之后，德国开始了独立和统一之路。在 1866 年普奥战争和 1870 年普法战争之后，德国实现了民族统一，开始步入工业化发展的轨道，拉开了城市化快速发展的帷幕。在第二次工业革命期间，德国的煤炭开采量出现了迅猛增

---

① 梅雪芹：《工业革命以来英国城市大气污染及防治措施研究》，载《北京师范大学学报》（人文社会科学版），2001 年第 2 期。

② 张孝德：《从伦敦到北京：中英雾霾治理的比较与反思》，载《人民论坛·学术前沿》，2014 年 2 月 27 日。

长。其中石煤产量由1871年的2900万吨猛增到1913年的1.9亿吨，增长超过5.5倍，褐煤开采量也由850万吨上升到了8700万吨，增长9倍以上。德国的化学工业在19世纪60年代还是个空白，之后就开始了突飞猛进的发展。到20世纪初，德国合成染料工业已经占世界染料市场总常量的90%。[①] 化学工业的迅速发展促进了整个德国工业的腾飞。与此同时，提炼化学物品所产生的化学废弃物也对德国的大气环境造成了严重的污染。

在19世纪工业化高速发展的同时，德国也利用其在欧洲大陆便利的地理位置，大力发展了以火车为主要标志的交通革命。德国的铁路交通发展虽然比英国起步晚，但是其铁路建设的起点较高，速度较快，很快就在欧洲大陆处于领先地位。德国在1835年开通了从纽伦堡至菲尔特6公里长的第一条长途铁路线。经过15年的发展，德国在1850年已经拥有了总里程达到6000公里的铁路干线。因此，20世纪初，德国在实现工业化的同时，也基本实现了交通运输现代化。可以说，铁路的发展对于德国的城市化至关重要，是德国工业发展的强大基础，形成了有效的运输系统。发达的铁路系统连接了德国全境，促进了物资的流通和资源的流动，成为德国工业化的主要动力。铁路系统的发展也带动了相关产业的腾飞，包括铁轨、机车和车厢这些对钢材需求量很大的物资，造就了德国的钢铁工业，而轨道的铺设、隧道和桥梁建设的增多，也大大增加了德国对煤炭和铁矿的需求。在大规模工业发展的需求下，位于矿藏资源丰富的鲁尔山谷就形成了闻名遐迩的鲁尔工业区，造就了多特蒙德、杜伊斯堡、波鸿等新兴工业化城市。在德国的其他地区工业化也带动了城市的发展，比如与煤炭工业有关的冶炼业的蓬勃发展以及新机器的建设工厂，就带动了柏林等城市的蓬勃发展。

在工业化革命的大趋势下，德国的工业和贸易获得了长足发展。工

① 邢来顺：《德国工业化经济—社会史》，湖北人民出版社2003年版，第248—249页。

业制造业的繁荣，不仅革新了劳动工具，使农业机械化和规模化经营成为可能，大幅提高了农业生产效率；同时也解放了农村大量剩余劳动力，城市中非农产业的就业机会快速增长，非农经济迅猛扩张，城市和乡村之间的人口流动越来越频繁，工业化推动了城市化的进程。城市化与工业化同步发展，大量的农业人口向城市迁移，使城市人口比例发生快速增长。1871 年，德国城市人口与农村人口的比例是 36∶64，到了 1880 年这个比例上升到 41∶58。到了 1890 年德国的城市人口第一次超过了农村人口。1900 年德国的城市人口达到总人口的 55%，这个比例在 1910 年时上升到 60%。[①]。可以看出，德国在经过民族统一后的 40 年的发展，城市化水平达到了新的高度，成为典型的城市国家。德国的城市人口在 40 年间增加了 2400 万人。1875 年德国 1 万人以上的城市只有 271 个，1910 年则在原基础上翻了一番，达到了 576 个。在城市数量快速增长的同时城市的人口规模也不断扩大，其中首都柏林在 1910 年城市人口突破 200 万，成为当时欧洲第三大和世界第五大城市。[②] 短短的几十年间，德国实现了由农村社会向城市社会的转变。

在这 40 年间，随着工业化和城市化的迅猛发展，德国城市的环境恶化和空气污染问题也逐渐显现。德国工业区长期被烟雾带所笼罩。由于早期的城市是在工业区的基础上发展起来的，城市人口主要集中在大型的工业区内，严重的空气污染给城市居民的生活带来了极大的不便。“严重的烟煤造成植物枯死，晾晒的衣服变黑，即使白昼也需要人工照明”，便是对德国城市空气污染最真实的描写。[③] 城市上空漂浮的有毒气

---

① Dominick, R. Capitalism, “ Communism, and Environmental Protection: Lessons from the German Experience”, *Environmental History*, Vol. 3, No. 3, 1998, pp. 311 - 332.

② 陈丙欣、叶裕民：《德国政府在城市化推进过程中的作用及启示》，载《重庆工商大学学报》（社会科学版），2007 年第 3 期。

③ 多米尼加：《资本主义、共产主义与环境保护：德国人的经验教训》，载《环境历史》，1998 年第 3 期。

体遇水汽转化成酸雨，也使德国饱受困扰。有毒烟雾的沉积以及酸雨的影响，使德国的河流也受到了污染。如德累斯顿附近穆格利兹（Muglitz）河由于污染而变成了“红河”；哈茨（Harz）地区的另一条河流则因铅毒化物的污染使所有的鱼类灭亡，附近陆地上的动物也因为饮用河水大量死亡。[①] 到20世纪初，那些对污水特别敏感的鱼类在德国一些主要河流中几乎绝迹了。同时，煤、石油等重污染物在蒸汽机、平炉炼钢机和发电机中肆意地排放有毒有害气体，导致了对自然环境的严重污染。[②]

（二）污染特征

欧盟的环境部（European Environment Agency，EEA）从1995年开始就发布了一系列的《多布里斯欧洲环境评估》（Dobris Assessment of Europes Environment），综合评估和监测欧盟各国的环境状况。这个报告在1998年、2003年、2007年和2011年又分别发布了四次。其中2011年的报告是对前四次报告的总评估（The Assessement of Assessments）。[③] 在前三次（1995年，1998年和2003年）的报告中，都专门对欧洲各国的空气污染情况进行了统计和分析。其中2003年的第三次《多布里斯欧洲环境评估》对1990年至2010年中欧洲主要地区的空气污染特征及其变化进行了比较（表2.4）。可以看出，在这20年中，欧盟主要地区的空气污染得到较好的控制，除了西欧的一氧化碳污染有所恶化，其他空气污染物质都得到了不同程度的下降。德国作为典型的西欧国家，在其工业化初期和早期经历了严重的空气污染，城市的恶劣空气成为不同污染物组成的混合体。每种污染物对居民健康的危害取决于污染物的种类和浓度、人体接触污染物时间的长短以及个人自身的健康状况。德国的城市空气污染物主要有以下几种：

---

① 梅雪芹：《工业革命以来西方主要国家环境污染与治理的历史考察》，载《世界历史》，2000年第6期。

② 汪劲：《论现代环境法的演变与形成》，载《法学评论》，1998年第5期。

③ 参见 http：//www. eea. europa. eu//publications/europes-environment-aoa。

表 2.4 欧盟主要地区 1990—2010 年的空气污染特征及其降低趋势（单位:%）

区域	一氧化碳	氮氧化物	二氧化硫	氨气	挥发性有机物质	颗粒物 PM10
西欧	+8	-52	-81	-15	-54	-56
中（东）欧	-10	-42	-68	-15	-22	-67
俄罗斯联邦及中亚地区	-32	-32	-71	-36	-26	-68
合计	-7	-45	-74	-18	-44	-64

资料来源：2003 年《多布里斯欧洲环境评估》（Dobris Assessment of Europes Environment），第五章，TABLE 5. 4.

注：西欧包括欧盟、挪威和瑞士，不包括冰岛、列支敦士登、安多拉、摩纳哥和圣马力诺。中（东）欧不包括塞浦路斯、马耳他和土耳其，http://www. eea. europa. eu//publications/environmental_assessment_report_2003_10。

二氧化氮

二氧化氮是一种淡红棕色气体，它与羟基、氨和臭氧反应可被氧化达到较高的氧化态（属于细颗粒硝酸盐和硝酸气溶胶）。这些产物更易溶于水，容易被雨水清除，从而造成酸雨问题。二氧化氮是一种氧化能力特别强的氧化剂，对人体的毒害作用非常大，例如它可以伤害脏肺的最细气道。二氧化氮的急性接触可引起呼吸疾病（如咳嗽和咽喉痛），这对幼童和哮喘病患者格外有害。二氧化氮一般从道路中心向人行道后侧递减。在柏林一条每天通行 5 万辆机动车的繁忙道路上，街道中心的二氧化氮浓度为 80 ~ 90ppb（150 ~ 170 微克/立方米），路缘处为 50 ~ 60ppb（95 ~ 115 微克/立方米），在人行道后距路缘约 3 米处为 40 ~ 50ppb（75 ~ 95 微克/立方米）。然而在整个城市尺度上，市中心的二氧化氮浓度最高。机动车主要集中在城市中心区。而机动车正是城市中心氮氧化物的主要来源。德国 2010 年 1 月 1 日实施的空气中的二氧化氮的极限值规定保护人类健康的排放量为 22ppb（40 微克/立方米），但是在一半以上的城市交通为导向的空气测量点的读数表明这个值已经被超过。在柏林、慕尼黑、汉堡等德国主要大城市，交通高峰期的二氧化氮浓度记录已经达到314ppb（600微克/立方米）。根据图2.3的数据可以看出，绝大部分二氧化氮排放超标的地区都是交通拥挤区，可见汽车尾气排放对空气质量的影响程度。

臭氧是一种由三个氧原子构成的分子，阳光下氮氧化物和挥发性有机化合物之间的光化学反应产生像臭氧类的氧化剂。换言之，臭氧是一种次生污染物。臭氧极具活力，是已知最强的氧化剂，它能够与几乎所有的生物物质产生反应。臭氧这种淡蓝色的气体是光化学反应中形成的主要氧化剂，约占氧化剂总量的90%。因此毫不奇怪它能够损害敏感的肺部组织，削弱身体对细菌和病毒的抵抗力。高臭氧浓度使哮喘患者病情恶化，削弱肺功能，增加呼吸系统通道感染和住院病例。欧洲的年平均臭氧浓度以1%～2%左右的速率增加，主要是由于交通引起的氮氧化物及挥发性有机化合物的排放增加所致。德国采用了世界卫生组织规定

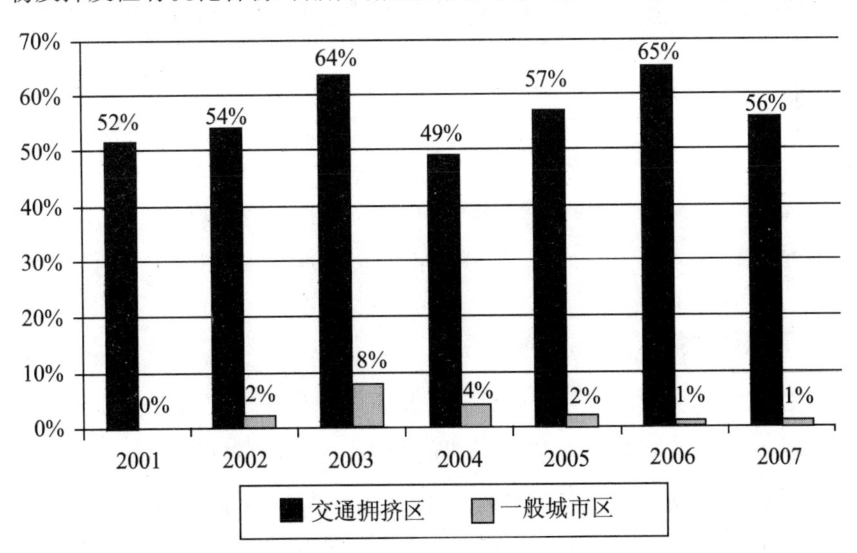

图2.3　德国全国排放监测站二氧化氮排放超标（大于40微克/立方米）比例，2003年—2007年

资料来源：http://sites.uba.de/SOER/dat/Air－pollution_01.xls

8 小时 50 ~ 60ppb（100 ~ 120 微克/立方米）的指导值。德国对地面臭氧浓度的监测持续多年后，在 2010 年更新了臭氧排放的目标值，以利于保护人类健康。该目标值采用 8 小时 120 微克/米^{3}的指导值，每年超标的日期不多于 25 天。从图 2.4 的数据可以看出，在过去的 20 年中，德国全国每年地表臭氧超过 180 微克/立方米的天数大约控制在 60 天以内，而超过 240 微克/立方米天数则在 10 天以内。

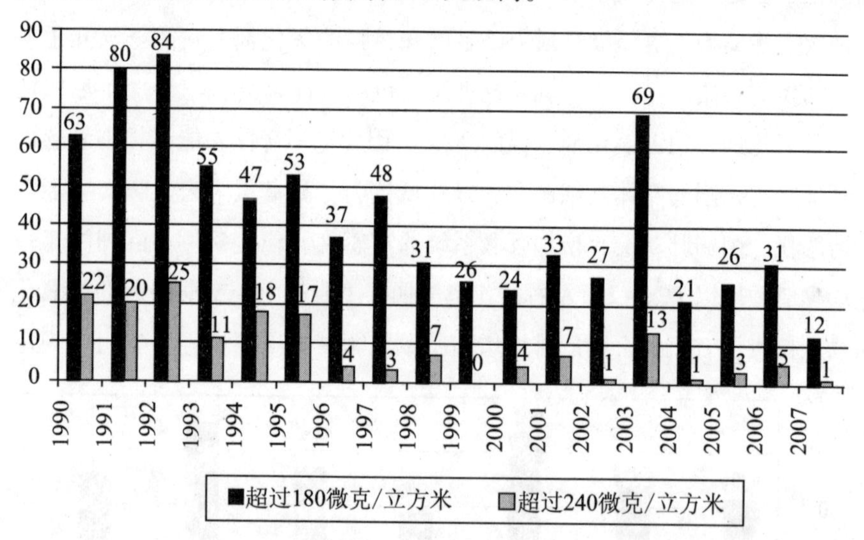

图 2.4 德国地表臭氧监测超标的天数 1990 年—2007 年①

资料来源：http://sites. uba. de/SOER/dat/Air - pollution_01. xls

微型颗粒物

空气中的微型颗粒物是由有机质和无机质构成的复杂混合物，包括天然海盐、土壤颗粒以及燃烧形成的烟尘。化石燃料的使用，如发电、生火取暖、机动车及包括焚烧废弃物在内的各种工业过程会产生颗粒物。颗粒的大小对研究悬浮颗粒物与健康的关系十分重要，颗粒的大小决定了这些颗粒物能够进入到人体肺部的深度。吸入直径为 15 ~ 100 微米

① 2003 年的超常指标是由于当年的特殊气候所致。

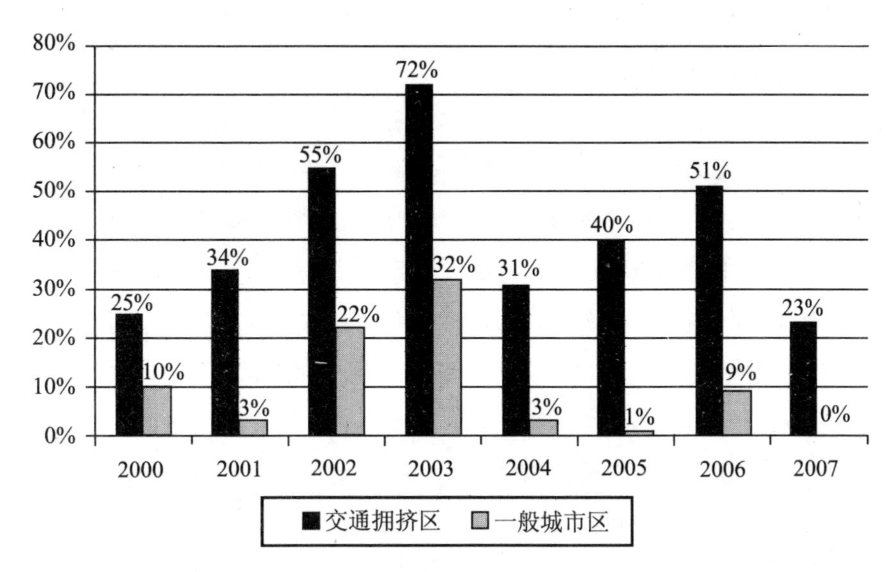

图 2.5　德国 PM10 监测超标（50 微克/立方米）35 次的监测站个数 2000—2007 年

资料来源：http://sites. uba. de/SOER/dat/Air-pollution_03. xls

的大颗粒通常被阻止在鼻孔和咽喉（鼻咽区），而 5 ~ 10 微米的颗粒能达到肺的上部（气管—支气管区）。相反，直径小于 5 微米的微粒在正常呼吸时可到达细支气管（呼吸支气管），而当人们用嘴呼吸或者是进行剧烈运动时，小直径颗粒甚至可到达肺泡区。德国各州自 2000 年以来，已开展全面的可吸入颗粒物测量。监测数据表明商业企业和工业厂房集中的大都市的可吸入颗粒物浓度高于周围农村地区，交通干道附近的测量站的记录值特别高。高交通流量带来的柴油烟尘、轮胎磨损颗粒、悬浮在空气中的灰尘是德国城市微型颗粒物的主要“贡献者”。德国在 2005 年规定了颗粒物限值来保护人类健康：可吸入颗粒物年平均值不得超过 40 微克/立方米，日平均值不得超过 50 微克/立方米，一年之内超标日期不得超过 35 天。[①] 但是很多大城市，尤其是交通流量较大

① 孟小博：《治理雾霾，世界各地有高招》，载《三晋都市报》，2013 年 1 月 19 日。

的城市，很难达到这个标准。从图 2.5 可以看出，交通拥挤区是微型颗粒物污染最严重的地区。

人类社会的许多活动都可能对大气造成的污染，如汽车尾气排放、煤电发电、石油和化学工业、民用燃烧燃料以及废弃物焚烧等。大部分情况下，排放的污染物种类和数量与燃烧的燃料或加工生产的产品如钢、塑胶和水泥的原材料种类有很大关系。一般认为高硫煤、褐煤和石油是污染空气最严重的燃料。随着时代发展和科技进步，汽车逐渐成为城市的主要污染源。2012 年德国汽车保有量超过 5100 万辆，以柴油为燃料的机动车占车辆总数的相当大的比例，它们释放出大量的二氧化硫和微型颗粒物。总体来说，德国空气中的污染物主要来自于交通，能源发电，工业生产过程和农业。

表 2.5　德国污染物排放限值

污染物	浓度（微克/立方米）	平均周期	年均允许超限频率
苯	5	1 年	0
颗粒物（PM10）中的铅化合物	0.5	1 年	0
悬浮颗粒物（PM10）	40	1 年	0
	50	24 小时	35
二氧化硫	50	1 年	0
	125	24 小时	3
	350	1 小时	24
二氧化氮	40	1 年	0
	200	1 小时	18
四氯乙烯	10	1 年	0

资料来源：《空气质量控制技术标准》（*Technical Instructions on Air Quality Control-TA Luft*），第 21—22 页，http://www.bmub.bund.de/fileadmin/bmu-import/files/pdfs/allgemein/application/pdf/taluft_engl.pdf

到了20世纪80年代，天然气和电已经取代煤成为德国家庭以及工业的主要燃料。因此由煤炭燃烧引起的二氧化硫和烟雾污染已不再是一个主要问题，汽车的尾气排放逐渐成为德国城市空气污染的主要“敌人”。越来越多的使用柴油车，使得一些城市的空气质量迅速下降。加之政府也大力鼓励使用柴油车以及汽车工业的虚假宣传，使得90年代末，德国的柴油汽车销量大增。由于整个欧洲大陆容易受高气压的影响，污染物被限制在逆温层之下，所以极其容易引发空气停滞和污染浓度升级。欧洲的很多城市包括德国夏季的时候经常会发出烟雾警报。

另外值得注意的是，在德国，有相当比例的污染来自邻国，即所谓的跨国空气污染。有资料显示，德国的空气污染很大一部分来自于东欧国家的发电站的褐煤燃烧。东欧国家的工厂缺乏起码的污染控制技术。由于缺乏统一的污染排放标准以及治理力度不一，往往邻国的船舶、工厂、汽车等排放的污染物会随着气候的变化流动到德国境内。因此，跨国合作也成为德国空气污染治理的重要政策之一。

二、重要法律与政策：来自宪法的保护

（一）重要立法

德国的环保立法体系完善，是欧洲生态与环保的典范，制定了比欧盟还要严格得多的标准，是世界上环境保护政策最严格的国家之一。环保方面的立法主要包括《宪法》的相关内容、《联邦环境污染防治法》、《环境条例和标准》、《德国21世纪环保纲要》及德国加入的国际防治空气污染条约。这些法令根据国民经济发展的要求，持续得到修正和补充，新的法规更细致、更严格。由于德国各个州的空气污染状况十分不同，在立法过程中有时不得不兼顾各地的具体情况，对环境立法造成了一定的难度。但是德国政府将环境立法作为社会公正（Social Justice）

的一个基本内容，建立了一套比较完整的法律体系。[①]

《宪法》

德国的宪法是基本法。1993 年，众议院和参议院的联合委员会准备的宪法在“国家目标规定”上达成了一致，既“根据基本法，实施环境政策和法律是国家机构的宪法义务”。德意志联邦共和国基本法对于环境保护这一国家目标也专门作了规定。德国宪法对环境保护政策所遵循的原则也进行了高度概括，即预防原则，谁污染、谁治理原则和协作原则。[②] 德国宪法在一定程度上为对环境的关注提供了法律支持。联邦宪法法院的判例为以身体健康的基本权利作为个人抵制政府的环境危险行动提供了很大范围内的保护。虽然除政府机构外，个人不能援引这一基本权利，但是，在关系到可能对周围居民的健康产生影响的项目时（如核能选址、垃圾焚烧厂选址、化工厂选址等），国家机构应当保证个人参与决策。政府及立法机构还必须根据环境质量的变化，为公民的身体健康提供必要保护。因此，环境保护在德国宪法中遵循了对公民身体健康的基本权利进行保护的基本原则。

《联邦污染防治法》

20 世纪 70 年代，德国的环境污染持续恶化，环境问题成为影响人民生活质量的重大隐患，成为德国公众最关注的公共问题之一。1974 年，联邦德国出台了《联邦污染防治法》，主要对大型的工业企业进行约束，限制其尾气排放。这部法律对企业的排放中对于环境可能产生污染的物质进行了明确的规定，规定现有的企业必须在一定时间内加装生产设备尾气处理装置，将尾气排放中的有毒有害物质控制在规定的标准范围内。更为严格的是，这部法律还规定新的企业在申请开办时就必须

① Rehbinder, E., “Environmental Justice in Germany: Legal Aspects of Spatial Distribution of Environmental Quality”, *Environmental Policy & Law*, 2007, Vol. 37 Issue 2/3, pp. 177 – 184.

② 盛晓白：《德国的环保政策和措施》，载《审计与经济研究》，2000 年第 4 期。

对其尾气排放计划和拟采取的措施进行严格申报，只有在通过现行法律要求的情况下新企业才可以开始运行。在过去的三十多年中，《联邦污染防治法》经过了多次修改和补充，成为德国其他和空气污染治理有关的法律和政策的立法基础。①

《联邦污染防治法》第五章对空气质量的监测及改善、排放登记册、公众知情权以及空气净化计划、行动计划等作了详细的规定。州政府或者由州政府指定的机构有权制定确定检查的范围，对可能引起环境损害的其他大气污染的种类和范围作出有时间限制的或者不断更新的界定，并对导致空气污染产生以及扩大的重要性进行调查。同时主管部门应当采取必要措施，保证法律规定的各项污染极限值被严格遵守。如果发现空气污染极限值未被遵守，或者在规定的检查范围内出现其他环境损害，主管部门可以制订空气净化计划。在制订此类计划时，应当注意地区规划的目标：同时地区规划的原则以及其他要求也应当被考虑在内。如果发生空气污染超过法律规定的警戒线的情况时，公民享有空气质量的知情权。主管部门应当毫不迟延地通过广播、电视、报刊或其他手段将情况告知公众。如果空气实际污染超过法律规定的极限值，主管部门必须制订具体行动计划，以确定所应采取的短期措施。行动计划中所确定的措施必须能够降低污染超过临界值的危险或者能够缩短污染可能超过的时间。如果存在设备或者燃料的使用会导致空气污染加剧，州政府或者州政府指定的机构有权制定法规要求在特定的需经进一步明确的区域内禁止在设备中使用某些燃料；禁止使用某些可移动的设备；只能在固定的时间内使用某些可移动或者不可移动的设备，或者要求在使用这些设备时达到更高的技术要求。

① 郑红：《德国如何走出空气污染》，人民网，2013年1月23日。

表 2.6　德国不同污染物的烟雾警报浓度限值

污染物	第一阶段：健康建议警报	第二阶段：中等警报	第三阶段：紧急状态警报
一氧化碳（ppm）	26（3 小时）	39（3 小时）	52（3 小时）
二氧化碳（ppb）	313（3 小时）	523（3 小时）	732（3 小时）
臭氧（ppb）	100（3 小时）	150（3 小时）	250（3 小时）
二氧化硫（ppb）	225（3 小时）	450（3 小时）	675（3 小时）

资料来源：德利克·埃尔森：《烟雾警报——城市空气质量管理》，田文学、朱志辉、韩建国等译，科学出版社 1999 年版，第 98 页。

《联邦废气排放法》及相关技术标准

除了综合的环境保护条例，德国政府在 1990 年颁布施行了专门监控尾气排放、减少空气污染的《联邦废气排放法》（*Federal Imission Control Act*，BImSchG）①。在这个法令的授权下，德国联邦环境、自然保护、建筑和核安全部在全国各地建立监测站（measuring stations），负责监测各项空气污染指标，供联邦政府编制每年的空气污染指数报告。德国在政府在 2002 年颁布了"臭氧减排政策"（National Programme for the Reduction of Ozone），加强专门针对臭氧排放的控制。这个政策在 2007 年进行了修订，进一步提高了对减少臭氧排放量的要求。《联邦废气排放法》在实施中对联邦、联邦州和地方政府都具有管辖力。为了更好地实施《联邦废气排放法》，德国政府颁布了现代化的空气治理控制的技术标准（Technical Instructions on Air Quality Control，TA Luft），专门监管有毒有害尾气排放、企业尾气处理设备和环境综合影响。

为了控制燃料燃烧增加空气中的微型颗粒物污染，德国政府在 2010 年 3 月通过了小型燃烧设备管理条例（Ordinance on Small Firing Installa-

① 全称为"The Act on the Prevention of Harmful Effects on the Environment Caused by Air Pollution, Noise, Vibration and Similar Phenomena"。

tions，1. BImSchV)，负责监管包括炉灶在内的小型燃烧设备的安装和使用。通过安装新型燃烧设备和对旧设备进行改良，可以降低5%～10%的微型颗粒物排放量。[①]

《联邦废气排放法》及其后续的一系列具体条例规定了德国的环境条例、环境标准以及环境影响评价（Environment Impact Accessment，EIA）制度[②]。为了减少空气污染，联邦政府在执行欧盟有关机动车污染排放条例标准的同时，使用一系列监测技术和手段来提高燃料清洁度和控制污染排放。在能源方面，有关法律条例规定政府应在政策和财政补贴上给予最大的优惠，用来扶持企业转型升级和可再生能源的研究，探索如何提高能源使用效率。例如：汽油、电力的联邦关税修订案，就是为了促进能源使用效率的提高，为生产者提供廉价的燃料使用方案，通过低价计划节省下来的资金来平衡能源项目研究的费用以及新型能源的生产成本。德国还制定了世界上最严厉的废弃物处置标准，旨在最大限度地降低工业废弃物的无限制排放对自然环境造成的危害，由各个州负责实施，中央部门给予技术指导和支持。

《德国21世纪环保纲要》

《德国21世纪环保纲要》的总体框架由三个文件构成，即《1998环保报告》、《走向可持续发展的德国》和《德国可持续发展委员会报告》，总体来说《德国21世纪环保纲要》是德国在环保领域的一部指导性纲领，不属于一部具有约束性和强制力的法律条文。联邦环保部在1996年6月确定了保护大气和臭氧层、保持大自然生态平衡、减少传统能源的使用、保证公民身心健康、发展可持续交通和宣传环保理念等六个方面作为德国环境保护的核心领域。在落实可持续发展方面，德国强

---

① 参见 http：//www. bmub. bund. de/en/topics/air-mobility-noise/air-pollution-control/general-information/？cHash = 708635c8a9f766bc5d0c165b53867c44。

② 廖红、朱坦：《德国环境政策的实施手段研究》，载《上海环境科学》，2002年第12期。

调了制定有效的目标和重点落实规划的政策，如每年通过大气污染评估报告，对上一年度各项政策的实施程度和各项环保指数的达标情况进行通报并且合理制定下一年的环境保护计划目标和实施策略。德国政府还致力于加入对于欧盟和世界的环境保护行动，为贯彻联合国环保和可持续发展战略计划，德国提出了以下关于空气污染治理的具体目标[①]：

1. 至2010年再生能源消耗由现在的水平提高一倍，同其他自然资源（如煤、石油和天然气）的消耗比例上升至4%；在电力生产方面，与自然能源的比例提高到10%。

2. 至2030年，再生能源占自然能源消耗量的比例升至25%；至2050年上升至50%。

3. 在大气保护方面，以1990年参照值为基准，至2005年二氧化碳的排放量减少25%；至2005年公路交通二氧化碳排放量降低5%。

4. 以1990年为基准，至2010年减少过量施肥和酸性腐蚀排放，减少地下水和河流的污染。这方面涉及的指标有：二氧化硫降低92%，氢氧（OH-）化合物降低59%，氨气降低58%。

国际公约

作为欧洲大陆的主要国家，德国从一开始就作为主要成员国加入各种欧洲和国际环境保护条约，是全球空气质量保护的主要发起国和参与者。德国于1979年率先加入了《关于远距离跨境空气污染的日内瓦条约》，成为欧洲跨国空气污染控制的主要参与国家。1999年，欧洲国家以及美国和加拿大共同签署了《哥德堡协议》。根据该协议，到2010年，德国要完成二氧化硫排放减少90%、氮氧化物排放减少60%等目标。德国从20世纪的70年代就开始要求国内的所有企业在生产和排放设施中加装尾气处理装置，减少有害气体排放。经过20世纪80年代和90

---

① 戴启秀、王志强：《21世纪德国环保发展纲要及新政策》，载《德国研究》，2001年第1期。

年代的努力，2005 年，德国氮氧化物的排放量比 1990 年减少了 60%。[①]

严格的尾气排放法律规定促使德国企业在环保技术方面进行大规模的创新，这种技术创新也为企业开辟了面向全球的新型市场。2007 至 2010 年间德国绿色经济产业平均每年增长 12%。2011 年，德国在环保和能效领域的市场达到 3000 亿欧元。[②] 德国还采纳了欧盟在 2005 年颁布的《第六次环境保护行动条例》（*The Sixth Environment Action Programme of the EU*）中的专门针对空气污染的战略（Thematic Strategy on Air Pollution），致力于降低地表臭氧、酸雨、过度氮化物和微型颗粒物。[③]

（二）治理措施

德国制定的《联邦废气排放法》详细地列举了 200 多种有毒有害气体的名录，并且对其排放限值也相应地作出了技术规定。各州根据《联邦废气排放法》的规定以及本州的客观情况也针对性地对各类废气排放制定了限值。德国政府加大在能源领域研究的投入，积极探索清洁能源以及可再生能源的使用方法，对能源供应工序进行革新和改造升级。为了提高能源的使用效率，达到节能目的，德国制定了旨在降低温室气体排放量的新的能源开发政策：一是积极探索可再生能源。通过政策引导和财政扶持，加强在生物技术、垃圾制沼、风能、太阳能等新型能源领域的研究、应用和推广，通过扩大新能源的使用逐步地实现能源结构更新换代。二是节约能耗。德国通过对高耗能、高污染企业进行生产技术改造以及燃烧技术革新等手段，提高能源的综合使用效率。通过节约工业生产能耗，间接降低空气污染的风险。三是推行住宅节能。德国政府通过对住宅节能标准进行规范，出台各种政策推行住宅节能。包括墙体

---

① 这个条约的出发点是“空气的净化不是一个国家的问题，因为空气是流动的，只有周边国家都做得好，人们才能真正享受到安全干净的空气。”

② 郑红：《德国如何走出空气污染》，人民网，2013 年 01 月 23 日。

③ 参见 http：//www. bmub. bund. de/en/topics/air-mobility-noise/air-pollution-control/general-information/？cHash =708635c8a9f766bc5d0c165b53867c44。

保温材料的选择、供热管道的铺设、家用电器的节能标准等。四是在交通领域，德国汽车工业引入生态理念，不断推出新节能技术。不失时机地推动绿色节能交通方式的宣传，在汽车设计、制造和使用上更加环保。总的来说，德国在控制空气污染方面采用了以下有效的治理措施：

1. 经济调节

目前德国在空气污染治理方面更多的是采用经济手段影响行为者的经济利益而达到环保目的，即对污染企业或个人禁止的行为采用征税。比如，德国从1999年开始征收生态税（Ecological Taxation，简称Eco-tax，也被称为"绿色税收"，Green Tax），旨在通过税收杠杆，降低二氧化碳等有害物质排放，提高企业生产效率和技术创新，全面保护生态环境。1999年4月德国生态税实施法正式生效，生态税的起征被看作是德国利用税收杠杆调节发展与生态之间关系的重要起步，是德国在环保领域的重要政策。在2004年，德国经济研究院（German Institute for Economic Research）和欧盟生态研究院（Ecologic EU）受德国联邦环境署（German Federal Environmental Agency）委托对德国征收生态税的效果进行了研究，发现在生态税征收的前六年内通过支持企业的技术创新、鼓励个人与家庭的环境保护支出、改善工作环境，有效地减少了2000万吨的二氧化碳排放，增加了25万个就业岗位，促进了产业升级，取得了全面的良好效果。①

另外，德国在2000年2月25日通过了再生能源法，通过对新型可再生能源给予免税的政策倾斜以提高清洁能源的市场竞争力，以促进太阳能、风能、水能生物能和地热的开发和推广，并逐年减少对煤炭发电和核能的政策支持。新型再生能源的政策一方面可以保护气候和资源，另一方面也可以激励企业对节能产品的技术开发，开展对可再生能源的科学和实用研究，研制节能型产品和生产工艺。除了对工业界提供产业

① 参见http：//www. ecologic. eu/1156。

转型和创新的激励，德国政府还从需求方面鼓励公民购买节能型产品，对低能耗型的轿车、家用电器和建筑材料的购买提供各种补贴，使对新型能源的供求得到平衡地增加，不但很好地保护了环境，提高了大气质量，还推动了经济的转型和发展，做到一举多得。

德国还采纳了欧洲的排放权交易方案（EU Emissions Trading Scheme，EU ETS），建立了德国的“国家补偿条例”（National Allocation Plans，NAP I and NAP II），从经济手段上将排放权看作是一种稀缺资源，允许企业在政府的监督下对排放权进行交易。①

2. 交通政策

在交通建设领域，德国政府要求在制定新的交通规划时要将环境保护作为最重要的标准之一。德国政府主张在合理规划的情况下提高交通建设投资的效率，通过科学的路线设计，发展全方位立体式的交通网络，确保将交通建设对于环境的影响降到最低。改善动力燃料质量，对各种燃料的污染排放标准设定限值，尤其是重型机车和破旧机车的排放，以降低由于动力燃料的使用造成的温室气体的排放。德国政府将减少公路交通流量和促进铁路和水路运输业的发展作为降低机动车辆行驶里程，由此减少废气排放对环境的污染的主要措施。德国各地政府推出了征收公路使用费用的有关规定，如将以行车时间为计算单位改为以载重为计算单位的电子收费方式，以此促使货物运输由公路转向更加节能环保的铁路和水路。②

3. 法律调控

德国的一系列环保立法为企业和公民日常生产生活中的经济行为确立了环保标准和目标，对人们的环保行为和意识进行规范。这一系列的环保法律条文明确地要求公民在涉及环境保护时必须做什么、可以做什

① 对排放权交易的具体解释参见本章第三节。

② 戴启秀、王志强：《21 世纪德国环保发展纲要及新政策》，《德国研究》，2001 年第 1 期。

么和禁止做什么，使具体的环保目标转化成直接的行为规范。这些直接的行为调控，包括六种法律措施[①]：报告和通告义务；禁令；附加规定；监控措施；要求；制裁。这六种法律规范相互配合，相互补充，对不同的行为主体的行为进行监管，确保环境保护法律制裁方面不留死角。

德国环境保护行为调控法律措施

1. 报告和通告义务。在这种情况下，当事人向政府予以说明即可。

2. 禁令，在该类法律中比例最大。因程度不同，禁令可分为三种。其一，全面禁令，是对公民基本权利的限制，只在污染后果非常严重的情况下才使用。其二，允许禁令，允许某一种行为，但事先必须申请许可。其三，允许保留禁令，禁止某种行为，但可以保留特例。对于违背禁令者，通常采用罚款、拘留等方式。对于造成污染的企业，则责令企业赔款和清理污染。

3. 附加规定。在国家批准的文件中常常有附加性条款需当事人遵守。

4. 监控措施。调查企业行为，对企业造成的污染提出改进措施，甚至终止企业运转。

5. 要求。把某种行为看成是个人或企业的义务。

6. 制裁。具有实际效果和威慑作用，是前面几种法律措施的补充和完善。

资料来源：盛晓白：《德国的环保政策和措施》，载《审计与经济研究》，2000 年第 4 期。

---

① 盛晓白：《德国的环保政策和措施》，载《审计与经济研究》，2000 年第 4 期。

4．减排措施

如上文分析，交通拥挤的城市地区是空气污染最严重的地区。因此，如何降低交通车辆的尾气排放也是德国空气污染治理的重点领域，德国政府采取了长短期相结合的措施。在短期内，一旦某个城市出现严重的空气污染，德国联邦环境局会立即采取多方面的行动，包括对重污染类车辆实施禁行、在污染严重区域禁止大部分或所有车辆行驶等措施。在污染升级时，德国政府还可以限制或关停城市地区的大型锅炉和工业设备，以及位于城市内的建筑工地，这些活动都会对大气产生严重的危害，对其进行限制可以在短期内缓解对大气的污染。

当然，要想达到永久性的减少排放，减少雾霾天气带来的污染，除了上述短期解决措施外，更重要的是常态化的长期措施，以提高空气质量。德国政府主要采取控制包括机动车辆和工业设备排放标准在内的严格措施。首先，德国政府对于上路行驶的各类机动车辆都设定了排放上限。欧盟通过研究发现汽车尾气的二氧化碳排放占了全球二氧化碳排放的近5%。因此，欧盟要求所有成员国均需根据欧盟统一标准，安装机动车辆尾气清洁装置，将机动车辆尾气排放的危害降低到可控范围内。欧盟于1991年颁布了适用于所有成员国的车辆尾气排放标准91/441/EEC法令，对包括私人轿车、轻型运输车辆和重型卡车在内的车辆尾气排放进行了严格的规定。比如对私人轿车，欧盟最新颁布的欧洲6级（Euro 6）标准规定一氧化碳排放控制在每公里0.5克，氮氧化物排放量控制在每公里0.08克，颗粒污染物排放量控制在每公里0.005克。[①]

欧洲从1997年就统一规定了工业设备（Non－Road Mobile Machinery，NRMM）的排放标准（Directive 97/68/EC），分别在2002年（2002/88/EC）、2004年（2004/26/EC）、2006年（2006/105/EC）、2011年

① 参见 http：//eur-lex. europa. eu/LexUriServ/LexUriServ. do？uri = CELEX：31991L0441：EN：NOT。

(2011/88/EU) 和2012年 (2012/46/EU) 进行了更新，采取分阶段实施的方法。第一阶段从1999年开始，第二阶段从2001年到2004年，第三阶段从2006年到2013年。从2014年开始，欧盟将实行更严格的第四阶段计划。[①] 这种分阶段提高对尾气排放限制标准的做法保证了欧盟各个成员国能够有合理的时间逐步改进工业设备尾气排放工艺，保证了法律的严格和有效实施。

三、治理机制与特色：国家纲领与国际合作

（一）组织架构

德国实行联邦制，中央层面的立法权由联邦议会和参议院共同来行使，地方层面各州则在本州范围内独立地行使立法权。依据德国《基本法》(*Grundgesetz*) 第50条关于中央和地方关系的规定，所有的州都可以参与联邦参议院的组织和运作，通过联邦的立法和行政，对联邦及欧盟事务作出决定。德国联邦参议院的议员由各州政府自主推荐和变更。德国的宪法并不要求所有的联邦立法都需要参议院的同意通过，只有修改宪法和基本法等原则上涉及央地关系的法案以及界定联邦行政而对各州行政产生影响的法案才需要联邦参议院的同意。[②]

德国的空气污染和环境治理主要由联邦环境、自然保护、建筑和核安全部 (Federal Ministry for the Environment, Nature Conservation, Building and Nuclear Safety) 在中央层面进行协调。德国联邦政府制定的强制性环境法规主要包括：废弃物治理、空气污染治理、噪音污染治理、光化学污染治理、核辐射防治等。地方层面的各州立法有：空气污染防治法、水资源保护法、自然保护法、土壤保护法、紧急意外事故法等法条。

---

① 参见 http://ec.europa.eu/enterprise/sectors/mechanical/non-road-mobile-machinery/index_en.htm。

② 夏凌：《德国环境的法典化项目及其新进展》，载《甘肃政法学院学报》，2010年第3期。

在这个框架下，各联邦州政府依照联邦中央政府和州环境保护方面的法律法规行使七个管理职能：1. 批准建设和经营的项目；2. 制定环境保护导则；3. 建立监测评估机构；4. 控制污染和监测环境；5. 制作污染排放图和诠释；6. 确定空气污染、自然植被恢复与保护、水源保护；7. 处罚违法者。① 因此，想要达成治理国家空气污染的任务目标，联邦层面和地方各州层面必须加强协作，建立起友好的合作关系。德国最早的《基本法》中没有对环境保护作出明文规定。随着环境问题的不断涌现，空气质量的不断恶化，德国民众的环境保护意识越来越强，对将环境保护写入《基本法》的呼声也越来越高。德国政府于1994年将保护环境作为国家的一项宏观目标写进了《基本法》的第20条A款：国家通过立法、行政、司法以维护自然生态之本源。这项法律在联邦层面对有关保护环境的条款作出了明确的规定，地方层面也加入到环境立法的进程中。到了2000年，德国的大多数州已经将环境保护作为重要目标纳入到州的立法当中。有些州的宪法中明确提到了保护对象——土地、水源、空气，并且把环境保护这一国家任务目标的要求进行了更具体的规定。但是在环境保护的具体实践中德国联邦和州的分工机制并没有完全形成。各州在很多情况下依然独自依据本州的法律规定对本州的环境事务进行管辖。地方政府在环境治理中享有巨大的自主权和裁量权，这就导致了联邦与州在环境事务管理垂直分权中的矛盾和纠纷。②

同时德国作为欧盟成员国之一，有关空气污染治理等环保政策及技术标准还要遵循欧盟所作出的规定，而且德国的环境政策及标准往往比欧盟标准更加严格。欧盟在过去的30多年中，为了保护环境，制订了许多具体措施，同时针对垃圾处理、噪音、水污染、大气污染尤其是跨

---

① 王安林：《德国环境政策拾零》，载《陕西环境》，2002年第3期。

② 夏凌：《德国环境的法典化项目及其新进展》，载《甘肃政法学院学报》，2010年第3期。

国界大气污染分别规定了相应的标准。1975年，欧盟通过了它的第一项关于空气污染防治的法规——汽油硫含量指令。在20世纪80年代中期，由于欧洲大气污染、酸雨、臭氧层破坏加剧以及气候变暖等问题的加剧，欧盟逐渐加强在空气污染防治方面的立法。目前欧盟针对气体和粉尘排放共通过了近20个法规和指令，针对臭氧层保护通过了9个公约、决定和指令，并就成员国在跨国空气污染防治合作方面制定了多项法规，形成了一个比较完善的法规体系。[①] 在1997年12月在日本京都召开世界气候大会，欧盟承诺截至2012年6月欧洲国家六种主要的温室气体排放量将比1990年降低八个百分点。1998年6月欧盟环保部长级会议上对各国应承担的减排比例进行了分摊，德国按照划分标准需要承担其中的五分之一。[②]

德国作为欧盟的主要国家，在柏林建立了欧盟的空气治理管理和控制研究中心（Collaborating Centre for Air Quality Management and Air Pollution Control），欧盟的24个成员国参与了中心的多国空气治理对比科学研究，对欧盟各国的一氧化氮、二氧化氮、二氧化硫和地表臭氧等有害气体排放进行常年监控，为欧盟立法的进展提供技术支持。[③]。德国还是欧洲“跨境长期空气污染研究协会”（Convention on Long-range Transboundary Air Pollution）的主要成员国之一，致力于在欧盟的成员国之间建立跨国界的合作，控制空气污染。这个组织与世界卫生组织合作，为通过降低空气污染改善国民健康水平作出了很大的贡献[④]。

---

① 石泉、赵黎明：《欧盟的环境政策》，载《环境保护》，2006年第22期。

② 刘立群：《德国产业结构变动的绿色化趋势》，载《德国研究》，1999年第3期。

③ Mücke, Hans-Guido, “Air Quality Management in the WHO European Region—Results of a Quality Assurance and Control Programme on Air Quality Monitoring (1994 - 2004)”, *Environment International*, 2008, Vol. 34 Issue 5, pp. 648 - 653.

④ Bull, K., Johansson, M. & Krzyzanowski, M., “Impacts of the Convention on Long-range Transboundary Air Pollution on Air Quality in Europe”, *Journal of Toxicology & Environmental Health: Part A*, 2008, Vol. 71 Issue 1, pp. 51 - 55.

（二）政策特色

德国政府主要采取了四个基本原则降低空气污染①：

1. 制定严格的环境质量标准；

2. 利用最先进的技术（best available technology，BAT）降低排放；

3. 制定严格的产品监管规则；

4. 降低排放量的上限。

这些原则在具体实施中形成了以下特色：

1. 重视各方合作

德国在空气治理方面坚持多方合作的原则，保证政府、市场、社会、公众在充分交流信息的基础上地位平等地参与到环境与发展的公共事务之中。联邦政府、地方各州以及各社会组织在财力、技术、人力资源上相互支持与配合。比如德国的“公法合同（Public-law Contracts）”就规定在对环境有害的建设项目的批准程序中，不仅政府代表可以参与到决策之中，市场代表、公民代表也同样对相关建设项目的风险享有知情权，公众和相关利益代表方都有权参与到与环境有关的公共政策决策中。② 1977 年德国联邦环境署修订颁布的“联邦污染控制法案”，制定了有关向工业界颁发排污许可证、进行空气污染的监测的一系列要求，地方州政府则负责监督、检查、处罚违法排污企业。联邦污染控制法案的相关条款规定了联邦政府和各个州政府要定期发布空气质量检测报告，保证国民对空气质量的知情权，这是各级政府必须承担的义务。在实际工作中，联邦政府遵循合法、高效的标准，将空气污染治理、节能减排以及新能源的开发研究等事项下放和委托有关的州执行，联邦政府则专注于提供必要的

---

① 参见 http://www.bmub.bund.de/en/topics/air-mobility-noise/air-pollution-control/general-information/?cHash=708635c8a9f766bc5d0c165b53867c44。

② 廖红、朱坦：《德国环境政策的实施手段研究》，载《上海环境科学》，2002 年第 12 期。

财力支持和技术指导。这种纵向的合作关系有效提高了空气治理的效果。

2. 建立市场运作机制

为了在保护环境的同时促进经济发展，德国政府对环保及其相关产业的发展采取了政府引导和市场运作相结合、政府积极鼓励企业投入的方法。首先，政府通过公共财政投入到环保产业的基础设施，鼓励企业积极参与运营和管理。在德国的很多城市，政府投资建立市政垃圾处理厂、清洁能源供应公司、脱硫脱硝公司、市政污水处理厂等新型环保的基础实施，由政府控股的国营公司负责经营，按照市场的规则进行日常管理。比如，许多垃圾处理厂所需的运营费用全部由处理垃圾产生的部分收益和向居民收费解决，即引导了正确的垃圾回收政策，又减轻了政府负担。政府大力鼓励中小企业投入到垃圾回收和处理的产业中，对具有一定再利用价值的垃圾，鼓励设立中小型专业垃圾公司从事专门的垃圾处理和转化，如废旧纸张送去重新造纸，废旧玻璃处理、粉碎后再送到玻璃制品厂，生物垃圾送去堆肥，电子电器产品分解回收利用，从而有效减少由于焚烧垃圾导致的空气污染，形成具有一定规模的垃圾经济。德国的地方政府还充分利用价格杠杆，降低空气污染物的产生，设置灵活的垃圾分类处理管理办法，规定对厨余垃圾、纸张和生物垃圾收取不同价格的回收费，促使居民自觉主动地把家庭垃圾分类投放。对企业产生的垃圾也规定了不同的收费标准，比如危险固体废弃物送到专门焚烧厂，价格是每吨200~250欧元，强挥发性液体危险废弃物处理价格则是每吨70~80欧元[①]，使企业将产生垃圾的费用考虑到生产成本中，自觉有计划地降低垃圾的产生量。

---

① 参见 http：//tianjin. caiep。

3．提倡环保技术，完善监管机制

德国十分重视环保技术的开发和应用。在联邦和各州金融及政策的大力扶持下，对生产过程及生产工艺进行革新改造，通过对污染排放装置加装过滤工具、生产环保燃料、使用现代催化剂等环保科技使德国的空气质量出现了翻天覆地的变化。德国还不断地完善监管机制，目前共设立了大约650个空气质量监测站点。德国联邦环保局每天将数据汇总后，在网站上对当天的空气质量状况进行通报，通报的项目包括PM10、一氧化碳、臭氧、二氧化碳和二氧化氮含量。

4．坚持预防为主

预防原则要求对环境的危险或危害提前作防范，而不是等到污染发生之后才开始规制，或者在个人、家庭企业的污染行为在长期惯性下已经形成后才开始改变。预防原则从而最狭隘的意义，在于鼓励使用低污染排放的生产程序或产品，在各种环境政策或规划的讨论和制定过程中预先考虑到环保因素。预防原则还具有危险预防或风险防范的作用，改变个人、家庭和企业长期形成的污染环境行为，推广环境保护的观念，预防空气污染的危害。预防原则在不同的领域有不同的重点意涵，例如在自然保护有关的领域，预防原则要求对自然的生态基础加以保护，而且系以一种生态上的契约的方式加以确保与创设。从另一个角度，预防为主的环境保护是一种未来的生活空间的概念，而不是单纯对既有的污染或现行的使用需求的管制。因此，预防原则可以形成全方位的空气污染防治效果。德国的许多城市采取了设立“环保区域”的方法减少空气污染，在城市的一定区域内只允许符合排放标准的车辆驶入，禁止重型货车通行，并通过限速的方法降低机动车辆的尾气排放。德国政府还通过补贴或宣传项目，鼓励居民乘坐公共交通以及骑车出行，并且通过合理的交通指示灯变化、设置机动车专用道、限制通行时间等方法更为合理地疏导和管理交通。

"绿区（Green Zones）"在德国

德国，世界上环保意识最强的国家之一，最近为了改善城市空气质量又采取了进一步行动。这一举措需要引起国外驾驶者的注意，即包括国外生产的汽车在内的所有汽车不能进入许多城市的市区，除非他们的挡风玻璃上有一张可以证明他们的排放水平在可接受范围之内的贴纸。

这并不意味着你不能在德国开车，只是越来越多的城市会需要这样一种贴纸，否则你只能被拒之市中心外。如果你想进入市中心，你需要在车辆登记办事处和车辆检验站花上 5 欧元取得这样一张具有污染等级标志的贴纸。

有三种不同的贴纸：绿色，证明该车在环保上是可以接受的；黄色，表示该车辆在环保上的认同度相对低点；红色，表明该车辆环保上的认可度更低。在环保区只有绿色贴纸的车辆才被允许行驶，黄色和红色贴纸最终将被淘汰。

以下标志告诉你：你正在进入需要哪种颜色的贴纸才能进入的环保区。如果你没有适当颜色的贴纸，你必须调头。如果在环保区

被发现车辆没有贴纸，将会被罚款40欧元。这种贴纸很难伪造，并且很容易损坏，如果你把它从挡风玻璃上取下。没有转化器的汽油和柴油动力汽车将无法获得任何颜色的贴纸，因此不能在环保区行驶。所有装置转化器的汽油动力的汽车将会获得一个绿的贴纸。装有转换器的柴油动力汽车也一样。但是，由于柴油呈现出更大的污染，许多人只能得到黄色或红色的贴纸。

资料来源："Green Zones in Germany"（《德国绿区》），http://www.transitionsabroad.com/listings/travel/articles/green-zones-in-germany.shtml

德国自20世纪70年代开始，开展了大规模的空气污染治理运动。经过30多年的不懈努力，已经取得了有目共睹的巨大成就。例如，在1990年至1996年之间，工业界排放的一氧化碳减少33%，碳氢化合物降低了50%，根据1995年至2007年的监测数据显示，德国空气中的可吸入

颗粒物浓度显著降低。在1990年到2006年之间，德国全国的氮氧化物和挥发性有机物（Volatile Organic Compounds，VOCs）的排放分别减少了51% 和64%。有毒有害物质排放量的降低大大减少了地表臭氧的危害。由此，德国在2007年修订了2002年颁布的“臭氧减排政策”（National Programme for the Reduction of Ozone），将地表臭氧的指标提高到每年超过120微克/立方米的天数不超过25天。作为长期目标，到2020年，全年地表臭氧的指标均不应该超过120微克/立方米。①

可以说，经过一个多世纪的努力，德国较好地解决了经济发展和环境保护之间的两难境况，实现了社会效益和经济效益的双赢，成为世界上治理空气污染效果显著的国家之一。

第三节　法国

一、城市化与空气污染：缓慢城市化过程中的生活排放与尾气污染

（一）历史变迁

与西方各主要资本主义国家的城市化进程相比，法国的城市化进程是一个发展较为缓慢的过程。法国城市化的开始很难确定一个明确的时间点，按西方经济史学界的一般划分法，将法国城市化过程的起点确定在16世纪初。法国的城市化进程大致可分为四个阶段。第一阶段是16世纪的启动阶段。16世纪初，法国的城市化程度远高于英国，城市人口在全国总人口中所占比例为9.1%，而当时英国的城市人口仅占总人口的5.3%。当时法国人口在2万人以上的城市已经有14个，而英国只有伦敦一个。然而，在整个16世纪，法国城市人口的增长速度不及全国总人口的增长速度，城市人口在全国总人口中所占比例从16世纪初的

① 盛晓白：《德国的环保政策和措施》，载《审计与经济研究》，2000年第4期。

9.1%下降到17世纪初的8.7%，城市化处于相对停滞甚至后退状态。第二阶段是17世纪大部分时间的缓慢发展阶段。在此期间，法国的城市总人口由166万增加到235万，城市人口在全国总人口中所占比例由8.7%上升到10.9%。到了1700年时，法国城市人口比例为10.9%，而此时的英国已经有17%的城市人口，法国的城市化进程落后于英国。两国城市化进程之间的差距开始加大。第三阶段是18世纪的波动时期。这一时期，法国的城市人口虽然由1700年的235万人增加至1801年的322万人，但总人口也同步增长，因此城市人口所占比例仅从10.9%增加到11.1%，在长达一个世纪的时间里城市人口的比例仅仅增加了0.2个百分点。此时，英国的城市化进程仍然是大步向前，城市人口所占比例由17%上升到27.5%。19世纪初，英法两国的面貌已截然不同，英国的城市星罗棋布，而法国则乡村气味浓郁。[①] 第四阶段是19世纪以及20世纪的前30年，这个时期是法国实现城市化的最重要时期。随着第一次工业革命的蓬勃发展，大量的劳动力开始从乡村涌向城市，法国城市人口在全国总人口中所占的比例不断增加。1801年法国城市人口比例为11.1%，到1876年已经上升到32%，直到1931年，法国的城市人口开始超过乡村人口，城市人口比例为51.2%，基本实现中度城市化，完成了由农业国向工业国的转变（表2.7）。

表2.7　1851—1931年法国城市人口比重变化情况

年份	1851	1861	1872	1881	1891	1901	1911	1921	1931
城市人口比重（%）	25.5	28.9	31.1	34.8	37.4	40.9	44.2	46.4	51.2

资料来源：杨澜、付少平、蒋舟文：《法国城市化进程对当今中国城市化的启示》，载《法国研究》，2008年第4期

与其他许多国家一样，法国城市化和工业化进程是相互依存的，城

① 陈云峰：《主要发达国家城市化发展经验及其对我国的启示》，吉林大学硕士学位论文，2004年。

市化水平的不断提高伴随着工业化步伐的加快。在推进工业化的过程中，大量二氧化碳、二氧化硫、臭氧、悬浮颗粒物等空气污染物的排放，使法国城市的空气质量受到很大影响。法国历史上虽然没有出现过灾难式的空气污染问题，但也一直被这个问题所困扰。21 世纪以来，法国的大气污染对人身体健康的危害日益严重。遭受大气污染极易引发哮喘、呼吸道感染、心脑血管疾病和过敏等相关疾病的发生，据统计法国每年新增哮喘病患者约 3.5 万名，30% 的人口呼吸过敏，因可吸入颗粒物 PM2.5 致死人数每年高达 4.2 万人。法国卫生监测所发布的公报显示，巴黎、里昂和马赛等九个法国城市 2004 年至 2006 年空气中 PM2.5 的年平均浓度均超出了世界卫生组织建议标准的上限，臭氧浓度也多次超过世界卫生组织规定标准的上限。①

（二）污染特征

法国是世界上能源结构相对合理的国家之一，其主要能源是核能。因此，与许多西方国家不同，法国的空气污染在一定程度上并非主要来源于工业生产，而主要来自于居民供暖系统及交通工具。另外，法国干冷不流通的天气也加剧了空气污染情况。法国的森林资源比较丰富，许多城镇家庭仍习惯用火炉取暖，包括城市居民在内的一些住户冬季使用木炭、木柴取暖，这些生物能源的焚烧是冬季雾霾形成的重要原因之一，这也是导致空气中可吸入颗粒物增多的重要因素之一。此外，法国核能发电技术世界领先，供电充沛，许多住户使用独立的电热水器供热。这些分散式的小型供热装置效能较低、污染相对较高。

汽车的尾气排放也是法国大气污染的主要来源。2010 年，巴黎和北京的汽车保有量几乎相等，巴黎为 500 万辆，北京约 480 万左右。值得注意的是，巴黎私人拥有的柴油车数量由 2002 年的 41% 增加到 2012 年

① 《巴黎治理大气污染的措施与启示》，http://scitech.people.com.cn/n/2014/0303/c376843-24514308.html，2014 年 3 月 3 日。

的63%，货车数量同期也有所增加，大部分配备的是柴油发动机。[①] 法国目前约有60%的汽车使用柴油发动机，处于全球最高水平，柴油车尾气排放造成的可吸入颗粒物PM2.5，已被世界卫生组织证实是导致肺癌的主要诱因。法国政府2013年10月4日发布的《空气污染与健康：社会成本》（*Pollution de l'air et santé : le coût pour la société*）显示，法国1996年因MP10导致过早死亡的人数达32000人，2000年因PM2.5导致过早死亡的人数上升到42000人。在2000年，PM2.5的污染造成至少13000

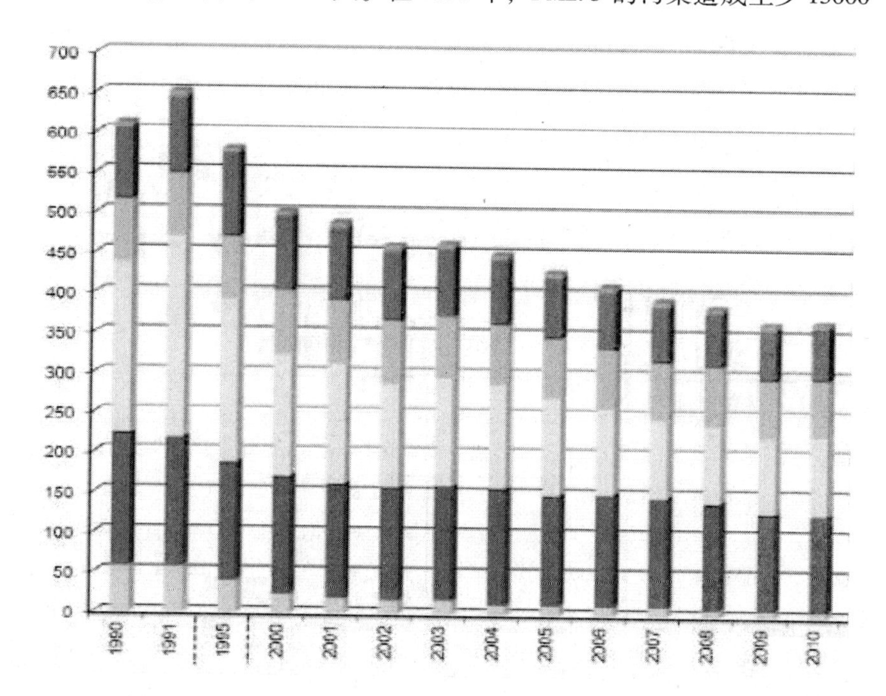

图2.6　法国1990—2010年间造成PM10的排放源统计（单位：千吨）

注：数据柱状图由上至下依次代表货运车辆排放、农业排放、居民家庭排放、工业排放和新型能源排放。

资料来源：《空气污染与健康：社会成本》（*Pollution de l'air et santé : le coût pour la société*），第3页

① 《巴黎治理大气污染的措施与启示》，http://scitech.people.com.cn/n/2014/0303/c376843-24514308.html，2014年3月3日。

人入院治疗，至少21000人因此患上支气管炎。同一份报告还详细统计了在1990—2010年中法国造成PM10的污染源种类，其中最严重的是工业排放和居民生活排放。在1995年之前，居民家庭排放对法国的城市空气污染造成了很大的影响，随着新型燃料能源和新能源轿车的使用，有居民家庭使用造成的空气中细微颗粒的污染显著下降。同样，货运车辆造成的细微颗粒排放也大幅下降，表示了在改进发动机技术，控制燃料中的有害物质等多种措施下，由于民用燃料和机动车排放带来的空气污染在20年中得到了较好的控制。工业排放依然是法国城市空气污染的最主要排放源，需要通过进一步的措施进行控制。农业的排放和新型能源产生的排放对空气污染的影响相对较小。①

除了细微颗粒污染之外，根据法国生态、可持续发展和能源部的统计数据，法国的主要空气污染物还包括二氧化碳、二氧化硫、氮氧化物、一氧化碳、持久性有机化合物和悬浮颗粒等。

表2.8 法国主要的空气污染物

主要类别	污染物
酸化、富营养化和光化学污染	二氧化硫、氮氧化物、氨气、非甲烷挥发性有机化合物和一氧化碳（SO2，NOx，NH_3，COVNM，CO）
温室气体排放	二氧化碳、甲烷、一氧化二氮（笑气）、氟利昂、全氟化合物、六氟化硫（CO_2，CH_4，N_2O，HFC，PFC，SF_6）
重金属污染	砷、镉、铬、铜、汞、镍、铂、硒、锌（As，Cd，Cr，Cu，Hg，Ni，Pb，Se，Zn）
持久性有机污染物	二噁英—呋喃、共平面多氯联苯、六氯苯、环氧七氯等（PCDD－F，HAPg，PCB，HCB）
悬浮颗粒	PM10，PM2.5，PM1.0

资料来源：CITEPA，*SETEN*，http：//www.citepa.org/fr/inventaires-etudes-et-formations/inventaires-des-emissions/secten，2013年4月

① 参见http：//www.developpement-durable.gouv.fr/Pollution-de-l-air-et-sante-le.html。

根据欧盟发布的统计数据，在21世纪的第一个十年，法国的空气质量得到了显著的改善，总体的空气污染指标降低了20%。在2000—2009年之间，法国空气中的二氧化硫指标降低最明显，降幅达到65%，二氧化氮浓度降低了14%，细微颗粒总量得到了控制。[①] 这些都与法国在20世纪末的重要环境立法，特别是空气污染治理的立法和实施效果是分不开的。

二、重要法律与政策：以典型的《环境法典》为基础

（一）重要立法

早在14世纪，当时的法国国王查尔斯六世就发布命令，禁止在巴黎市区内随意排放有臭味和有害的气体。为应对不断恶化的环境问题，20世纪50年代之后，法国制定了大量的环境保护方面的法律，如《水资源法》、《大气与气味污染法》和《废弃物与资源回收法》等。在20世纪90年代，法国政府将大气污染的程度划分为10级，1995年6月30日，巴黎的空气污染达到7级严重污染的程度，引起了广大居民的广泛关注。当时的巴黎政府并不重视大气污染的监测，空气监测站数量很少，且相关负责人拒绝公布相关资料，市民无法得知监测器的运转情况和巴黎每时每刻的污染程度，环保组织和市民对政府进行了讨伐。这也成为了20世纪90年代后期法国通过多项空气污染治理法规条例的前奏。[②]

《空气和能源合理利用法》

在公众和社会各界的压力下，1996年法国国会通过《空气和能源合理利用法》（*Loi sur l'Air et l'Utilisation Rationnelle de l'Énergie*，LAURE），

---

① 除了在2003年由于气候反常，法国的空气质量指标（Air Quality Index）有所下降，参见http://www.eea.europa.eu/soer/countries/fr/air-pollution-state-and-impacts-france。

② 《巴黎治理大气污染的措施与启示》，http://scitech.people.com.cn/n/2014/0303/c376843-24514308.html，2014年3月3日。

成为了法国防治空气污染的一项里程碑式法案。本法案旨在预防、降低和消除空气污染，提高空气质量，合理利用能源，并且规定了在城市发展中要把空气状况作为一项重要指标考虑在内，呼吸无害空气是作为公民的一项基本权力。[①]《空气和能源合理利用法》的内容主要包括健全监测制度，加强信息发布；开展远期规划；以及通过设立技术指标，财政支持和奖惩制度，加强对城市空气污染的治理，提高城市空气质量。[②]

《空气和能源合理利用法》作为法国治理城市空气污染的法律根基，规定了政府必须履行实施空气质量监测、设立空气质量监测标准，并保证空气质量监测信息向民众公开。根据这个法案，法国从 2000 年 1 月 1 日开始对全国进行空气监测。为了有效落实空气治理监测，法国生态、可持续发展和能源部建立了一个由多家检验认证机构组成的空气质量监测中心（Laboratoire Central de Surveillance de la Qualité de l'air，LCSQA），并在全国建立空气污染监测协会（Association Agréée pour la Surveillance de la Qualité de l'Air），通过国家政府、地方行政区域，企业和非营利性协会的协作，在全国范围内推进空气质量监测。空气质量监测中心下属三个科研机构，包括国立工业环境和风险学院（INERIS），国立度量检测实验室（LNE）和国立杜埃高等矿业学院（MD）。这三个机构从 1991 年开始合作，在生态、可持续发展和能源部的要求下，于 2005 年 12 月 13 日正式合并成立空气质量监测中心，通过对三个机构的合理定位，提供空气质量监测专项经费，通过正式的组织架构和独立的职能运行履行空气质量监测职责。空气质量监测中心负有确保法国全国空气质量监测的准确性、规格化的责任，并提供技术指导、质量审计等服务；其作为一个专业鉴定实验室，服务对象是负责环境事务的部门和全国的空气质量监测授权机构，为复杂环境事务的部门

① http：//www. developpement-durable. gouv. fr/La-reglementation-en-matiere-de. html。

② 参见 http：//www. atmoauvergne. asso. fr/en/control/french-legislation/air-quality。

和监测机构提供空气质量监测方面的必要支持，并且从战略上、技术上和科学角度负责空气质量监测政策的制定和实施。空气质量监测中心还作为一个国家的鉴定机构，接受欧盟指定的鉴定任务。①

在空气质量监测的具体实施和落实上，《空气和能源合理利用法》规定：一、三年内，完成在全国2000人口以上的城市设立空气监测站，并委托法国空气质量监测协会监测空气中污染物浓度。二、每天向公众发布空气质量信息。根据法国空气质量监测协会提供的数据，法国环境与能源管理局每天在网站上发布当日与次日空气质量指数图。空气质量指数图包括空气中臭氧、二氧化氮、二氧化硫和可吸入颗粒物PM10四种污染物的监测数据，并按污染程度将空气质量分成1至10级。一旦污染物指数超标，地方政府就会立即采取应急措施，以减少污染物排放。②三、各地政府按各自的情况，制定措施，逐步消除空气污染；发展公共交通，设立自行车通道，减少私人车辆的使用；鼓励公众使用更加节能环保的交通工具，例如电动汽车等。四、将空气污染按照程度的不同分为三个级别。当达到一级污染时，政府有责任通知各有关部门采取防治措施，并告知公众；当达到二级污染标准时，政府可以要求道路行驶车辆降低行车时速至20公里以下；当达到三级污染的标准时，政府有权力限制交通，按不同情况禁止不同类型车辆行驶。③

《空气和能源合理利用法》要求法国境内超过25万人口的城镇制定大气保护计划（Plans de Protection de l'Atmosphère，PPA）和人口超过10万的城镇制定城市交通计划（Plan de Déplacement Urbain，PDU）。城市交通计划是为了发展公共交通和发展个人交通方式，管理车辆的停放和优化公共交通网。法律规定建立由省长负责的有两个等级的信息和警报

---

① http://www.lcsqa.org/。

② 郭爽、王亚宏、黄涵、蓝建中：《驱雾霾，还需立法——各国政府综合治理空气污染经验》，http://xmwb.xinmin.cn/html/2013-02/08/content_21_1.htm，2013年2月8日。

③ 刘志侠：《巴黎如何治理空气污染》，载《劳动安全与健康》，1999年第1期。

程序。省长应该将信息公布并在有警报的情况下采取紧急措施（限制污染活动，尤其是汽车行驶）。它把污染和危害的原则归入到城市规划范围和与设施计划有相关影响的研究中。[1] 为了加强交通规划，法国的许多地区成立了区域性的委员会。比如位于法国中部奥弗涅大区的克莱蒙费朗（Clermont - Ferrand）地区，就在2001年建立了“都市公共交通联盟”（Syndicat Mixte des Transports en Commun de l'agglomération clermontoise, Joint Public Transport Union for the Clermont-Ferrand metropolitan area, SMTC），专门制定当地的都市交通计划。

在《空气和能源合理利用法》的基础上，2010年法国颁布实施了最新的《空气质量条例》，规定了PM2.5和PM10的浓度值上限，指出可吸入颗粒物一年内超标天数不得多于35天，设定了法国空气质量标准，规定了各种空气污染物在空气中的浓度标准，如对PM2.5和PM10的浓度限值进行了规定，并提出可吸入颗粒物一年内超标天数不得多于35天。[2] 这为法国控制空气污染提供了参考依据（见表2.9）。

表2.9 法国空气质量标准（单位：微克/立方米）

二氧化氮（NO_2）		
质量目标	40	年平均
标准	200	1小时平均
警戒标准	400	连续三小时平均每小时超过
臭氧（O_3）		
质量目标	120	年内日最大值（8小时平均值）
标准	180	1小时平均
警戒标准	240	1小时平均

---

① http://www.developpement-durable.gouv.fr/La-reglementation-en-matiere-de.html。

② 具体条文见：http://www.legifrance.gouv.fr/affichTexte.do;jsessionid=C279814787CC1573E435B521A90BBC8F.tpdjo14v_3?cidTexte=JORFTEXT000022959334&dateTexte=。

（续表）

臭氧（O_3）		
超过警戒标准的应急措施	一级标准：240	连续三小时平均每小时超过
	二级标准：300	连续三小时平均每小时超过
	三级标准：360	1 小时平均
颗粒物（PM_{10}）		
质量目标	30	年平均
标准	50	日平均
警戒标准	80	日平均
二氧化硫（SO_2）		
质量目标	50	年平均
标准	300	1 小时平均
警戒标准	500	连续三小时平均每小时超过
苯（benzene）		
质量目标	2	年平均
重金属		
质量目标	0. 25	年平均

资料来源：法国环境保护部，http：//www. developpement-durable. gouv. fr/Normes-et-valeurs-limites. html

（二）治理措施

随着法国环境立法的迅速发展，单项环境立法不断增加。为了使环境保护法的法律体系变得更合理，20 世纪 90 年代初，法国开始编撰本国历史上第一部环境法典。1998 年 5 月《环境法典》（*code de l'environnement*）正式颁布，法国成为当今世界上为数不多的颁布了环境法典的国家。该法典涵盖了法国所有的环境保护领域，规定了大气、水体、噪声和固体废弃物等的污染防治以及自然资源的保护等，也重申了法国所有重要的环境管理制度，如环境影响评价、公众参与、环境信息的调查与使用、废弃物的回收处理等。[①] 2010 年法国颁布了《空气质量条例》，对 PM2.5 和 PM10 的浓度限制进行了规定，提出可吸入颗粒物一年内超标天数不得多于 35 天，并更新了与大气保护计划有关的若干条文。

在一系列环境保护和空气质量的法规体系下，法国政府治理城市空气污染的措施主要包括了几个方面。

1. 建立科学准确的监测、预报和溯源系统

法国科学院、法国工业环境科学院等研究机构和环境企业长期将大气污染问题作为重要的研究课题进行跟踪。凭借雄厚的科研能力，法国建立了科学准确的空气监测、预报和空气污染物溯源系统，这为法国政府提供了制定大气污染治理措施的科学依据。法国的首都巴黎周边是全国空气污染比较严重的地区。2011 年，多国参与的科研团队在法国科学院大气系统实验室的带领下，对 2009 年至 2010 年巴黎地区 PM2.5 情况进行了综合研究。该项目利用地面、高空及遥感监测手段，应用法国国家空气质量模型 CHIMERE（现为欧盟空气质量预报模型），针对 PM2.5，特别是有机颗粒物进行了污染源解析，定量一次和二次污染，细化了局部和区域污染以及人为和自然污染，并重新整理了巴黎 PM2.5 的排放源清单。这是全球首次在发达国家大都市 PM2.5 为研究对象的系统研究工作，为巴黎的空气污染治理工作提供了可信的科学依据。[②] 除此之外，为了加强对 PM2.5 排放情况的监测，巴黎还在全市范围内加强了空气监测站的建设。目前，巴黎市内共有 50 个自动空气检测站点，另外还安装有大量可移动检测仪，所有检测结果可以在六小时内向公众公开发布。[③]

此外，法国环境企业在治理大气污染的研究方面也有许多贡献。

---

① 《国外如何治理大气污染》，http://www.xzbu.com/7/view-4444426.htm，2013 年 11 月 24 日。

② 《法国治理空气污染的措施和经验》，http://www.cqkp.net/html/2014-01/22/content_29534360.htm，《科技日报》，2014 年 1 月 22 日。

③ 《巴黎治理大气污染的措施与启示》，http://scitech.people.com.cn/n/2014/0303/c376843-24514308.html，2014 年 3 月 3 日。

2008 年，在巴黎安德烈·雪铁龙公园的上空，一家名为爱乐飞的公司升起了一只巨型的氦气球，这只气球悬浮高度为 150 米，直径达 36 米，容积约 6000 立方米。它的独特之处在于可以随着空气质量的变化，不断变换自身的颜色。由于采用了全新的高亮度照明技术，人们即使是在 20 公里外也能清楚地看到这只悬浮在空中的彩色气球。气球内部的照明灯可以根据不同的空气质量指数变换颜色：红色代表污染等级达到警戒程度；橙色代表污染比较严重；黄色代表污染程度较轻；浅绿色代表空气比较清洁；深绿色代表空气非常清洁。这种举措使市民只要抬头便可以随时了解空气质量。[①] 科学准确的监测和预报系统有利于法国政府和市民及时地掌握空气质量情况和空气质量发展趋势。

2. 实施改善空气质量的专项行动计划

（1）居民家庭减排及推动新型能源

居民的家庭排放和机动车辆排放是法国城市空气污染的主要来源。因此，法国政府出台措施，促使居民改变生活习惯，更新取暖设备，减少可吸入颗粒物的排放。1996 年，法国政府鼓励城市采取集中供热的方式，以减低居民取暖产生的气体排放对空气质量的影响。巴黎从 1997 年 10 月 1 日开始推出机动车限行方案，这项措施在当时对减轻空气污染、降低有害气体排放量取得了明显成效。2011 年，法国政府实施了对空气中的细微颗粒的减排计划。2014 年 3 月，法国多个地区遭遇高浓度的微粒污染，法国政府通过采取机动车单双号限行措施、限速措施、公共交通工作免费政策等等，有效地应对了雾霾天气，使得空气质量大为好转。2005 年 7 月，法国通过了《能源政策法》，确定了将核能作为法国电力的主要来源，同时鼓励多元化的可再生能源。并于 2007 年推出"环境问题协商会议"，提出到 2020 年要为节能减排、促进可持续发展

---

① 《巴黎上空升起巨型变色气球，监测空气质量》，http：//news.163.com/08/0714/08/4GQ2F7CJ000125LI.html，2008 年 7 月 14 日。

投资4000亿欧元。

《空气和能源合理利用法》在通过公共财政，支持环境保护和空气污染治理方面也设立了许多政策，包括制定了详细的技术指标、财政条款、奖惩措施，旨在降低能源消耗和减少有害物质的排放。比如说，针对使用清洁能源的机动车辆就设计了多种税收优惠，包括使用液化石油气（Liquefied Petroleum Gas，LPG）、天然气（Natural Gas for Vehicles，NGV）和电力的机动车辆优惠等。①

（2）颗粒减排计划

2011年7月，法国政府出台了“颗粒减排计划”（Particulate Matter Emissions Reduction Plan），旨在减少可吸入颗粒物对环境的污染和对公众健康的危害。该计划旨在工业、交通、第三产业、农业等领域建立起一系列长效机制，分别对这些领域规定了相当数据化的任务。主要内容包括：建立强制机制，提高大气排放标准、加强工业排气监管；设立激励机制，对环保支出实施税收抵免政策，推动优先行动区域计划；强化宣传机制，加强环境保护宣传等。力争到2015年使可吸入颗粒物PM2.5在2010年基础上再减少30%。截止到2012年年底，该计划已有40%的措施已经实施，另有50%的措施正在实施过程中，剩下的10%正在制订。通过法国政府的综合治理，主要大气污染物排放量有所下降，其中巴黎地区PM10下降35%，PM2.5下降40%，氮氧化物下降35%，法国的空气质量获得一定改善。②

（3）空气质量紧急计划

为了加强各个部门之间在空气污染治理领域的合作，法国政府在2012年9月建立了跨部门空气治理委员会（The French Interministerial Air Quality Committee）。2013年12月，大巴黎地区和罗纳-阿尔卑斯省

① 参见http://www.atmoauvergne.asso.fr/en/control/french-legislation/air-quality。

② 《巴黎治理大气污染的措施与启示》，http://scitech.people.com.cn/n/2014/0303/c376843-24514308.html，2014年3月3日。

连续多日空气污染指数大幅超标，这是2007年以来法国首都最为严重的污染情况。不仅在巴黎，法国15个城市市区大气微粒物指标超过欧盟标准上限。① 针对空气质量恶化的情况，空气治理委员会通过了“空气质量紧急计划”（Emergency Air Quality Improvement Plan），制定了总共38条具体措施，在法国最大的12个都市地区强调提高空气质量，以欧盟最严格的标准（欧盟法令 Directive 2008/50/EC）对空气细微颗粒污染进行清理。② 该计划重点聚焦于交通工具的减排问题，针对可吸入颗粒物PM10及PM2.5和二氧化氮等空气污染物，主要制定了五个方面的具体应急措施：1. 鼓励使用多种交通运输工具。政府积极搭建各种拼车平台，使居民能够更容易、更便利、更安全地进行拼车，并给予拼车者各种政策优惠。2. 建立近距离的进入市区的物流配送网。具体包括：授予“可持续发展交通运营机构”（法国各城市公共交通的管理和规划部门）由市郊进入市区内商品运输的营运权；各城市出台规范物流公司在城市内货物配送相关的政策和条令；在城市邻近地区建立商品、货物集散配送点，以统一管理物流公司在市区内的商品配送服务；大力鼓励非机动式运输形式，如自行车货物配送方式等。3. 推广普及城市内电动车辆的使用，政府投入通过完善电动车辆充电等配套基础设施的建设，推广多种电动交通工具的使用。对在城市内使用电动和混合动力交通工具的市民，提供新购电动车及混合动力车高额的补贴，调动市民的积极性；并在巴黎等城市大量增设有轨电车和电动巴士，并推出电动汽车租赁服务等等。4. 鼓励更换污染严重的旧交通工具。具体包括：利用各种政策、法规和财政等手段，调动市民更换污染严重的旧交通工具的积极性；并制定相关政策，限制污染严重的交通工具在城市内指定

---

① 《法国治理空气污染的措施和经验》，http://www.cqkp.net/html/2014-01/22/content_29534360.htm，科技日报，2014年1月22日。

② 具体政策报告见 http://www.developpement-durable.gouv.fr/IMG/pdf/Dossier_de_presse_Plan_d_urgence_pour_la_qualite_de_l_air.pdf。

区域的使用。5. 积极发展公共交通。法国政府积极引导公众将公共交通作为出行工具。一方面，政府积极参与完善公共交通的建设，大力宣传清洁交通工具的使用；另一方面，推行鼓励公共交通的措施，如免去公共自行车单程车票、免去公共电能小汽车的按时收费、可免费使用居民区停车场等；此外，各城市还出台相关措施，在大气污染严重时段，限制私人交通工具的使用，适当增加公共交通的数量。① 6. 提倡市民使用自行车。一方面，法国政府鼓励私人和公司积极参与发展自行车公共服务，完善自行车相关配套基础设施的建设，如增加自行车专门道路、增加公共自行车的投放数量扩建公共自行车停车点、延长公共自行车的免费使用时间等等。另一方面，法国政府出台了针对自行车的补贴政策，引导公众绿色出行。具体的政策内容是由雇主按行驶里程给骑自行车上下班的员工现金补贴。例如，巴黎在2009年3月21日开始实施自行车补贴计划，市民每购买一辆400欧元以下的自行车，政府按所购买车款的25%给予补贴，并为使用电动自行车的市民免费提供充电装置。企业购买自行车同样可以获得补贴，但最多补贴10辆。目前，法国已经有37个城市建立了公共自行车系统，公共自行车的数量约为50000辆。在巴黎，骑自行车的人中，有超过三分之一的人使用公共自行车，公共自行车的覆盖率是非常高的。②

3. 减少居民生活领域的空气污染物的排放

据统计，目前法国34%的可吸入颗粒物排放来自公众日常生活，法国许多家庭依然保留着用火炉取暖的习惯，这是导致可吸入颗粒物增多的重要因素之一。改变居民生活习惯有利于减少可吸入颗粒物的排放。法国政府在居民生活方面主要采取以下的减排措施：一方面更新火炉等

---

① 《巴黎治理大气污染的措施与启示》，http://scitech.people.com.cn/n/2014/0303/c376843-24514308.html，2014年3月3日。

② 刘植荣：《法国治理空气污染“疏”“堵”齐下》，http://zhirong.blog.sohu.com/301051100.html，2014年2月20日。

取暖设备，提高其环保性能。通过设置相关标识确定相关设备空气污染物的排放标准。如设置“绿火焰”5 星标识，自 2012 年 1 月起，排放标准达到 4 星级和 5 星级的火炉可使用“绿火焰”标识。自 2015 年 1 月起，排放标识达到 5 星级的火炉方可使用“绿火焰”标识。二是禁止露天燃烧“绿色垃圾”，绿色垃圾主要是指修剪花草树木等植物后的残留废弃物。2011 年 11 月法国生态部出台相关规定，明确将绿色垃圾作为家庭垃圾归类处理，并针对在露天燃烧绿色垃圾的做法制定了具体处罚措施。三是在人口较多的城市社区设立大气污染指数告示牌，加强对空气质量的监测和宣传，提升居民保护空气质量的意识。①

除了家庭取暖，居民生活排放的另一个主要来源是家庭轿车的使用，因此，法国根据不同城市在不同时段空气污染的程度，实施有区别的限制措施。比如，巴黎市将环城快速道路上汽车行驶的限速从 80 公里每小时减为 70 公里每小时，通过降速减少汽车尾气排放量。在污染指标升级时，各地政府采取更为严格的车辆使用限制措施。如将限制措施的启动时限由原来 1 ~2 天，延长至 3 ~4 天；在空气污染高峰期对车牌实行单双号轮流行车制度，或对城市内的快速通道采取动态管理措施，即动态调节车辆限速，在道路繁忙或者污染比较严重的时候，降低车辆的限速等等。法国还根据车辆的污染排放量，确定车辆的分级标准，对机动车按污染程度划分为三种颜色的级别，并基于此制定各城市的交通政策，比如在市区内的停车收费就根据车辆的不同污染级别实行差别收费。②

4. 减少工业领域的空气污染物排放

在法国，据统计，工业领域可吸入颗粒物 PM2.5 排放量占排放总量的 31%。法国政府出台了一系列措施，如改进排放规定，降低工业污染

---

① 中华人民共和国商务部驻法国使馆经商处：《法国空气环境保护的基本情况和相关做法》http://www.mofcom.gov.cn/article/i/dxfw/jlyd/201203/20120308013201.shtml, 2012 -3 -13

② 《巴黎治理大气污染的措施与启示》，http://scitech.people.com.cn/n/2014/0303/c376843-24514308.html，2014 年 3 月 3 日。

排放的阈值；加强对煤炭、冶金等重点工业领域环境保护的监督管理。具体而言，法国政府对相关工业企业的热炉每两年进行定期检测，如污染物排放超标将立即停止运行并限期整改。使用功率在20兆瓦以上的工业锅炉需要经政府审批，使用功率在2~20兆瓦的锅炉需要在政府备案。此外，2011年法国政府新设立了煤炭税税种，同时将产业污染和航空污染税税率在现有基础上提高了10%。其中煤炭税将自2012年1月起开始征收，标准为1000千瓦时1.19欧元。据相关机构预测，2011年法国环境污染税税收高达2300万欧元。据测算，上述规定将会在2020年前使可吸入颗粒物PM2.5的排放量减少3.4万吨。[①]

三、治理机制与特色：科技先行、公众参与、绿色出行

（一）组织架构

20世纪70年代以前，法国的环境保护工作由不同职能部门分别管理，这些部门一般都有自己的主要职责，这就使得当时法国的环境保护工作比较混乱，使得需要统一管理的环境问题难以得到有效解决。随着全球范围内环境保护运动的高涨，法国国民的环境权利意识也越来越高。为加强环境保护工作，1971年，法国政府设立了环境部，法国是最早设立环境保护部门的国家之一。1971年至1998年间，法国环境保护方面的政策主要是建立有关的规章制度，如关于废料的回收与消除（1976年）、空气质量（1981年）和能源控制（1982年）。[②] 法国于1998年制定了《环境法典》，该法典规定了法国的环境保护工作必须遵照四大原则：预防为主的原则、采取预防和纠正并举的原则、谁污染谁治理的原则以及参与原则。

---

① 中华人民共和国商务部驻法国使馆经商处：《法国空气环境保护的基本情况和相关做法》http://www.mofcom.gov.cn/article/i/dxfw/jlyd/201203/20120308013201.shtml，2012-3-13

② 《法国的环境保护》，http://www.ynpxrz.com/n304436c1416.aspx，2013年3月25日。

法国现行的环境管理体制架构主要依据的是，1996 年法国国会通过《空气和能源合理利用法》和 1998 年制定的《环境法典》。这两部法律明确规定了法国的环境保护管理体制。目前法国国家层面的环境保护部门是生态、可持续发展和能源部（Ministère de l'écologie, du développement durable et de l'énergie），这个部门的历史可以追溯到 1971 年法国总理领导下负责保护自然和环境的行政部门。法国于 1974 年成立了农作物事务与环境部（Ministère des affaires culturelles et de l'environnememement），在 1975 年改名为环境与生活质量部（Ministère de l'environnement et de la qualité de la vie），1977 年又恢复了农作物与环境部（Ministère de la culture et de l'environnement）。在此基础上于 1978 年成立了自然环境与生活环境部（Ministère de l'environnement et du cadre de vie），在 1981 年正式更名为环境部（Ministère de l'environnement），并在 1983 年成立了对总理负责的国务秘书办公室，负责环境与生活质量。在 1986—1987 年，环境部改名为设施、住房、土地整治和交通（环境）部［Ministère de l'équipement, du logement, de l'aménagement du territoire et des transports (Environnement)］，直至 1992 年恢复环境部的称呼。在 1998 年，环境部再次更名为土地管理与环境部（Ministère de l'aménagement du territoire et de l'environnement）。

根据欧盟可持续发展的理念，2002 年，这个部门更名为生态与可持续发展部（Ministère de l'écologie et du développement durable），成为法国贯彻可持续发展的核心内阁部门。2007 年，该部门重组为法国生态、可持续发展及长期治理部（Ministère de l'écologie du développement et de l'aménagement durables），除了增加了国土整治、城市建设外，交通、能源、海洋等就此也被纳入了新环境部的管理职责范围。2008 年又更名为生态、能源、可持续发展与土地整治部（Ministère de l'écologie, de l'énergie, du développement durable et de l'aménagement du territoire），职能范围扩展到能源与气候、可持续发展、风险防范与交通、海洋与城市规划等。目前，法国的环境部门称为生态、可持续发展和能源部，其主要职责涵盖能源与气候、水和生物多样性、风险防范、可持续发展、交通、城市规划和海洋等。直至在2011年采用了现有的名称。①

目前的生态、可持续发展和能源部（Ministère de l'écologie，du développement durable et de l'énergie）在中央层面由一个总秘书处，一个可持续发展署，五个总局和一个局组成。在法国的各大区（不包括巴黎大区和海外省），由大区环境局和住宅规划整治局组成。在2009年成立了9个住宅规划整治局，并且该部门的数量在2010年1月份又增加了12个。在各个省都成立了一个土地管理部级特别局，之前的两个省级部门——可持续发展部（包括省设施局，省及跨省海洋事务局）和农业部（包括省农业局和省林业局）于2010年1月份合并。土地管理部际特别局即是各省土地管理局（临海省还包括领海管理），能够并入一部分的省环境局。该部门的海外相关部门于2011年1月1日成立。在巴黎大区，于2010年成立了三个大区范围和跨省的部门，分别是：设施规划局、环境能源局和难民收容和住宅局。同样也成立了四个有关海洋治理的跨大区部门，负责领海和沿海地带的管理。海外省有关海洋治理的部门也列入这四个部门之中。针对管辖区的一些专业技术服务，形成了一个科学技术方面的鉴定网络，由高等院校和公共机构补充完善环境研究方面的部门职能。② 这种针对不同地区设立不同的环境保护部门结构的做法，使空气污染防治在政府的各个层面得到贯彻和落实，特别是能对空气污染治理进行长期的规划，并监督规划的实施。在法国的各大区都建立了空气治理区域规划（The Regional Plan for Air Quality，PRQA），专门评估空气污染的现状，在此基础上针对各个地区的特点制定相应的空气污染

---

① 历次更名及重组详见 http：//www. developpement-durable. gouv. fr/Organigrammes-ministere-ecologie. html。

② 详细组织结构图见 http：//www. developpement – durable. gouv. fr/IMG/pdf/Organigramme_MEDDE_GB_MAJ_Avril_2014_Web. pdf。

治理目标。各大区都成立了专门的空气质量委员会（The Conseil Régional，Regional Council），对空气治理区域规划每五年进行一次评估。

生态、可持续发展和能源部还下属多个独立的咨询建议和协调监管机构，包括未来人权委员会、长期发展委员会、环境最高委员会、环境跨部委员会、自然保护全国委员会、国家水利委员会等。这些委员会既可以制定相关的环境保护法律法规、政策，也负责协调和监管各部门的环境保护计划和措施，还可以通过各种权威的计划、报告、建议等影响总统、议会等的决策和政策，突出环境保护工作。①

（二）政策特色

1. 实施强有力的环境治理措施

近年来，法国政府采取了强有力的环境治理措施，取得显著成效。一方面，法国政府十分重视空气污染治理方面科学技术的作用，并在空气质量的科学研究上不懈努力，法国对空气污染的成因进行了深入研究，同时利用科技手段监测空气质量。目前法国政府可以依据一套科学完善的空气质量监测和预报及空气污染物溯源系统有的放矢地制定空气污染治理措施，而法国民众也可以实时了解空气质量的情况。科学、准确的数据使得法国政府和法国人民能及时地采用不同的应对政策，有效地缓解空气污染。另一方面，法国政府制定了一系列切实可行的应对措施：降低机动车限速以减低发动机转速、减少燃油消耗，从而减低空气污染物的排放量；限制机动车的数量；规定当空气质量为二级时，对汽车实行限号行驶政策，当空气质量达到三级时，严禁一切可能造成空气污染的车辆上街；当空气污染较为严重时，采取降低甚至免去公交、地铁等公共交通工具票价的方式鼓励公众乘坐公共交通工具等等。在1990年，法国开始收取大型燃烧源氮氧化物排污税，并提出将75%的收入用于减排投资和研发，且企业可以根据减排技术类型申请补贴。标准的减

① 莫小坤：《环境保护执法联动机制研究》，西南政法大学硕士学位论文，2012年。

排技术补贴比例为增量成本的15%，先进减排技术为30%。这种机制极大地调动了企业使用先进减排技术的积极性，使得1997年法国的氮氧化物排放削减了13%，空气质量大为改观。[①]

2. 积极开展全民环境保护宣传教育

环境保护是一项需要全民参与的长期事业，公众的合作对环保工作至关重要。法国各级政府、社区、协会、学校等均把环境保护宣传教育作为一项重要的措施。国家层面，致力于提高公众在保护空气质量及大气污染造成健康问题方面的意识。地方层面，将大气环境保护政策和交通运输政策及城市规划结合起来，强化地方政府在环保宣传方面的作用，使公众能够更好地理解并执行在不同污染阶段时所采取的一些限制性的措施。[②] 社区和协会制订及印发各种各样有关环境保护宣传教育的资料，并免费发放给市民，通过这种方式加深市民对环境保护知识的了解，并熟悉法国环境保护方面的法律法规、政策。学校里，从小学到大学都开设了有关环境保护的课程，法国的学生从小学一年级开始就接受环境保护知识的熏陶，培养良好的环境保护习惯。法国的报纸、电视等媒体几乎每天都会刊登和播报有关环境保护的新闻，并介绍一些先进的环境保护理念和技术。法国的环境保护志愿者们定期到大街、社区和学校宣传法国的环境保护政策，倡导人们保护环境。[③] 在潜移默化的影响中，法国公众形成了强烈的环保意识，几乎每个人都认同要维持良好的环境。

3. 鼓励广泛的公众参与

正是意识到社会公众是参与环境保护工作的一支重要力量，发挥着关键性的作用，法国政府尤其重视公众在环保工作中的参与，为鼓励公众广泛参与环境保护，一方面法国政府及时、准确地公开有关环境的信

① 《国外如何治理大气污染》，http://www.xzbu.com/7/view-4444426.htm，2013年11月24日。

② 《巴黎治理大气污染的措施与启示》，http://scitech.people.com.cn/n/2014/0303/c376843-24514308.html，2014年3月3日。

③ 曾道红：《法国环保经验及启示》，载《异域观察》，2008年第1期。

息如实时空气质量和政府的环境政策信息，而企业也要公开有关空气污染物的排放信息，以确保公众的环境知情权。另一方面，法国有一套完善的制度安排保障公众在环境保护中的充分参与，在制定法国环境保护法律法规、制度和政策时，都会广泛地听取各方的意见和建议，以增强环保法律法规和制度的可行性。公众参与环境保护的主体主要包括环境保护协会、专家机构和专业性办公室等，主要程序包括公众调查程序、公众辩论程序和地方公民投票等，主要形式包括知情、咨询、商议和共同决策。[①] 法国的法律也保障公众参与环境保护活动，在法国的多项法律中对公众保护环境的权利和义务都作了规定，如法国《环境法典》规定了参与的原则，对公众参与的地位作了规定；公众有向可能造成当地环境污染的企业提出异议的权利，并可以自由地发表意见。[②] 此外，为使公众更好地应对空气污染，法国政府向公众提供卫生建议。法国公共卫生高级委员会在2012年4月公布的空气颗粒物污染报告中列出了一系列保护公众健康的建议，尤其是针对肺病和心脏病患者、幼龄儿童与老年人等敏感人群。建议指出，当空气中PM10浓度为50至80微克每立方米时，已表现出症状的肺病和心脏病患者应考虑减少户外活动与激烈体育运动；当PM10浓度超过80微克每立方米时，敏感人群应减少甚至避免户外活动与激烈体育运动，哮喘患者可能需要在医生指导下适当增加使用吸入类药物的次数，健康人群如果出现咳嗽、呼吸困难或咽喉痛等症状，也应减少户外活动与激烈体育运动。[③] 法国政府和公众之间的良好互动是法国空气污染治理取得成效的原因之一。

在公民参与的基础上，法国的众多专业组织也联合起来，投入到保护空气质量的行动中。在1961年，法国的多个专业组织就成了了跨行

---

① 张朝辉：《法国、德国生态环境保护的经验与启示》，载《武汉建设》，2012年第3期。

② 《法国、意大利环境法制建设的现状》，http://www.lawtime.cn/info/knowledge/hjflw/2010122428255.html，2010年12月24日。

③ 《法国怎样应对空气污染》，http://www.ynpxrz.com/n303652c1414.aspx，2013年3月23日。

业空气污染研究中心（The Interprofessional Technical Centre for Studies on Air Pollution，CITEPA），是目前法国历史最悠久，会员最多的空气污染治理组织。作为一个非营利组织，这个中心拥有超过70个会员，来自各类工业、行业工会、咨询机构、研究机构和空气污染监测网络等多种行业和机构。经过数十年的发展，这个中心成为法国空气污染治理方面的专家库，通过对工业、能源、第三产业、住房、交通和农业等方面的深入研究，推进空气污染治理的发展。中心的会员通过中心广泛的网络进行宣传和相互协同，形成了26个研究团队，主要围绕空气治理、工业和农业创新和流程开发，在空气污染防治和尾气排放净化等方面取得了被广为应用的技术突破。近年来，中心主要在降低温室气体排放、排放权交易、跨境空气污染防治、污染治理设施等方面进行研究，为法国各个层级的政府提供了专业的咨询意见，成为法国空气污染治理的积极参与者和技术推进者。①

从以上的分析可以看出，在20世纪90年代之后，法国通过《空气和能源合理利用法》和《环境法典》等重要环境保护和空气污染治理法令和条例的通过，结合水资源保护、产业升级、公共交通、燃料改造、技术升级等方面的政策，将空气污染治理作为法国环境保护和社会发展的重点，建立了政府部门、社会组织和广大公众的合作网络，完善了从国家到地方的空气污染治理体系，使法国成为欧洲大陆空气污染治理取得显著成果的国家之一。法国的空气污染治理有着与其他工业化国家不尽相同的特点，主要在于其既注重减少工业排放，又重视居民家庭排放，包括取暖和轿车使用方面的政策创新，通过改变出行方式，建立现代公共交通网络，开创了一条工业尾气污染治理与居民改变行为方式相结合，政府、社会与公众相配合的空气污染治理道路，值得各个国家借鉴。

---

① 参见 http：//www. citepa. org/en/the-citepa。

第三章　美洲篇：北美大陆的联合行动

第一节　美国

美国是世界上以最快的速度实现工业化和现代化、最为成熟的发达工业化的国家之一，但同时也在很短的时间内对本国的环境造成了严重污染和破坏。在意识到环境污染、特别是空气污染的严重后果后，美国在短时间内采取了有效措施，及时遏制了环境进一步恶化，力争实现国内环境保护和经济发展的平衡。① 本章对美国空气污染的历史、治理的重要法律政策，以及治理的框架进行分析和总结。

一、城市化与空气污染：大洋彼岸的烟尘

19 世纪下半叶至 20 世纪上半叶，是美国工业化和城市发展的关键性阶段。短短的几十年，美国的经济得到迅速发展，经济腾飞释放出的巨大能量使美国从一个农业国家迅速发展成为当今世界超级经济大国，成为在中国之前实现从以农村为主的国家向高度城市化转变最快的国家。工业化与城市化带动的经济腾飞和社会发展使美国成为工业国家的代表。然而，在这个过程中历次大型空气污染事件的爆发也印证了工业

① 罗健博：《发展、治理与平衡——美国环境保护运动与联邦环境政策研究》，复旦大学博士论文，2008 年。

经济的巨大成功所带来的惨痛的代价。这些深刻的教训是最值得中国在现阶段吸取和反思以避免重蹈覆辙的。

（一）历史变迁

19世纪后期，随着南北战争的结束，美国东北部和中西部地区迅速兴起和发展了一大批新兴工业城市，主要包括东北部的纽约、华盛顿和中西部的芝加哥、底特律、匹兹堡和克利夫兰等五大湖地区的城市。这些城市都是美国新型工业社会快速发展的重要缩影，但这些城市出现的环境污染与破坏也是前所未有的。造成城市空气污染的原因是复杂的，多方面的，既有人们思想观念方面的因素，也有政治经济、能源科技方面的因素；同时又与居民的生活方式、城市的地理位置和发展管理等诸多因素有关。因此，在分析空气污染在美国发展的具体原因之前，有必要对美国工业社会的主流社会价值观和经济发展观进行基本的分析。

和许多西方工业化国家一样，美国的工业经济也是从分散型的农业、农副产品加工业、手工业和轻型制造业发展而来的。在全面工业化之前，各种大小作坊虽然或多或少会产生各种各样的废弃物和垃圾，但总的来说最后都进入到自然的循环系统，得到净化，空气环境并没有对人们日常生活造成影响。真正给城市环境带来质的变化是在产业革命之后，生产力的不断发展和科学技术的进步，促使人类利用、改造自然资源的能力大大提高，经济增长成了发展的唯一目标和价值追求。这种粗放式的经济活动在很大程度上依赖于能源消耗和环境破坏，特别是在工业化的初期对经济活动产生的空气污染缺乏有意识的管理和控制，容易造成对环境严重的污染和破坏。正是在这种经济杠杆驱动下的价值观和发展观的思想背景下，忽视环境保护，导致日益严重的城市环境污染，主要表现为耗能巨大的工业的集中发展、人口密集增长带来的生活排放和能源企业的排污。

1. 工业的集中

工业发展为城市发展提供了足够的物力和财力，城市的发展为工业发展提供了充足的人力资源和后备力量。工业企业在交通便捷、人力物力资源丰富的城市集中，而工业的集中和产业集群的形成，促进了城市的发展，这种工业发展和城市集中相辅相成的同时对环境造成了极大的危害。[①] 首先，工厂在城市的集中极大地加剧了工业发展所带来的污染。特别是1870年以后，为了提高效率，工业产业趋向专门化和集中化。比如美国东北部的钢铁基地，南部的石油基地，中西部的重工业基地，由于产业的聚集和企业的大规模肆意排放，容易造成污染源的集中，对环境造成严重的影响。其次，工业生产过程本身会产生大量的污染，如钢铁行业在生产过程中需要燃烧大量的煤，会产生大量的煤灰、粉尘和烟雾。这些废弃物如果不经过处理随意排放到空气中，就将加剧空气环境的污染。

2. 人口的聚集

人口的急剧膨胀和高度集中也是造成城市污染问题的主要原因。越来越多和更加集中的城市居民需要大量的能源、实物、产品、淡水、卫生、住房和交通，这些都有可能造成对大气的污染，例如汽车行驶、火电厂发电、消费品生产、金属、石油和化学品加工、室内取暖做饭、楼房和道路的建设与维修以及废弃物焚烧。如图3.1所示，美国的城市人口从1800年的30万增加到本世纪初的2.2亿，并且超过70%的人口居住在大城市中。因此，作为人口大量聚焦的城市，人类生活排放的污染物大多会产生一定程度的空气污染，包括高硫煤、褐煤和石油等对空气污染严重的燃料产生的排放物在人口密集的城市区域很难通过自然界的循环自然消解。其他一些沙尘和森林火灾产生的烟尘等自然污染物也对空气产生严重污染，对人类生活健康造成巨大威胁。

---

① 罗健博：《发展、治理与平衡——美国环境保护运动与联邦环境政策研究》，复旦大学博士学位论文，2008年。

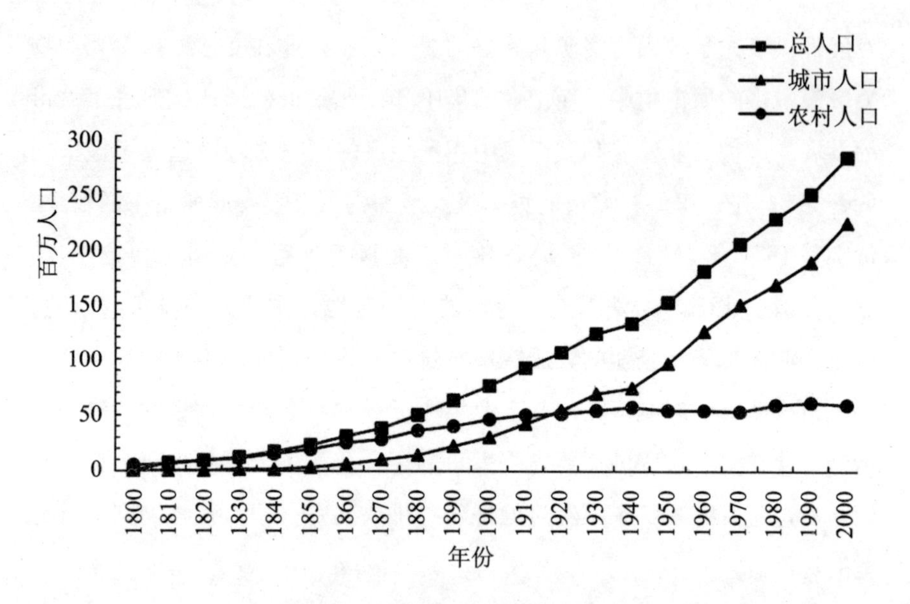

图 3.1 美国 200 年城乡人口变化

资料来源：美国统计局 2000 年统计数据 Summary File 3（SF 3），http：//www. census. gov/population/censusdata/table－4. pdf

3．能源因素

19 世纪 30 年代，美国的宾夕法尼亚州发现了含量丰富的硬煤煤田，煤炭的大量开采为工业提供了高质量的燃料，由此带动了美国东北部和中西部的钢铁工业以及钢铁需求量很大的汽车、铁路等工业的大规模扩张，煤炭逐渐代替木材成为工业和民用燃料。如表 3.1 所示，1850 年，美国能源总消费中煤占 9.3%，木材占 90.7%。1860 年，煤占到美国能源总消费的 16.4%，石油占 0.1%，木材占 83.5%；1900 年，美国主要能源生产结构已经变为煤占 71.4%，石油及天然气占 5%，木材占 21%。[①] 可见，煤在美国能源总体结构中的地位持续上升，所占比例不

① Glenn Porter（ed.），*Encyclopedia of American Economic History*，Vols. 1－3，New York：Charles Scribner's Sons，1980，p. 203. 转引自姜立杰：《美国工业城市环境污染及其治理的历史考察》，东北师范大学博士学位论文，2002 年。

断扩大。特别是在美国东部，煤已经成为制造业及运输业的首要燃料，木材渐渐仅作为家用取暖上的重要能源。

表 3.1　1900 年前美国总体能源消费结构

1850		1860			1900		
煤	木材	煤	石油	木材	煤	石油及天然气	木材
9.3%	90.7%	16.4%	0.1%	83.5%	71.4%	5%	21%

数据来源：Glenn Porter (ed.), *Encyclopedia of American Economic History*, Vols. 1－3, New York: Charles Scribner's Sons, 1980, P203，转引自姜立杰：《美国工业城市环境污染及其治理的历史考察》，东北师范大学博士学位论文，2002 年

煤炭的大规模开采和使用推动了工业化的迅猛发展，也不可避免地带来了严重的空气污染。煤，特别是烟煤燃烧产生大量的烟尘、二氧化碳、二氧化硫、一氧化碳和其他有害的污染物质，如果不经过排污处理，只有一小部分有害物质会在燃烧过程中被消耗掉，大部分则直接进入大气表层，对空气质量的影响极其显著。在美国工业较为集中的城市如匹兹堡、圣路易斯、芝加哥、辛辛那提等城市，烟煤都是城市生产生活的基本能源动力，煤消耗量极大，由此成为空气污染的重灾区。这些城市不可避免地存在严重的空气污染问题。比如当时的圣路易斯每年煤炭的消耗量超过 400 万吨。匹兹堡是美国中西部的"钢铁之都"，由于其污染严重，又被称为"烟雾之城"和"揭开盖子的地狱"。[①] 钢铁产业的发展带动了相关上下游工业的普及，在城市周围形成了大批小型钢铁冶炼工厂。在缺乏严格环境保护措施的 19 世纪，煤烟燃烧产生的有害防尘随意排放到大气中，产生了严重的空气污染。

到了 20 世纪，木材作为燃料逐渐退出了历史舞台，煤炭、石油、天然气和核能成为主要的能源消耗。2006 年，美国的能源消耗结构已经有了很大的改变，其中煤占 22.8%，石油占 39.7%，天然气占 23.5%，核能

---

① 姜立杰：《美国工业城市环境污染及其治理的历史考察》，东北师范大学博士学位论文，2002 年。

占8.4%。[①] 在这些能源消耗中，工业消耗占32%，交通运输占28%，商业活动占18%，其余的21%则属于民用消耗。汽车的问世和普及成为近现代工业文明的象征之一，它给人们的生活和工作带来极大的便利。与此同时，作为汽车的互补品——石油，也逐步占据了举足轻重的地位。全世界石油产量从20世纪50年代的年产10亿吨猛增到60年代的21亿吨，汽车开始替代马匹成为陆地交通新时代代步工具，美国逐渐成为世界石油产品消耗最大的国家。在"二战"之后，作为国家防御体系的一项战略工程，美国大力修建高速公路，这种迅速形成的四通八达的高速公路网虽然扩大了人们的生活活动范围，连接了城市和区域之间的交通网络，但也大大增加了私人家庭汽车的行驶里程。加上美国是一个汽车普及的国家，汽车的大量普及使尾气排放大量增加，显著增大了空气污染的强度，扩大了空气污染范围。空气污染成为了美国高速公路发展的最显著副产品之一。

（二）污染特征

在20世纪世界八大环境污染公害事件中，有两个严重的空气污染事件都发生在美国。[②] 一个是20世纪40年代和50年代发生于洛杉矶的"光化学烟雾事件"。当时洛杉矶全市拥有超过250万辆汽车，大量的汽车废气在日光作用下，形成以臭氧为主的光化学烟雾，其中含有多种氧化物和乙醛等有害物质，造成许多居民眼睛红肿，咽喉发炎，并产生了头部和胸部的剧痛，呼吸道炎症等疾病肆虐。在50年代初，这种现象达到最严重的地步。在1952年12月的一次光化学烟雾事件中，洛杉矶市65岁以上的老人死亡400多人。1955年9月，短短两天之内，65岁以上的老人又死亡400余人。洛杉矶在当时被称为美国的"烟雾之城"。

---

① National Academies，2007，"Energy Futures and Urban Air Pollution：Challenges for China and the United States".

② 20世纪世界环境的"八大公害事件"包括：比利时马斯河谷烟雾事件、美国洛杉矶光化学烟雾事件、美国多诺拉事件、英国伦敦烟雾事件、日本水俣病事件、日本四日市哮喘病事件、日本米糠油事件和日本富山骨痛病事件。

另一件是1948年10月发生于美国宾夕法尼亚州多诺拉镇的“多诺拉事件”。由于这个地区处于河谷，在秋季受到反气旋和逆温控制，空气中的二氧化硫及其他氧化物与大气相互作用下产生有害刺激的硫酸烟尘，致使许多居民产生眼睛刺痛、剧烈咳嗽、呕吐、腹泻、喉痛等中毒症状，发病者将近6000人，占全镇人口的43%，死亡17人。

案例一：多诺拉事件背景①

多诺拉原本是宾夕法尼亚州的一个宁静的小镇，位于匹兹堡市南边30公里处，坐落在一个马蹄形的河谷丘陵地带。宾夕法尼亚州是美国重要的煤产区，多诺拉因所处地理位置优越，交通便利，便成为美国钢铁的主要生产地，也是钢铁之都匹兹堡的重要的卫星城。大量的硫酸厂、炼钢厂、炼锌厂选择在多诺拉发展，这些工厂每天都向空气中排放大量的废气，加之这里的河谷盆地的地势，工厂排放的有毒气体不容易扩散，在多诺拉的河谷盆地聚集起来，空气污染状况极为严重，1948年10月终于酿成了被称为20世纪世界八大污染公害事件的“多诺拉烟雾事件”。

1948年10月26日，星期二，早晨多诺拉上空的烟雾和平常一样，但是，上午10点之后，烟雾仍未消散，这一点不同寻常。结果一连数天，烟雾依然笼罩着多诺拉。10月29日中午，炼锌厂的一名监督员检查了工厂的烟囱，报告说排放如常。29日晚上，当地居民出现了流泪、喉咙痛、胸痛，继而呼吸困难，面色苍白，医院人满为患，30日，已经有数人在这种痛苦中死去。到31日，烟雾消散时，多诺拉已经有5000人因为空气污染而患病。这次事件共造成20人死亡，6000人患病，当时多诺拉镇总人口只有14000人，患病者数量占总人数的43%。

---

① 本案例引自罗健博：《发展、治理与平衡——美国环境保护运动与联邦环境政策研究》，复旦大学博士学位论文，2008年。

20世纪60年代对洛杉矶等几个大城市的调查结果表明，汽车排出的碳氢化合物（HC）、一氧化碳（CO）、氮氧化物（NO_x）三种有害气体约占空气污染物总量的70%。1966年纽约发生了两起空气污染事件，死亡人数达400多人。在20世纪的60年代美国每年因空气污染造成的经济损失都高达数百亿美元。这些事件大大激发了美国全国对空气污染对经济社会发展的显著影响和对国民健康越来越大的危害的警醒，继而引发了全国范围内自发的、全民性的环境保护运动，唤起了全社会环境意识的大觉醒和环保观念的大变革。[①] 这些全国性、大范围的空气质量危机使美国民众日益关注大气污染给环境质量和人类健康造成的危害。

案例二：洛杉矶城市空气污染特征[②]

洛杉矶空气污染的最大特征是烟雾，烟雾的主要来源：

烟雾是多种污染物的混合体，包括臭氧、可吸入颗粒物、二氧化氮和一氧化碳等。

- 臭氧为夏季的主要污染物，无色但有恶臭；
- 二氧化氮在地平线处产生棕色雾带；
- 可吸入颗粒物，或由柴油烟、空气中的灰尘等组成的小颗粒污染物，使空气的能见度降低；
- 洛杉矶烟雾的形成主要是基于以下三方面因素：
- 发电厂化石燃料的燃烧；
- 交通运输对汽车和其他机动车的严重依赖；

---

① 王炳华、赵明：《美国环境监测一百年历史回顾及其借鉴续一》，载《环境监测管理与技术》，2001第1期。

② Daniel A. Mazmanian：《美国洛杉矶空气管理经验分析》，载《环境科学研究》，2006第19期。

洛杉矶地区的北部和东部有山脉为天然屏障，常出现的热对流层使一氧化碳、氮氧化物、二氧化硫、可吸入颗粒物、铅及其他有毒污染物滞留在该空气域，这种气态的棕绿色烟雾随着向西吹的海风，稳定地吹向内陆地区，并经过太阳的“炙烤”形成光化学烟雾。

小链接：场景描述

- 城市里的工厂、铁路、商店、家庭炉灶排放出大量的煤烟、粉尘，空气污浊、烟雾弥漫，白天也难得一见日光和晴朗的天空。[①]

- 吉尔伯特·菲特和吉姆·里斯合著的《美国经济史》中这样描述了1884年匹兹堡令人触目惊心的空气污染状况：“匹兹堡从好的方面来说，是个烟雾弥漫的阴森森的城市。从最坏的方面来说，世上再也没有什么地方比这个城市更黑暗、更污秽、更令人沮丧了。匹兹堡位于软煤层地区的中心，从住家、商店、工厂、汽船等处冒出的一股股烟柱汇成一大片乌云，笼罩该城所在的狭窄山谷，直到太阳冲破重重乌云黑雾，显露出它黄铜色的圆脸来……城市住户和工厂燃烧的煤炭有很大一部分化为浓烟直冲云霄。”[②]

- 瑞贝卡·哈丁·戴维斯（Rebecca Harding Davis）这样描述1861年弗吉尼亚的钢铁城威灵的生活：“这个城市最特别的是烟。它们阴沉沉地从钢铁厂高大的烟囱里涌出来，在泥泞的街道上黑黑的、油腻地沉淀下来……给房屋的正面、枯萎的白杨树和路人的脸上披上了一层油烟的外套。烟叶，无处不在……从后窗向外望去，我能看到……人类生命缓慢前行……他们从出生到死亡都呼吸着那些有害于精神与肉体的、充

① 姜立杰：《美国工业城市环境污染及其治理的历史考察》，东北师范大学博士学位论文，2002年。

② 来自吉尔伯特·菲特、吉姆·里斯：《美国经济史》，辽宁人民出版社1980年版第585页，转引自姜立杰：《美国工业城市环境污染及其治理的历史考察》，东北师范大学博士学位论文，2002年，第27页。

满着雾、油，以及黑烟的空气。”①

图 3.2　黑色时代

资料来源：美国联邦环境保护总署，http：//www2. epa. gov/enforcement/air-enforcement

图 3.3　黑色时代

资料来源：美国联邦环境保护总署，http：//www2. 环境保护署 . gov/enforcement/air-enforcement

① 转引自尹志军：《美国环境法史论》，中国政法大学博士学位论文，2005 年，第 169 页。

图 3.4　1972 年 12 月路易斯安那州埃克森石油公司堆砌成山的石油罐

资料来源：《四十年前美国的环境污染》，译言网，焦点视野，http://article.yeeyan.org/view/207279/237821

图 3.5　20 世纪 50 年代洛杉矶的严重空气污染

在经历连续三天雾霾之后，一位女士正擦拭不断流泪的眼睛。她准备呼吸一瓶由城外采集的新鲜空气。瓶身上写着："如水晶般透明的空气"。图片来源：《洛杉矶当年是如何战胜雾霾的!》，http://www.readme.in/zawen/490.html? from = groupmessage & isappinstalled = 0#wechat_redirec。

二、重要法律与政策：典范的《清洁空气法》

美国国会对环境问题的治理最主要是通过环境立法，为美国治理环境确定基本的法律依据和政策条例。在强大的立法支持下，美国的联邦和州政府共同构建环境治理的有关制度和执行机制，全面建立空气污染治理等领域的制度框架。[①] 美国空气污染治理的主要法律和政策由国会通过立法程序通过，然后由美国环境保护署在国会立法的范围内进一步制定相关法规和条例贯彻实施。

（一）重要立法

美国在西方国家中属于建国较晚的新兴国家，但从环境法的历史来看，美国是较早制定保护空气法律的国家。早在19世纪末，圣路易斯市就出台了美国第一例空气污染治理法[②]，随后，美国许多大中型城市建立了区域性的空气与环境保护法律条例。但由于那一时期美国工业社会发展的主要“动力”是煤炭，在无法找到替代资源的情况下，这些地方的防治条例显然不可能达到理想的效果。[③] 直到20世纪40年代，发生在洛杉矶和多诺拉的举世瞩目的空气污染事件终于使美国政府意识到问题的严重性和制定联邦层面的法律的必要性。美国政府由此开始着手对全国范围内的空气污染问题进行统一的调查和管理。1955年，美国历史上第一部全国性专门针对控制空气污染的立法——《空气污染防治法》（*The Air Pollution Control Act*）在议会获得通过，成为美国空气污染治理的里程碑。《空气污染防治法》通常被认为是美国《清洁空气法》

---

① 薄燕：《美国国会对环境问题的治理》，载《中共天津市委党校学报》，2011年第1期。

② 1864年，圣路易斯市的一名男子对其邻居提出起诉，理由是邻居家烟囱排出的烟使他无法将自己的房子出租出去。密苏里最高法院最终裁定被告赔偿原告50美元。据此，美国出台了第一项空气污染控制法，要求圣路易斯市的所有烟囱都必须高于周围建筑物20尺以上。

③ 王倩：《20世纪60、70年代美国治理空气污染政策探析》，东北师范大学硕士学位论文，2009年。

的前身，为美国联邦和各州政府研究空气污染治理提供了专项财政拨款，开始全国范围的立法调研，为进一步的立法进行准备。但是，由于其立法的局限性和没有建立具体的法令执行部门，这部立法的主要职责是为联邦政府设立空气污染防治技术研究的机构，针对空气污染进行科学研究并开展对防治空气污染的技术开发，授权政府作为政策强制执行的力度和角色并不突出，加上当时地方政府和相关机构对该项法律的执行力度有限，因此，《空气污染防治法》并未从根本上改变美国空气污染的恶化趋势。[①] 但是《空气污染防治法》的重要意义在于使美国政府首次从法律上将空气污染列为危害公共健康和福祉的重要威胁，为后来影响深远的《清洁空气法》立法打下了基础。

随着“二战”之后美国高速公路网络的建成，急剧增加的汽车行驶里程带来的尾气排放严重加大了空气污染的压力。战后的重建带来的工业的繁荣发展也增加了空气污染。《空气污染防治法》已经不再能够对美国空气污染治理起到应有的效果。特别是在 20 世纪 60 年代后美国兴起的各种对公民权利、社会福利、公共设施的社会运动更加促进了全国对空气质量的重视。于是，美国国会在 1963 年通过并颁布《清洁空气法》(*The Clean Air Act*)。[②] 这项法令将空气污染治理纳入到联邦公共卫生服务部的管辖之下，授权联邦政府开展监测和控制空气污染研究，将其作为提高公共健康的核心任务之一。这个法令对联邦政府划拨的经费比 1955 年增加了 6 倍。[③] 但是，仍然没有建立明确的政策执行部门和机构。

---

① 梁睿：《美国清洁空气法研究》，中国海洋大学硕士学位论文，2010 年。

② 王炳华、赵明：《美国环境监测一百年历史回顾及其借鉴续一》，载《环境监测管理与技术》，2001 年第 2 期。

③ 1955 年，美国联邦每年给公共卫生局拨款 500 万美元，用于负责领导和协调全面的空气污染控制工作；1963 年，国会为州和政府划拨 9000 万美元，用于研究和开发空气污染控制计划。经费数据源自王倩：《20 世纪 60、70 年代美国治理空气污染政策探析》，东北师范硕士学位论文，2009 年。

进而，美国国会于1967年通过并颁布了《空气质量法》（*The Air Quality Act*），首次授权扩大空气污染物排放清单，进行了广泛的环境监测研究和固定污染源巡查，指出了固定污染源与移动污染源的重要性。尽管这两部立法的确在很大程度上增强了联邦政府对空气污染监管的力量，但是仍旧未对固定和流动污染源建立统一的排放标准，制定跨州地区空气质量标准的处理方式仍不成熟。为了使跨州、跨地区空气污染问题在联邦政府的统一监管下得到有效的治理，就必须建立一个不受行政区划限制，具有统一管理和政策执行职能的联邦环境管理部门，将对空气和环境污染的治理上升到美国国家战略的层面。美国环境保护署在各州和地方的派出机构协调各州和地方政府对法律条例进行阐释并协助执行，对不执行相关法律的地区则执行强制政策和污染清理（图3.6）。

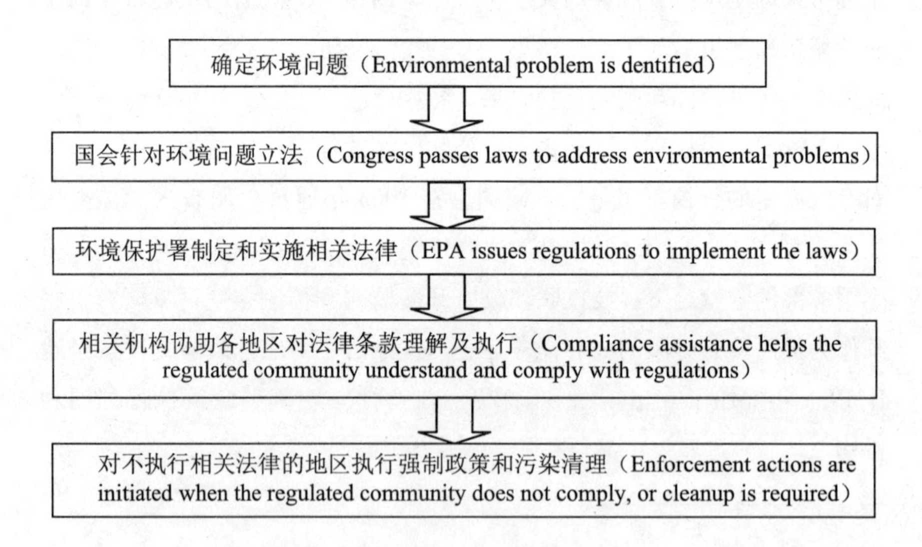

图3.6　联邦环境保护局执法过程（EPA's Enforcement Process）

资料来源：http：//www2. epa. gov/enforcement/enforcement-basic-information

在《空气质量法》的技术支持和《清洁空气法》对各级政府的严格要求下，美国国会在1970年对《清洁空气法》进行了重大修正，确立了“国家空气质量标准”（NAAQS）、州实施计划（State Implementation Plans, SIPS）、新源执行标准（New Source Performance Standards, NSPS）、有毒空气污染物的国家排放标准（National Emission Standards for Hazardous Air Pollutants, NESHAPS），致力于建立一个覆盖全国的空气质量框架标准。此次修正案对二氧化硫、可吸入颗粒物、氮氧化物（尤其是二氧化氮）、一氧化碳、臭氧、铅六种主要空气污染物质制定出两个级别的国家空气质量标准（NAAQS）：包括“首要国家空气质量标准”和“次要国家空气质量标准”。其中“首要国家空气质量标准”必须做到保护敏感人群的健康与充分安全；“次要国家空气质量标准”则致力于保护公众和社会的福利，其标准相对于“首要国家空气质量标准”较为宽松。各州可以参照联邦层级的标准，结合本州实际情况制定各州实施的标准，但要求其标准不得低于国家“首要标准”。美国国家环境空气质量标准（NAAQS）主要对六种污染物质进行了界定，包括二氧化硫、空气微粒污染、氮氧化物、一氧化碳、臭氧和铅。美国的国家空气质量标准有两类，一类是针对保护公众健康而严格设立的“首要国家空气质量标准”（primary standards），包括保护“敏感”人群，如哮喘、儿童和老人的健康；另一类是针对公众福利所设立的“次要国家空气质量标准”（secondary standards），包括防止能见度下降，防止动物、农作物、植被、建筑物的损坏。①

六种主要空气污染物排放的国家标准

（1）臭氧的国家空气质量标准

一提到臭氧，大家第一时间会联想到它是大气层中让人类免受紫外线伤害的“保护伞”。但需要说明的是，这种真正给人类提供保护作用

---

① 内容引自美国环境保护署官方网站：http://www.epa.gov/air/criteria.html，详见“国家空气质量标准”。较为严格的“首要国家空气质量标准”在实施时受到公众的欢迎，但却容易引起一部分工业企业的不满与上诉。但在大部分情况下，美国的司法机关都倾向于使用较高的标准支持环境保护机构保护公众健康的努力。

的臭氧是产生于离地20至30公里处的臭氧层，而处在对流层中、由于人类活动而产生的臭氧却是“健康杀手”，是空气污染的主要来源之一。对流层存在的臭氧属于一种极易发生化学反应的气体，是光化学烟雾或霾的主要组成部分之一，由汽车排放的氮氧化物及挥发性有机化合物等经阳光辐射、照射转化而来。多项研究都发现对流层臭氧对人类呼吸系统的破坏性很强，极易引发各种呼吸系统急性和慢性疾病，特别会对患有心脏或肺部疾病的人、儿童和老年人等敏感人群带来更为严重的影响。

美国环境保护署在1971年制定的“主要国家空气质量标准”（National Primary Ambient Air Quality Standards）和“次要国家空气质量标准”（National Secondary Ambient Air Quality Standards）都将臭氧排放限定在平均每小时不得超过0.08ppm的上限标准，并且规定联邦机构每五年对排放标准进行一次审查和修订。1977年美国环境保护署对臭氧排放国家空气质量标准进行了第一次审查，并在1979年公布了新的国家空气质量标准，将平均每小时排放量上限提高到了0.12ppm。1991年10月，“美国肺部疾病协会”联合其他环保组织，根据《清洁空气法》第304条的条款在纽约法院起诉美国环境保护署没有按照国家空气质量标准的要求每五年对臭氧的排放标准进行审查。纽约法院最终裁决支持原告的诉讼请求，要求美国环境保护署执行联邦法令，履行法律规定的职责。在判决宣布之后美国环境保护署以种种理由并没有立刻采取行动。一直到1997年7月18日，美国环境保护署才对原有的标准作出了修改，将排放上限重新降低到了0.08ppm。[①] 2008年，臭氧含量的标准再次降低到每小时排放须控制在0.075ppm。[②]

（2）颗粒物的国家空气质量标准

颗粒物，PM（particulate matter）是指存在于空气中非常小的颗粒

① 梁睿：《美国清洁空气法研究》，中国海洋大学硕士学位论文，2010年。

② 参见美国环境保护署官方网站：http://www.epa.gov/air/criteria.html。

和液滴的复杂混合物，这些颗粒的大小直接关系到对健康造成的潜在问题。美国环境保护署关注的是颗粒直径在 10 微米或更小的（PM10）可吸入颗粒物，因为这些颗粒一般都可以通过喉咙和鼻子直接进入肺部。一旦吸入，这些细小微粒甚至会影响心脏和肺部，造成严重的健康问题。美国环境保护署于 1971 年第一次建立了空气污染微粒的“主要国家空气质量标准”，专门针对直径 45 微米以下的总悬浮颗粒物（Total Suspended Particulate）进行检测，规定标准是每 24 小时的排放总量不得超过 260 微克/立方米。“次要国家空气质量标准”则规定全年平均的排放总量不得超过 75 微克/立方米。1987 年 7 月 1 日，美国环境保护署在经过全面调查后，对可吸入颗粒物的国家空气质量标准作出了新的修改，主要包括三项内容：（1）检测的可吸入颗粒物的直径将限定于 10 微米以下（即 PM10）；（2）将原有的“主要国家空气质量标准”修改为每 24 小时的排放总量不得超过 150 微克/立方米；（3）将其他有关可吸入颗粒物的“次要国家空气质量标准”调整为与现有“主要国家空气质量标准”同样的标准。[①] 美国环境保护署对这个标准的实施进行了持续的跟踪研究，于 1997 年提高了监测的标准，将检测的可吸入颗粒物的直径调整到 2. 5 微米以下（即 PM2. 5 标准），“主要国家空气质量标准”规定每 24 小时的排放总量不得超过 65 微克/立方米，“次要国家空气质量标准”规定全年平均的排放总量不得超过 15 微克/立方米。美国环境保护署于 2006 年进一步将 PM2. 5 主要标准改为每 24 小时的排放总量不得超过 35 微克/立方米，次要标准仍为全年的排放总量不得超过 15 微克/立方米。2012 年这个标准再次被提高，PM2. 5 主要标准为全年的排放总量不得超过 12 微克/立方米。

（3）二氧化硫的国家空气质量标准

硫元素形成的氧化物是空气污染的另一种主要有害物质。比如二氧

① 梁睿：《美国清洁空气法研究》，中国海洋大学硕士学位论文，2010 年。

化硫对人体健康就具有多方面的危害，特别是对人体的呼吸系统，二氧化硫是哮喘病和支气管患者的天敌，也会加重心血管疾病的发病率。二氧化硫排放的最大来源是燃烧含有硫元素燃料的化石燃料发电厂和其他燃料型的工业设施。美国环境保护署1986年公布的“基准文件”指出，当空气中二氧化硫的浓度达到4ppm的时候，就将对哮喘和支气管病的患者产生影响。随着空气中二氧化硫浓度的升高，对人体各个器官的影响将逐渐增强，引起呼吸道和心血管系统的严重健康问题。二氧化硫对动植物和地表水带来伤害，并加快建筑物的腐蚀和损坏程度。[①]

美国环境保护署在1971年首次设置了二氧化硫的国家空气质量标准，“主要国家空气质量标准”限定二氧化硫的排放量为平均每24小时不得超过0.14ppm，全年平均[②]不得超过0.03ppm。“次要国家空气质量标准”规定为每3小时不得超过0.5ppm，全年平均不得超过0.02ppm。2010年，美国环境保护署对二氧化硫的空气质量标准作出了新的规定，主要标准改为平均每小时不得超过75ppb（1ppb为十亿分之一）。

（4）氮氧化物的国家空气质量标准

氮氧化物包括一氧化氮、二氧化氮、硝酸等，是最常见的空气污染物质之一。二氧化氮对人体的肺部刺激很大，可导致降低对流感等疾病的免疫能力。长期暴露在二氧化氮浓度高的空气中对人体的呼吸道系统伤害很大，特别是未成年人极易患上呼吸道的急性和慢性疾病。空气中的氮氧化物是造成酸雨和赤潮的主要原因。当水体中的氮氧化物超过一定标准，就将引起水中的营养物质急剧升高，过量消耗水中的氧气，带来对水系统中的动植物的伤害，甚至是灭绝。[③]

美国环境保护署于1971年第一次建立了关于二氧化氮的“主要国

---

① 参见 http：//www. epa. gov/region7/air/quality/health. htm。

② 这里的平均指的是算术平均，资料来源于美国环境保护署的官方网站：http：//www. epa. gov/ttn/naaqs/standards/so2/s_so2_history. html。

③ 参见 http：//www. epa. gov/region7/air/quality/health. htm。

家空气质量标准”和“次要国家空气质量标准”，均规定全年二氧化氮的平均浓度不得超过 0.053ppm。尽管此后 1985 年、1996 年环境保护署对该标准进行了多次的审核，但没有对其进行修改。2010 年主要标准新增了规定，每小时二氧化氮的浓度不得高于 100ppb，全年的标准仍保留，没有修订。

（5）铅排放的国家空气质量标准

铅元素主要是通过汽车尾气和工业废气的排放进入到空气中，对人体产生严重的健康危害。在日常生活中，有害的铅元素可以通过呼吸直接进入人的体内，也可以通过对含铅食物、水、油漆等物质间接进入人的体内。铅一旦进入人体，将会侵入到整个身体的血液、骨骼和软组织之中，造成肝、肾功能紊乱，危害神经系统和血液循环，降低人体免疫功能。鉴于铅元素的严重危害，美国环境保护署在制定铅元素的排放标准时不仅包括了暴露在空气中的铅元素，也充分考虑其他附带的铅摄入途径。空气中的铅微粒主要产生于汽车尾气和生产废物的排放。美国环境保护署将铅总悬浮颗粒物的国家空气质量标准设定为每立方米不得超过 1.5 微克。2008 年 11 月，美国环境保护署对悬浮颗粒物中的铅含量标准提出了更严格的要求，每立方米不得超过 0.15 微克。正是由于联邦政府的高度重视和严格管理，现在铅微粒在美国地面附近空气的浓度已经比 1984 年时的水平削减了 84%。①

（6）一氧化碳的国家空气质量标准

一氧化碳是一种无色无味的气体，对人体健康具有严重的危害，吸入体内的一氧化碳会与血红蛋白结合，减少血液中血红蛋白的载氧量，人体内血管吻合支少且代谢旺盛的器官如大脑和心脏最易遭受损害，在浓度达到非常高的水平时，一氧化碳能直接导致死亡。在城市地区，大部分的一氧化碳排放到空气是源自于汽车尾气的排放。1971

① 梁睿：《美国清洁空气法研究》，中国海洋大学硕士学位论文，2010 年。

年4月30日，美国环境保护署首先制定了一氧化碳排放的“主要国家空气质量标准”和“次要国家空气质量标准”，此后在1985年，环保局撤销了次要国家空气质量标准，1994年和2011年均重新对一氧化碳设定的国家空气质量标准进行了测算后，保持了原有的“主要国家空气质量标准”，即规定每8小时的一氧化碳排放的平均浓度不得超过9ppm的上限。[①] 表3.2列出了美国“国家空气质量标准”的主要污染物指标。

表3.2 美国“国家空气质量标准”的主要污染物指标

污染物		最新指标制定年份	首要标准	次要标准
一氧化碳		2011	9ppm（8小时） 35ppm（1小时）	无
铅		2008	0.15微克/立方米 (3个月平均值)	0.15微克/立方米 (3个月平均值)
二氧化氮		2010	100ppb（每小时）	53ppb（年均）
臭氧		2008	0.075 ppm（每8小时）	0.075 ppm（每8小时）
颗粒物	PM2.5	2012	12微克/立方米（年均）	15微克/立方米（年均）
	PM10	2012	35微克/立方米（每8小时）	150微克/立方米（每8小时）
二氧化硫		2010	75ppb（每小时）	0.5ppm（每3小时）

资料来源：http：//www.epa.gov/air/criteria.html

除此之外，1970年《清洁空气法》还作出了限制使用含铅汽油的重要规定。自从20世纪20年代科学家发现在汽油中加入铅元素能够提高燃烧值，产生更大的动力，制造商就开始在汽油中添加铅。汽车燃料

① 参见美国环境保护署网站：http：//www.epa.gov/ttn/naaqs/。

所含有的铅元素一部分在燃烧的过程中蒸发，随着汽车尾气排放至大气中，有害的铅元素成为空气污染中对人体健康极其有害的气体。另一部分铅元素残留在汽车发动系统中，对机动车燃油系统的运作产生破坏，降低汽车减排装置的功效。因此美国国会在1970年《清洁空气法》的修正中，严格要求对机动车使用燃料及其添加物质进行管理，严格控制汽油生产商在汽油中故意添加铅元素，并通过燃油技术的改进和对机动车的补贴推广无铅汽油的使用。

经过1970年《清洁空气法》修正案的实施，美国各州迅速建立起了符合地方实际情况的空气质量管理体系，以严格的标准治理空气污染，这一套系统的管理体系一直沿用至今。在具体实施中，各地政府发现了两方面的不足。一方面，1970年修正案没有囊括空气质量比“首要标准”要好的地区，另一方面，修正案中制定的某些规定过于严格，很多地区根本无法在规定的时间内达到国家要求，因此在地方层面的贯彻力度不是很大，对违法规定的处罚方式也没有具体讨论。吸取了这些经验后，美国国会于1977年出台了《清洁空气法》新一轮的修正案，该修正案继续沿用了“国家空气质量标准”原则。为了更好地贯彻国家空气质量的标准，进一步治理空气污染，此次国会赋予各州更为宽松、现实的时间表来全面实现修正案中所制定的标准，而且还在修正案中确立了“新源控制原则”，通过预先设立明确的标准和严格的事前审批程序，对新出现的空气污染源和污染企业进行严格监督、审批和管理，促进全国范围内的空气质量的改善。

1977年《清洁空气法》新一轮的修正案将自然环境美学上的视觉可视性也列入了空气环境保护的范围，修正案通过对“视觉可视性指导原则”采取严格的控制标准和措施，防止和减轻空气污染对自然环境视觉可视性的损害。据美国环境保护署研究发现，由于空气污染，美国东部的国家公园的平均可视范围从90英里下降到了15~25英里，西部的国家公园的可视范围从140英里下降到35~90英里，严重损害了公共环境的美化。[①]

这种从外部治理上升到内部治理，从源头上事先预防空气环境污染的立法观念对美国20世纪80年代以后空气环境保护的相关立法产生了极其深远的影响。广大民众和社会团体也更加意识到空气环境保护的重要性，对诸多立法的通过和实施起到了广泛的推动作用。在20世纪80年代，各州和地区性的空气质量改善活动得到了空前的发展，推动了联邦空气质量保护的立法工作走向成熟和完善。经过20年的摸索和实践之后，美国在1990年对《清洁空气法》进行了重大的修订。《清洁空气法》1990年的修正案成为目前美国一直沿用至今的现行版本，这被认为是美国各级政府、公众团体和社会组织共同努力的结果。[②] 在1990年修正案的制定和审议过程中，时任美国总统布什当时向国会提出了三项空气污染的新议题，包括酸雨、有毒气体和无人居住区的空气质量保护。国会不但完全采纳了总统的全部提议，并且还将平流层臭氧的保护包括在修正案之中。这一次修正案还进一步提高了联邦机构在贯彻《清洁空气法》过程中的权限和处罚力度。这是美国立法历史上难得一见的国会与总统意见完全一致，而且还相互补充的例子，可以看出美国全国对空气质量的高度重视和一致目标。

经过多次修订，《清洁空气法》构建了一套独特、完善、经济、高效的管理模式（《清洁空气法》的发展及其主要修订内容详见表3.3），成为美国空气污染治理的主要法律依据。《清洁空气法》及其历次修正案也成为其他国家制定治理空气污染、应对气候变化立法的优秀范例。世界上许多发达国家和地区，包括欧盟、日本和韩国等国都把美国《清洁空气法》及其历次修正案中的技术标准、机构设置和立法模式等作为其各国修改相关法律的重要参考依据和研究对象。

---

① 参见http：//www. epa. gov/airquality/visibility/what. html。

② 梁睿：《美国清洁空气法研究》，中国海洋大学硕士学位论文，2009年。

表 3.3　美国《清洁空气法》的发展过程

时间	重大发展
1955 年《空气污染防治法》	第一次联邦立法 为各州研究空气污染来源和范围提供了专项资金
1963 年《清洁空气法》	在公共卫生服务领域建立联邦计划 授权支持开展监测或控制空气污染研究
1967 年《空气质量法》	首次授权扩大空气污染物排放清单 加强环境监测研究和固定污染源巡查
1970 年《清洁空气法》重大修订	授权建立国家环境空气质量标准 成立国家实施计划 成立新源控制原则，修订固定污染源 加强执法机关 新增机动车排放控制
1977 年《清洁空气法》重大修订	给予非达标地区帮助和支持 新增“可视性排放标准”，防止污染恶化
1990 年《清洁空气法》重大修订	酸雨控制 实施行政许可 扩大、确定有毒污染物清单（共 189 种） 修改部分条文达到国家环境空气质量标准 逐步淘汰损害臭氧层的化学品使用

资料来源：http：//epa. gov/oar/caa/caahistory. html.

（二）治理措施

1. 发挥市场机制

前文提到，在保护环境质量方面，美国国会和环境保护署通过严格立法和政策执行推进有效的空气污染治理。这在一定程度上对企业进行了强制的管制，使企业处于比较被动的局面。因此，有些企业会选择各种办法来规避这些管制，这就造成前期的《清洁空气法》及一些相关的环境保护法令执行效果不明显，难奏其效。基于这方面的考虑，美国环境保护署在 1990 年《清洁空气法》修订案中尝试引入市场机制管理策略，经过几十年的实施，市场与行政手段相结合的制度框架成为《清洁空气法》最为突出的创新亮点。这种框架将环境管理与市场经济相结合，以市场行为和经济手段为基础，通过完善的立法，健全奖惩机制，明确经济利益杠杆和行政监管机制，使相关企业自觉遵守环境管理法规，控制危害空气质量的行为，通过市场与政府的合力达到控制污染、改善环境的目标。

经济激励在环境保护中的主要政策形势包括收费、征税、补贴、排污交易、押金制和鼓励金等。这些政策主要分为正激励和负激励两种形式。正激励的基本逻辑是对遵守环境保护政策的企业提供有偿的经济回报，使企业意识到保护环境质量不但是一种社会责任，也可以为企业带来经济效益。这种激励为企业提供节省守法成本的途径，也在恪守环境法律的范围内使企业拥有一定的守法弹性，企业通过自身的生产安排和技术创新追求在企业发展和环境保护中寻求最佳的平衡。负激励主要表现为给企业设定不守法的经济损失预期。主要包括收费、征税和罚款的政策手段。在同等条件下，假若有企业不遵守环境规定，在维护环境方面节省成本，那么，它在市场上便会获取不正当的竞争优势，通过破坏市场公平竞争的秩序，赢得不当经济收益。如果这种潜在利益很高，违反环境规定的成本很低，便会诱发企业无视政府规则。因此负激励的原则是通过经济手段增加企业的违法成本，降低企业对环境违法的收益预期，使企业成为减少破坏环境行为的自主行动者。[①] 正激励和负激励的目标之一都是利用经济手段促使企业将环境保护纳入自身发展的规划之中，而不是单纯地利用行政强制手段进行环境保护。

正激励的政策类型多种多样，比较常见的例子是排污权交易。排污权交易（pollution rights trading）是一种在美国首先被采用的经济型环境保护措施。其主要原则是在一定区域内，政府通过科学的测算，首先确

---

① 秦虎、张建宇：《以〈清洁空气法〉为例简析美国环境管理体系》，载《环境科学研究》，2005 年第 4 期。

定该地区污染物排放的总量，为各个企业制定相应的排放指标，然后通过发放排污许可证的方式授予排污单位排污权。获得排污指标的企业可以合理规划排污的数量，将排放物控制在排污指标之内，而其剩余的排污指标可以在政府提供的交易系统中像普通商品一样进行交易，获得相应的经济收益。这是一种典型的以市场为基础的经济激励手段，政府的主要职能在于测算排放污染物总量、确定每个企业的排污权利，为排污权建立公开透明的买卖、储存和远期交易的市场系统，充分调动企业的主动性，将污染物的排放纳入企业的生产成本体系，使企业成为降低污染、保护环境的主动行动者。①

西方各国中最早提出排污权交易的是美国经济学家戴尔斯，其在1968年提出的理论在20世纪70年代成为美国治理空气污染的新手段。面对大气污染日益严重的现实，美国环境保护署率先将这种模式试用于大气和河流污染管理。为了贯彻《清洁空气法》对空气质量保护的严格要求，美国环境保护署通过引入“排放减少信用”（Emission Reduction Credit）的方法在世界上首次实施了排污权交易，并从1977年开始逐年制定实施围绕排污权交易的一系列政策法规，允许不同企业和不同地区之间转让和交换排污减少量，逐步建立起以确定排污权利、控制排污总量、监管排污权交易的综合体系，为企业降低环境保护费用、达到空气污染治理目标提供了新的选择。②

排污权交易的优点主要表现在它的经济合理性和环境合理性。从经济合理性上分析，通过给予企业一定的自由选择排放自主权，企业可以根据自身需要，通过出售或购买排污权，进行选择超量减排或排放。这种交易机制促成市场对企业的环境保护行为进行经济补偿或征收费用，将惩罚性的政策执行转变为基于交易的经济活动。对于家庭来说环境排

---

① 吴小进：《浅谈排污权交易制度》，载《绿色视野》，2013年第3期。

② 秦虎、张建宇：《以〈清洁空气法〉为例简析美国环境管理体系》，载《环境科学研究》，2005年第4期。

污权主要体现在对新建住房的购买上，家庭支出的费用主要包括新的住房可能产生的环境污染代价。除了经济合理性之外，排污权交易的环境合理性体现在，如果运行良好，政府为企业提供对称的信息和充分的交易机制，其提供的经济利益激励会促使作为排污源的企业自觉地减少污染物排放，主动达成控制污染总量，还可以提高企业和家庭的空气污染防控观念。

迄今为止，在美国推行得最为广泛的排污权交易实践是 1990 年《清洁空气法》修正案设立的酸雨项目。20 世纪 80 年代，美国每年的硫氧化物的排放总量超过 2000 万吨，其中 75% 来自火力发电厂，50 家设备落后的老火力发电厂的硫氧化物就占了总排放量的 50%。1990 年《清洁空气法》修订案提出的酸雨项目，明确指出了在全美的电力行业实施二氧化硫的排污总量控制和交易政策，政策分别从 1995 年和 2000 年开始分两个阶段执行。第一个阶段，将 110 家高污染电厂的 263 个重点二氧化硫污染源纳入计划中；第二个阶段，将限制对象扩大到 2000 家，包括规模在 2.5 万千瓦以上的所有电厂。[①]

据测算，1990 至 2010 年间，美国的排污权交易为其降低酸雨污染的一个项目就节省 126 亿至 180 亿美元的政府开支。除此之外，排污权交易的还能激励排放源提前减排。如图 3.7 所示，在美国治理酸雨污染项目的第一阶段中，从 1995 年至 1999 年美国全国的二氧化硫的实际排放量远远低于政府规定的总排放指标。经测算，在这五年间，美国共削减二氧化硫排放量超过 380 万吨，比预计规定的目标还多减排 30 万吨。这种企业主动提前减排的行为为接下来几年的政策实施提供了良好的基础，并且可以使政府有更大的决心制定新的排放标准。虽然有些企业在第二阶段可以使用第一阶段储存未用的排放配额，可能造成第二阶段的

① 关于排污权交易问题的思考，参见 http://www.cenews.com.cn/xwzx/gd/qt/201201/t2012011-2_711614.html。

实际排放量大于该阶段的排放指标，但从多年的实践来看实际总排放量整体还是呈下降趋势。①

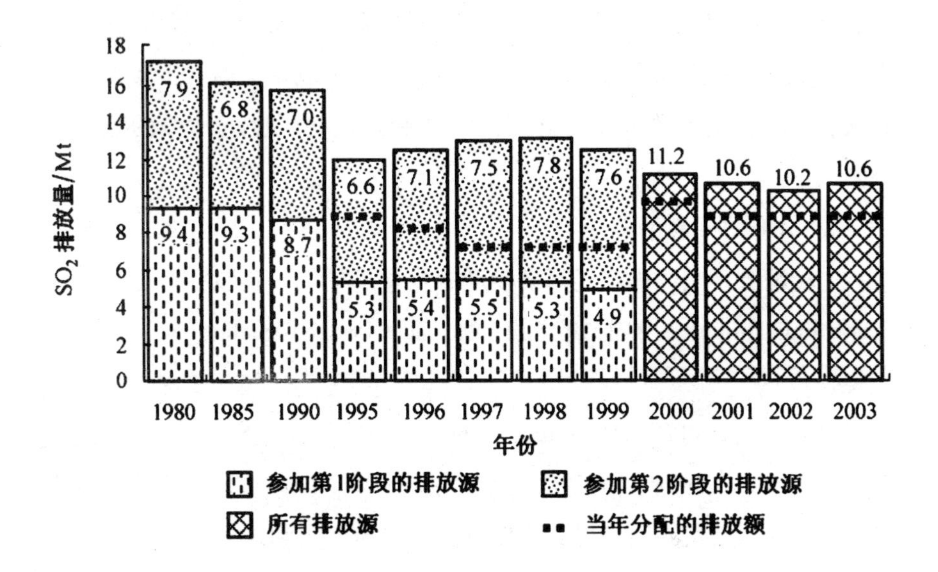

图 3.7　美国酸雨项目中二氧化硫排放量

资料来源：The United State General Accounting Office，“Air pollution：overview and issues on emission trading programs”（GAO/T－RCED－97－183），Washington，D. C.：The United State General Accounting Office，1997，转引自秦虎、张建宇：《以〈清洁空气法〉为例简析美国环境管理体系》，载《环境科学研究》，2005 年第 4 期。

在正激励的效果不明显的情况下，空气污染治理中的负激励手段也应用得比较广泛，主要采取包括行政收费、经济征税和项目处罚等强制手段，这些都是《清洁空气法》规定的政策手段，主要有美国环境保护署负责执行。《清洁空气法》1990 年修正案规定美国环境保护署可以对违反空气环境保护的行为进行高额处罚，每天处罚额度最高可达到

① 秦虎、张建宇：《以〈清洁空气法〉为例简析美国环境管理体系》，载《环境科学研究》，2005 年第 4 期。

25000 美元。基于美国环境保护署对处罚金额科学、严格的测算，通常而言，环境违法企业往往会得不偿失。除此之外，涉事企业还需要接受《清洁空气法》加强条款下的民事和刑事制裁。这种方式从经济、行政、生产和制裁等多方面大大增加了排污企业的违法成本。通过上述两种政府强制手段和激励政策双管齐下的方法有效控制了空气污染的蔓延和加剧。

2. 政府的行政手段

许可证管理是美国空气污染治理的重要工具之一，包括运行许可证（Operating Permits）和前期建设许可证（Pre-construction Permits）两大类。

（1）运行许可证（Operating Permits）

1990 年，美国国会在《清洁空气法》1990 年修正案的第五款规定了固定排放污染源必须获得美国环境保护署与各州和地方政府批准的运行许可证，从 1992 年开始正式实施，对企业排放污染物的种类、数量等指标进行详细备案，通过政府批准后才可以进行生产和排放。美国环境保护署在全国设立了 113 个机构可以审核和批准运行许可证。① 运行许可证政策的实施使政府与企业间的信息更加对称，明确了企业对空气质量保护的责任，为政府提供了制定空气污染治理的总体规划。各排放企业的合法负责人必须签署守法证书（Compliance Certification），保证许可证中相关事项的真实性和准确性，遵守对环境污染进行控制的相关法规，按照法律要求的年限（通常是五年）对运行许可证进行更新和重新申请。这种追责制度在美国空气污染治理体系中起到了很大的作用，对污染企业的影响很大。

在排污许可证的具体实施中联邦政府保留严格的排污许可证的监管和管理权，各州需按照美国环境保护署审定的州执行计划相关规定发放

---

① 参见 http://www.epa.gov/oaqps001/permits/permitupdate/brochure.html#howdoes。

许可证。如果州在执行过程中发现存在失误，美国环境保护署有权收回许可证的发放权。同时，《清洁空气法》也保留了各州在执行上有一定的弹性。如1990年《清洁空气法》修订版起初只覆盖了主要的排放源以及一些涉及酸雨项目的污染源，随着空气污染的加剧，包括臭氧和铅元素在内的新型污染源也逐渐被包括其中。同时也规定各州可分阶段实施，对非重点污染源给予自生效之日起五年的豁免权，既要严格执行许可证发放标准，也要做到循序渐进。

（2）前期建设许可证（Pre－construction Permits）

《清洁空气法》要求美国环境保护署在每次建立新的空气质量指标时根据不同区域的污染物浓度是否超过了国家空气标准（National Ambient Air Quality Standard，NAAQS）将全国划分成三类区域：空气质量未达标（nonattainment）区，空气质量达标或不可划分（unclassifiable/attainment）和空气质量不可划分（unclassifiable）区三种。[①] 在这三种不同区域内，美国环境保护署特别建立了不同的对于新增的污染排放源或对现有的污染排放源进行改造的许可要求。在空气质量已经达标的地区，美国政府专注于保持现有的环境质量，因此实施了较为严格的许可要求——防止显著恶化（Prevention of Significant Deterioration，PSD）。对在这些区域内新增的污染排放源或现有排放物增加排放的，要求采取最佳可行控制技术（Best Available Control Technology，BACT）进行排放处理，提交空气质量分析报告和环境影响报告，并且充分保证公民的知情权。[②] 在空气质量未达标的地区则要求新增的污染排放源或现有排放物增加排放的采用最低排放率技术（Lowest Achievable Emission Rate，LAER）进行排放处理。LAER的标准比BACT的标准严格很多，并且要求大规模的新排放源必须通过购买排污权信用等方法保证该地区的污染

---

① 空气质量达标或不可划区是指空气治理已经达到标准或即将达到标准的区域。具体划分依据和内容参见 http：//www. epa. gov/pmdesignations/。

② 参见 http：//www. epa. gov/NSR/psd. html。

排放总量不再增加，旨在严格控制空气污染地区的环境恶化。①

这种分区域的管理办法使不同区域内的企业十分明确需要遵守的排放标准，并详细列明了申请运行许可证和前期建设许可证需要的技术和说明文件，还专门制定了保障公民知情权的要求，使企业不但受政府的监管，也受到公众的监督，形成了政府与社会对环境保护的合力，既严格又合理地强化了对现存的和新增的污染源的监管。

3. 法制的技术手段

政府和市场的合力是使空气污染治理的技术手段得以贯彻的重要方法。比如在《清洁空气法》的几次修订过程中形成的美国环境保护署针对不同对象采用不同的污染物、排放源和污染地区的细化管理模式。这种多维度分类管理的技术标准在美国全国范围内形成了全覆盖、精细化和分阶段的空气环境治理体系。

（1）对污染物进行分类

1970 年《清洁空气法》要求建立主要空气污染物的量化排放标准。美国环境保护署对空气中六种普遍物质——一氧化碳、氮氧化物、臭氧、二氧化硫、可吸入颗粒物和铅——制定了排放标准，并将标准写入国家环境空气质量标准中。对每一种标准污染物的控制，《清洁空气法》要求采用两级标准：（1）主要标准，旨在保护公共健康，特别是保护高危人群，包括心肺和呼吸道疾病患者等等；（2）次要标准，旨在保护公共福利，包括经济利益、动植物、建筑物、环境能见度以及其他标准。②根据《清洁空气法》的立法规定，环境保护署可以定期对国家环境空气质量标准进行调整，作为美国全国范围内的空气质量管理的强制原则。这些标准的实施得到联邦和州的双重监督。对于达到国家环境空气质量标准的地区来说，国家环境空气质量标准只是一个基准，不同的州会针

---

① 参见 http：//www. epa. gov/nsr/。

② 汪小勇等：《美国跨界大气环境监管经验对中国的借鉴》，载《中国人口 · 资源与环境》，2012 年第 3 期。

对州内不同的主要污染物排放设立更为严格的标准。因此形成了在联邦层面由环境保护署制定措施、全国统一适用的污染物排放标准，同时各州选择全国标准或者适合于当地情况的更高的标准，对于当地新污染源的排放进行更为严格的控制。

在这种全国统一标准和地方独立制定相结合的污染物控制政策下，自20世纪70年代以来，美国多种主要污染物的排放总量及其对环境空气的影响呈显著下降的趋势。根据空气污染不同时期的变化，从20世纪90年代开始美国环境保护署将其工作重点从一般污染物转向了空气中的有毒物质。对有毒物质控制同样始于70年代，与国家环境空气质量标准相对应，其控制标准为《有害空气污染物国家排放标准》（*National Emission Standards for Hazardous Air Pollutants*，NESHAP）。《清洁空气法》1990年修正案中制定了比NESHAP更为严格的控制标准，明确列出了189种有害空气污染物。根据这个标准，对每个排放源的多种排放物最佳可行控制技术（most achievable control technology，MACT）采取统一的控制标准，以达到对排放源最有效的控制效果。但是，在各州和地方的具体实施中发现对最大可控技术（MACT）的测量存在很大问题，特别是对无组织排放的有毒物质和其他有毒空气污染物的控制都十分困难。因此，在21世纪，对有害空气污染物的控制已经成为贯彻《清洁空气法》法令的最重要环节。

（2）对排放源进行分类

《清洁空气法》及相关法规的执行都是建立在排放源的区分和确定的基础上。根据排放源的移动特性，美国环境保护署将污染源主要分为固定源与移动源。固定源是指排污点相对固定、移动范围较小的排放源，包括大多数工业活动都属于此类排放源。移动源主要是指能够在自我动力驱动下移动的排放源，其地点不固定，移动范围大，比如机动车辆、水上船只等。根据污染源对空气质量的影响程度，又分为主要排放源（major source）与次要排放源（minor source）。《清洁空气法》的许多条例都是以排放源是否属于主要排放源为基准的。主要排放源通常根据排放率限值来界定，即污染源的最大排污潜力。处于排放限值以下的排放源归为次要排放源。在某些情况下，美国环境保护署也可能会为了执行专门的污染物控制计划而将所有的排放源都界定为主要排放源。这两种不同污染源的划分对管理与执法的差异有着很大的影响。对主要排放源的监测和管理采用《清洁空气法》中最严格的标准，而对次要排放源的审核与监测要求通常会较为宽松。一些污染源企业为了避免被列入主要排放源，从而降低政府对其污染排放的严格管制，有可能采取不正当的措施避免被归类到主要排放源，造成对环境的潜在危害。为了预防这种规避现象，《清洁空气法》规定了综合次要排放源（synthetic minor source）的概念，为这种行为提供了合法实现渠道。当一个排放源的最大排污潜力已经超出了主要排放源的规定值，但实际排放因为运行限制并没有达到排放限值时，可以把它作为一个综合次要排放源。[①]

（3）对污染区域进行分类

如前文所述，美国环境保护署将全国范围划分为不同的控制单元，主要分为达标区和未达标区两类，对未达标区规定达标期限，制定地方排放标准或总量控制；对达标区实施反恶化和防止降级的计划。在防止显著恶化（PSD）区中，根据污染物浓度的允许增加量又可分为三类地区，即：

一类区：该地区的大气质量只允许有轻微的损害，不允许任何大的空气污染源存在。国家公园、面积5000英亩以上的国家生态自然保护区、国家纪念公园和大的国家公园都属于一类区。

二类区：该类地区大气中的污染物浓度允许有中等程度的增加，以不超过国家环境空气质量标准为限。除一类区以外的所有清洁区为二类

---

① 秦虎、张建宇：《以〈清洁空气法〉为例简析美国环境管理体系》，载《环境科学研究》，2005年第4期。

区，各州可以对二类区再加划分，从中划出三类区。

三类区：该类地区允许大气中的污染物浓度有较大的增加，通常允许在该类地区发展工业，但污染物的增加不得使该地区的污染物浓度高于国家环境空气质量标准。[①]

案例三：地区空气污染物排放控制管理

——洛杉矶空气污染控制管理案例[②]

在20世纪60年代前，寻找出洛杉矶地区的空气污染物并采取相应的控制行动一直是加州地方政府的责任。1945年，洛杉矶的县级官员带头解决空气污染的问题，其手段是**禁止工厂冒黑烟。**50年代初期**开始禁止焚烧生活垃圾**。当时的普遍做法是从洛杉矶的所有县垃圾场开始，再扩展到禁止居民在后院焚烧垃圾。不过科学家们逐渐发现空气污染问题远比简单的家庭和工厂冒黑烟复杂。他们发现，温和的天气和大气对流等气候条件使可吸入颗粒物、铅、二氧化硫等来源于汽车、轮船、飞机、工业烟囱及企业工艺生产产生的污染物大量滞留在大气中，并经太阳的“炙烤”变成光化学烟雾。

当时安排了“烟雾警察”追踪洛杉矶高速公路上冒黑烟的汽车(如今引进的高科技装置是遥感尾气超标)。后来洛杉矶县开展了广泛的**排污许可**和**工厂检查**，如有违反，则处以罚款和民事处罚，同时开展了**公众教育运动**，采取了适当减少排污的激励手段。

---

① 王曦：《美国环境法概论》，北京：中国环境科学出版社1992年出版；张晓萌、王连生：《美国控制空气污染物的对策》，载《环境科学与技术》，2010年第3期。

② 内容来源于Daniel A. Mazmanian：《美国洛杉矶空气管理经验分析》，载《环境科学研究》，2006第19期。

洛杉矶 50 年的空气污染控制历程：

- 1943 年 8 月，弗莱切·鲍伦（Fletcher E. Bowron），时任洛杉矶市长，在一次新闻发布会上宣布该市将在四年的时间里消灭烟雾。1946 年，洛杉矶市首次成立空气污染控制机构。

- 1949 年，哈根-斯密特（A. J. Haagen-Smit），加州理工学院的一位生物化学家，宣布汽车是烟雾的第一大来源。20 世纪 50 年代初，加州成立了一个负责监测控制汽车尾气排放的机构；在 1959 年赋权给公共健康厅，设立空气质量和机动车尾气标准，以保护人体健康、农作物和植被。

- 1963 年，《清洁空气法》得到采纳，为各州提供技术协助。该法案于 1967 年修订，使各州承担起空气污染控制的主要责任。

- 1966 年，加州首次设立了汽车尾气排放标准，比联邦政府早两年。

- 1970 年，增订的《清洁空气法》经国会通过，建立环境保护署，制定实施国家标准的责任（该法案其他重要要求包括建立汽车公司平均燃油经济性标，1976 至 1978 年在汽车中引入触酶转化器，从 20 世纪 80 年代开始淘汰含铅汽油）。

- 从 20 世纪 70 年代开始，加州企业、工业和发电行业的能源由燃烧油和煤炭向污染大为降低的天然气转变。

- 1977 年，加州成立了南海岸空气质量管理区，以全面解决洛杉矶和周边地区的空气污染问题。

- 在空气质量达标经过数次拖延后（先是 1975 年，以后是 1977、1982、1987 和 1988 年），经过不停地商量和讨论，1990 年《清洁空气法》要求洛杉矶最迟于 2010 年达到联邦空气质量标准。2004 年，将达标最后期限延至 2015 年。

4. 美国在1970年《清洁空气法》指导下的空气污染控制成绩

回顾美国治理空气的历程，可以说联邦—州—地方三方联合的管制方式取得了显著成绩，相比较于1980年，2010年大气中铅的排放量减少了97%，这主要归功于政府强制推行无铅汽油。工业排放和汽油燃烧产生的可吸入颗粒污染物（PM10）排放量下降了近83%，二氧化硫排放量下降了69%，一氧化碳排放量下降了71%，氮氧化物排放量下降了52%。根据环境保护署在2011年所做的“清洁法案的成本效益分析”第二份前瞻性报告显示，预测至2020年，通过从1990年开始30年的空气污染防治努力，美国将会减少超过23万例由于空气微粒污染导致的成人及婴儿死亡案例，减少240万例的哮喘患者以及超过20万例由于空气污染引起的心肺疾病，并由此大量减少由于空气污染引起的学校关闭和工人停工带来的经济损失。空气污染控制对健康和环境的效益已经远远超出了成本，高达30：1，从高估计，收益会超过成本90倍，即使是最保守估计，获取的效益也能超过成本的三分之一。1980至2011年，美国的GDP上升了128%，汽车行驶里程数增长了94%，能源消耗增加了26%，全国人口增加了37%，而《清洁空气法》中所列的六项主要污染物的总排放量却下降了63%（图3.8），显著提高了公共健康和生活福祉。①

三、治理机制与特色：联邦框架、市场激励与公民自发运动

（一）组织架构及职责

美国宪法规定：联邦的权力由宪法授予，宪法没有规定的剩余权力由州行使，即“剩余权力”法则（Residual Power）。美国宪法中的商务条款（Commerce Clause）规定环境保护属于美国联邦和各州共同管辖的领域。在这个领域，联邦法是州法的上位法，各州的立法不能抵触联邦

---

① 参见http：//www.epa.gov/air/sect812/prospective2.html。

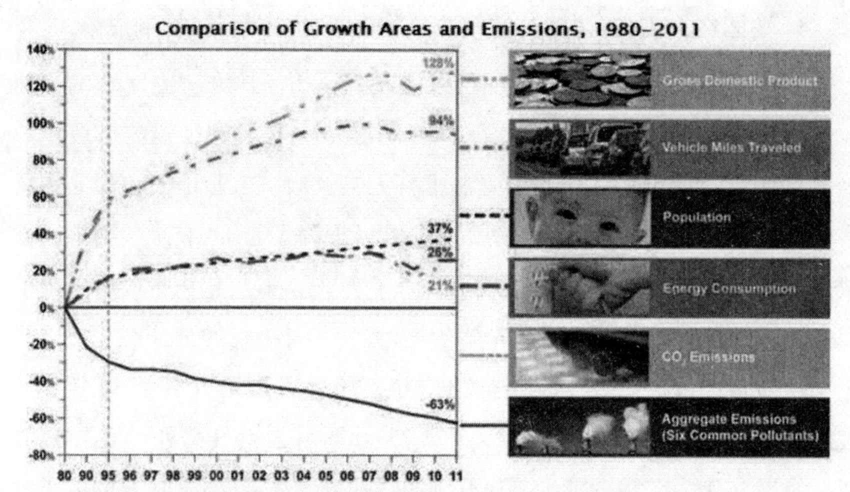

Note: CO2 emissions estimate through 2010 (Source: 2012 US Greenhouse Gas Inventory Report)
Gross Domestic Product: Bureau of Economic Analysis
Vehicle Miles Traveled: Federal Highway Administration
Population: Census Bureau
Energy Consumption: Dept. of Energy, Energy Information Administration
Aggregate Emissions: EPA Clearinghouse for Inventories and Emissions Factors

图 3.8　1980 至 2011 年美国空气污染、经济增长、能源和交通的变化趋势

资料来源：http：//www. epa. gov/airtrends/aqtrends. html#comparison

注：二氧化碳排放量估计到 2010 年，资料来源 2012 年美国温室气体报告

国内生产总值（GDP）：经济分析局

车辆行驶里程（VMT）：联邦公路管理局

人口（Population）：人口普查局

能源消耗（EC）：能源信息管理局

总排放量（AE）：美国环境保护署

法，在实际执行中，美国的许多州政府根据当地的情况和公民的要求，制定比联邦法律的规定更为严格的空气质量标准，达到更好的空气治理目标。特别是在 20 世纪 80 年代，里根政府实施的新联邦主义要求州和地方政府承担更多保护环境的资金成本，特别是一些经济比较发达的地区，由于其工业和民用能耗也相对较多，对空气环境产生的压力较大。这些经济较为发达的州也具备了较强的制度能力，应该以更高的标准承

担更大的空气治理的责任。因此，在过去 30 年中，美国落实清洁空气政策的主要责任逐渐从联邦政府向各州和地方政府转移。这种政策执行"逐底"（Race to the Bottom）的另一原因是由于各个地区的空气污染历史成因、污染源和治理环境等要素都不相同，需要制定更加因地制宜的政策。另一方面，美国也同时强调公民参与在空气治理中的作用。公民作为环境问题最直接的利益相关者，更为积极地参与到政策制定过程中，能够促进各州和地方政府制定最符合地方条件的法案，作出反映各地政策偏好的决策，使政策更适合区域需求。公民的参与和配合也可以促进空气污染治理政策更为顺畅地执行。[①]

在联邦层面，美国与环境保护和空气治理有关的各项立法，主要是《清洁空气法》的主要执行者是美国环境保护署。1970 年 12 月，尼克松总统签署法令成立了美国环境保护署（Environmental Protection Agency），协助《清洁空气法》的实施与执行，保护美国公民的健康和生活环境。美国环境保护署的最高长官由美国总统直接任命，并通过国会批准。环境保护署在美国全境设立 10 个区域办公室，并在环境保护任务繁重的地区运行 20 多个技术实验室，监控环境保护，进行空气污染治理等新型技术实验。目前环境保护署在美国境内有超过 17000 名雇员。[②]

美国环境保护署下设 12 个部门，并按照地理位置将全国划分成 10 个区域进行管理。美国环境保护署的总部除综合部门和保障部门外，污染防治机构的设置基本与联邦各种环境法规相对应。根据美国联邦的《清洁空气法》、《清洁水法》、《固体废物处置法》、《杀虫剂、真菌剂和灭鼠剂法》、《污染防治法》、《有毒物控制法》，美国环境保护署相应设置了空气与辐射（Air and Radiation）、水（Water）、固体废物与应急（Solid Waste and Emergency）、化学安全及污染防治（Chemical Safety and

---

① 蔡岚：《空气污染治理中的政府间关系》，载《中国行政管理》，2013 年第 10 期。

② 参见 http：//www. epa. gov/。

Pollution Prevention）等专门的部门。这些部门的职责针对性强，成为美国联邦政府环境污染治理的核心机构。美国环境保护署的机构设置特点及其管理体系（图3.9），体现了以法治理的理念，通过权责明晰的机构设置，使职能部门的政策执行有法可依，才能做到严格、高标准、有效地防治空气污染。[①] 除此之外，美国环境保护署还设有环境信息办公室，总检测办公室，执行与守法办公室及研发办公室，形成了完善的综合管理、监督、执行和服务体系。[②]

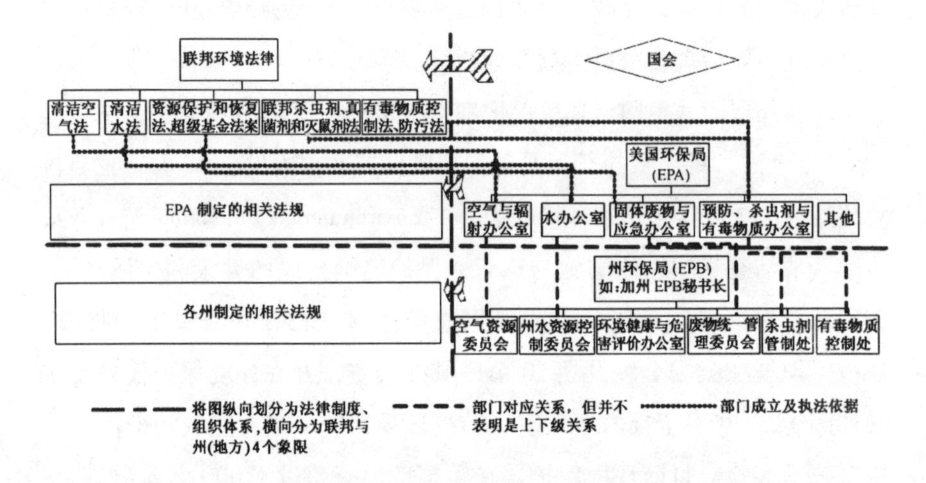

图3.9　美国环境管理体系示意图

资料来源：秦虎、张建宇：《以〈清洁空气法〉为例简析美国环境管理体系》，载《环境科学研究》，2005年第4期。

---

① 参见秦虎、张建宇：《以〈清洁空气法〉为例简析美国环境管理体系》，载《环境科学研究》，2005年第4期。

② 原预防、杀虫剂与有毒物质办公室现已改名为“化学安全及污染防治办公室”（Office of Chemical Safety and Pollution Prevention，OCSPP），参见 http：//www2. epa. gov/aboutepa/epa－organization－chart。

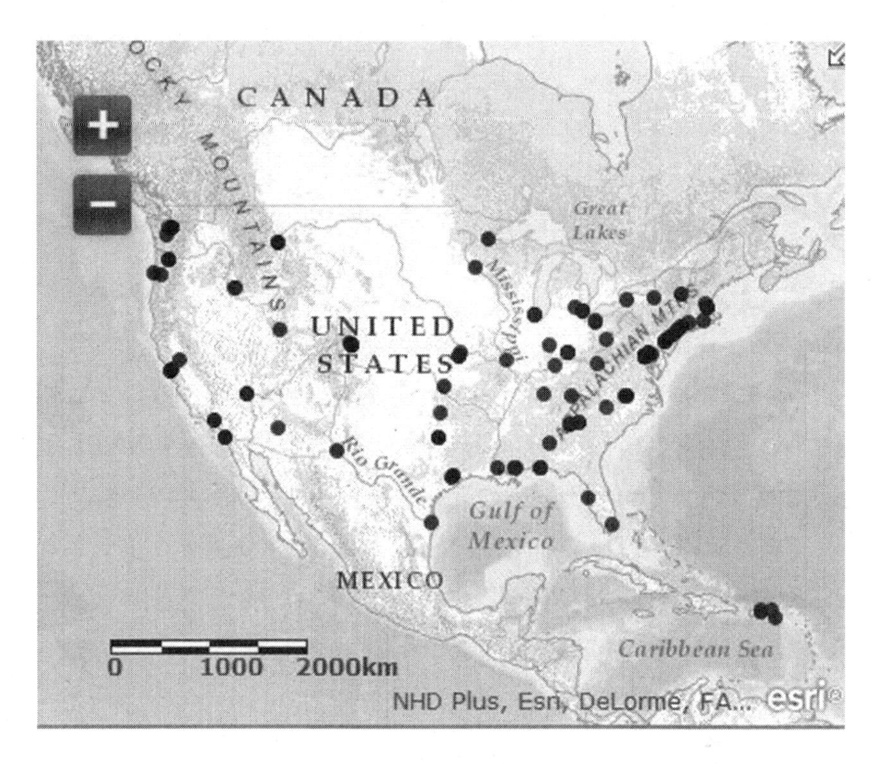

图 3.10　美国全国各地环保局办公室、实验室和研究中心分布图

资料来源：美国环境保护署官方网站，http：//www2. epa. gov/aboutepa/

案例四：洛杉矶环境治理组织架构和职能①

设立具有跨界功能的加利福尼亚南海岸空气质量管理区（South Coast Air Quality Management District，SCAQMD），理顺区域大气污染防治与行政区划之间的矛盾，是洛杉矶及加州南部地区防治大气污染的重要制度创新。SCAQMD 成立于 1976 年，它是一个跨地域的空

---

① 案例引用自陶希东：《美国空气污染跨界治理的特区制度及经验》，载《环境保护》，2012 年第 7 期。

气污染控制区和管理特别行政区，治理范围包括4个县区，有奥兰治县（34个市镇）、洛杉矶县城市部分（85个市镇）、里弗赛德县（27个市镇）、圣贝纳迪诺县（16个市镇），总面积约27850平方千米，共涉及162个城市，是美国第二大空气污染地区。SCAQMD的主要职能是统一加州南海岸的空气质量管理标准，整合行政管理资源，加强执法效能，提升整个区域的空气质量。

组织架构和管理职责：

SCAQMD的总部位于加利福尼亚州的钻石岗市，其治理结构包含10个部门，具体机构及管理职责如下。

- 董事会（Governing Board）。董事会有13名成员，主要负责制定政策、批准或拒绝新的或修改的规则。公众可以在董事会会议前两周了解到，并可以参与其中，董事会须聆讯、听取公众意见，在采取最后行动之前，需让公众见证最新的文本。

- 执行办公室（Executive Office）。该办公室主要负责空气质量区的管理工作，履行战略开发与实施，促使整个区域达到环境空气质量标准；制定具体的行动目标、计划和规则，满足联邦和州政府的法定要求；关注影响南海岸空气盆地地区敏感的、潜在的社会经济和环境正义问题。

- 总顾问。总顾问包括两个顾问群体，一个是特区律师（Legal），为特区管理委员会及职员提供除管理委员会执行规则和州环境控制法律规定以外的诸多法律咨询服务；另一个是高级政策顾问（Senior Policy Advisor），负责管理委员会所有规则、规章、协议等的执行和处罚问题，为委员会全体成员提供与工作有关的全面性法律服务。

- 科技促进会（Science & Technology Advancement）。该办公室由三个处室单元组成。第一，检测分析办公室（Monitoring & Analysis），

负责国家、州和地方政府空气检测站以及光化学评估检测项目的检测工作，满足地方政府对环境检测的要求，为整个特区提供气象应急服务和取样分析服务。第二，技术促进办公室（Technology Advancement），主要负责与私人企业、技术研发者、州政府、地方政府、联邦政府机构等进行协作，资助低排放、零排放的清洁燃料技术研发与推广应用。第三，移动污染源办公室（Mobile Source），参与州、联邦政府的移动污染源规则的制定，监督整个区域移动污染源规则的修订与执行。

- 工程合规部（Engineering & Compliance）。这一部门主要由检验师、工程师和文职人员组成，主要负责区域内工程许可、空气标准审核、有毒物质规则核定、清洁空气激励市场规则等方面的工作，确保区域内各类工程建设符合各级政府的清洁空气保护标准，采用商业化手段减少污染排放，促进环境公平。

- 地区规划管理与资源办公室（Planning, Rule Development & Area Sources）。该办公室主要负责 SCAQMD 大多数地方的空气质量规划，研制新的空气质量标准、保护方案和相关规则，同时负责区域空气资源的普查及其许可开发等事宜。

- 立法及公共事务办公室（Legislative & Public Affairs）。该办公室主要负责宣传空气质量标准、法律和政策，促进公众理解和公众参与，为广大民众、地方政府、商业企业、学术机构、环境机构等提供 SCAQMD 的规划、政策、行动方案等信息服务。

- 金融办公室（Finance）。该办公室主要为 SCAQMD 提供必要的金融服务，包括员工工资、经费预算、税收、金融报告、金融规划、现金管理等。

- 信息管理部门（Information Management）。该团队专门负责 SCAQMD 的信息服务，包括信息技术、公共记录、网络服务、系统设计、图书服务、网站建设等。

- 行政和人力资源部门（Administrative & Human Resources）。该部门负责 SCAQMD 的设施租赁管理、汽车服务、社会捐赠等事宜，并且通过管理和解释相关人力资源政策、规则等来帮助指导 SCAQMD 进行工作团队建设。

上述 10 个管理部门中，第四、第五、第六个部门为业务操作部门，其余均为行政管理部门。

除了美国环境保护署外，美国的交通部（Department of Transportation，DOT）也负有重要的环境保护职能，主要包括研究和管理交通车辆及相关企业的排放对空气污染的影响。交通部必须严格要求机动车辆合理地使用燃料和按照规定进行排放，其下属的土地管理局（Bureau of Land Management）、渔业和野生动物服务局（Fish and Wildlife Service）、国家公园服务局（National Park Service）、地理勘察局（Geological Survey）和再开发局（Bureau of Reclamation）等部门都负有监管环境质量的责任。

这些联邦部门对环境保护的职责都在美国“国家环境政策法令”（National Environmental Policy Act，NEPA）的大框架下进行了具体的要求。所有的美国联邦部门在进行政策设计和实施时都必须考虑到对环境可能造成的影响。在具体执行上，NEPA 要求所有的联邦部门在实施重大政策前都必须向环境治理委员会（Council on Environmental Quality）提交“环境影响报告”（Environmental Impact Statements，EIS），经过批准方可执行。在获得环境治理委员会批准后，每个联邦机构需要发布“无显著环境影响”报告（a Finding of No Significant Impact ，FONSI）备案。[1]

---

① National Academies，2007，“Energy Futures and Urban Air Pollution：Challenges for China and the United States”.

（二）政策特色

1. 国家空气质量标准和州政府独立实施原则相结合

由于美国是一个联邦制的国家，其联邦政府对州和地方政府并不存在直接的管辖权，州政府在州内事务中具有相对独立的立法和执法权。但是环境治理，特别是空气污染治理作为一个跨州的公共事务，成为联邦政府的主要职责之一。在这种情况下，如何协调联邦和州政府的关系，充分有效地发挥两级政府的作用，就成为了《清洁空气法》的规定能否得以有效落实的重要挑战。因此，美国环境保护署制定了适用于全国的"国家空气质量标准"（National Ambient Air Quality Standards，NAAQS）。这是美国空气质量保护体系的基本标准，NAAQS 的实施建立了一个涵盖美国联邦内所有各州空气质量标准的框架，成为美国空气污染治理的最重要技术原则之一。

在具体实施中，美国的各个州政府按照"国家空气质量标准原则"以及其他相关空气质量保护法规，制定"州政府独立实施原则"（State Implementation Plans，SIPs）。在获得美国环境保护署批准后，各州根据实施原则详细制定各项环境保护的规章制度。这种联邦统一立法，各州制定经过联邦部门批准的、符合地方情况的具体实施标准，既为联邦法规的实施提供了可操作性，也调动了州政府的能动性，兼顾了各州的具体情况，保证了全国空气污染防治标准的执行。

2. 州际空气污染防治的新趋势

由于空气污染的流动性强，局限于地方或一个州内的空气污染治理往往不能取得实质性的效果。美国臭氧传输委员会（The Ozone Transport Commission，OTC）是美国多个州政府之间通过合作进行大气环境监管的典型例子。OTC 由《清洁空气法》1990 年的修正案授权成立，主要负责美国东北部 11 个州和华盛顿特区的大气污染防治。OTC 要求组织成员必须由各州政府的环境委员会和美国环境保护署共同组成。这样的机制可以协调联邦政府和州政府共同关注空气污染治理问题。OTC 的主席、副主席和秘书长等职位由各个州的代表轮流担任，现任主席是来自马里兰州的罗伯特·萨默（Robert Summers）。OCT 的主要职责是作为各个州政府和环境保护署之间的桥梁组织，该区域内的各州可以通过 OTC 向美国环境保护署提出政策建议，以此控制美国东北部地区的表层臭氧污染和其他大气问题。OTC 的主要工作包括对环境进行风险评估，通过研究移动和固定大气污染源对空气质量和居民生活的影响制定相关政策控制排放，同时促进和推广新型能源的有效利用。[①] OTC 的作用主要通过以下三种机制来实现：

（1）联合科研、企业等各种机构进行科学研究和综合评估，同时也参与其中的科学研究，通过对大气污染物的传输研究，为环境保护署制定控制臭氧长距离传输相关决策提供可靠依据；

（2）OTC 成员州之间的约定。在 OTC 成员共同签署的理解备忘录指导下，各成员通过合作协议，相互合作、共同协商合作区域内流动污染源的控制；

（3）联合机制。通过这个机制 OTC 成员州可以在某个事件上一致对外（其他州、产业、联邦政府等）。[②]

3. 多管齐下治理机动车尾气排放

机动车的使用是现代工业社会空气污染的最重要来源之一。作为“车轮上的国家”，美国机动车行驶里程在 1970 年至 2005 年之间增加了 178%，并以每年 2% ~3% 的速度继续增加。目前，美国国内行驶的小汽车和轻型卡车总计约 2.1 亿辆。[③] 美国政府对不同交通方式的财政补贴是造成机动车行驶里程数逐年上升的很大原因。如图 3.11 所示，在 1977 至 1995 年之间，美国政府对于高速公路的财政投入超过 1.1 万亿

① 参见 http：//www.otcair.org/。

② 汪小勇等：《美国跨界大气环境监管经验对中国的借鉴》，载《中国人口·资源与环境》，2012 年第 3 期。

③ 周文：《美国如何治理机动车排放污染》，载《生态经济》，2011 年第 11 期。

美元，对公共交通的财政投入不到 2 千亿美元，对铁路的财政投入更少，只有 130 亿美元。[①]

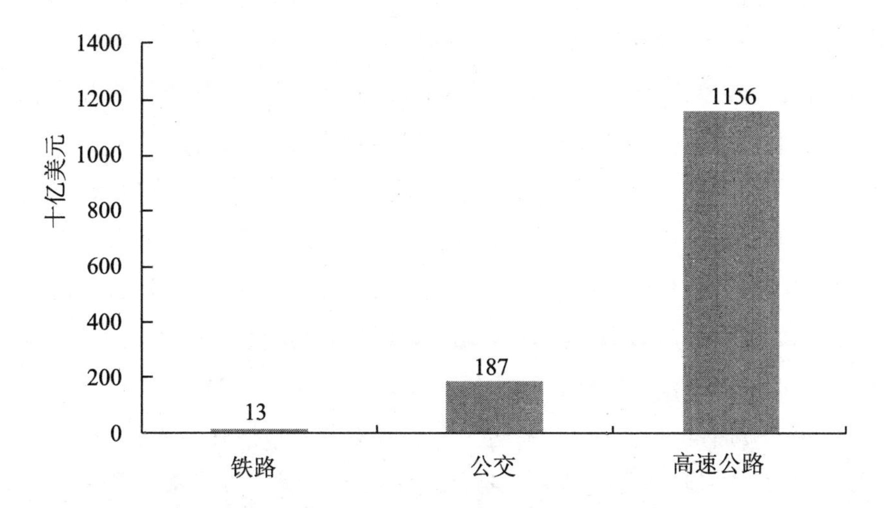

图 3.11　美国政府对不同交通方式的财政补贴，1977—1995 年

资料来源：Nivola, P. S. , *Laws of the Landscape*: *How Policies Shape Cities in Europe and America*, Washington, D. C. : Brookings Institution Press, 1999, p. 15。

在治理机动车排放污染的过程中，美国的经验发现政府不可能单方面承担所有的责任，各方主体积极参与，形成多方的联动，在明确职责范围的基础上联合政府、市场和社会的力量互相配合，形成强制和自愿相结合的网络是很重要的体制。比如，美国环境保护署在其总部的“空气与辐射”（Air and Radiation）部门下属设立了“交通与空气质量办公室”（Office of Transportation and Air Quality, OTAQ），负责执行与交通和空气治理有关的相关法律，控制来自于交通方面的空气污染，最终达到协调交通与环境之间的关系。OTAQ 的主要职责和目的包括对由于机动车辆、发动机

① Nivola, P. S. , *Laws of the Landscape*: *How Policies Shape Cities in Europe and America*, Washington, D. C. : Brookings Institution Press, 1999.

和燃油等带来的空气污染进行防治，推动减少尾气排放的新型交通模式，并通过交通规划为公众创造更环保和宜居的社区。[1] OTAQ 还建立了国家机动车辆和燃料排放实验室（National Vehicle & Fuel Emissions Laboratory，NVFEL），专门负责机动车辆发动机符合联邦尾气排放标准，对运行车辆进行常规监测以保证排放标准的执行，研究燃料、燃料添加剂和排放系统的微粒组成以改良排放工艺，提高燃料效率和尾气清洁程度。[2]

从职能和机构安排上，OTAQ 作为联邦政府部门，在严格执行提高空气质量、防治空气污染法律的基础上，通过公共宣传、科研开发和交通规划等对公众起到了启示作用，形成了承接国家法律与普通公众的纽带作用，将新型交通出行等绿色理念落实到微观经济主体的行为上，有效地贯彻了提高空气质量、保护公众健康的政策。OTAQ 与市场企业也开展了多方面的合作，比如通过与制造商合作，对潜在技术进行开发，包括通过 NVFEL 的研究结果对各种燃料及油电混合等技术及其尾气排放进行环境影响评估，通过提高车辆的燃油经济性，开发高燃油效率的机车引擎，达到改良空气质量的目标。

案例五：从源头上控制汽车尾气污染[3]

机动车使用燃料的一般规定——供机动车常规使用的汽油和柴油中含有大量的有机化学物质，这些物质将会被蒸发到大气当中形成空气污染微粒，或者以汽车尾气等其他污染物质形式排放到大气当中，形成严重的空气污染。《清洁空气法》设定了“功效全面一致”制度，以求解决这一问题。该制度要求：只有当机动车燃料生产商有确凿依据证实其生产的新型燃料及其添加剂，与经过认证的

① 参见 http：//www. epa. gov/otaq/。

② 参见 http：//www. epa. gov/nvfel/。

③ 案例选自梁睿：《美国清洁空气法研究》，中国海洋大学硕士学位论文，2010 年。

其他燃料一致，不会对机动车减排装置的功能造成任何影响，这一新型燃料才将获得联邦环境保护总署的批准，进入市场销售。也就是说，在“功效全面一致”项目中，将证明责任转移给了燃料生产商。在将一种新的燃料或者添加剂投放市场之前，燃料生产商有责任证明这一新产品与经过认证的其他燃料一致，不会对机动车减排装置的功能造成任何影响。这是从源头上控制汽车尾气污染的一种有效制度，有着可资借鉴的示范作用。

比如在洛杉矶，20 世纪 60 年代末催化式排气净化器（Catalytic Converter）的发明从技术上解决了汽油燃烧不完全的问题。于是监管者依照新的法律，规定所有汽车上必须装上这种净化器。政府的新规马上遭到了汽车制造商的激烈抗议，他们一开始抨击这种装置在技术上不可能实现，而后又抱怨成本太高。他们的抗议导致这个法令一度中止，一直到 1975 年所有的汽车才实现全部安装净化器。此举被认为是治理洛杉矶雾霾的关键。

在针对货运和通勤方面，OTAQ 与全国范围内 500 多个合作机构联合开展了“全国清洁柴油运动”（NCDC），无偿资助了超过 200 个子项目，发动了汽车制造商、车辆驾驶者、空气质量专家、环境和社区组织、各州和地方政府官员等多方参与，在全国范围内推动使用生物燃料和可再生燃料。2004 年 2 月，美国环境保护署通过了 OTAQ 与货运业联合发起的一个自愿参与的合作项目“Smart Way”。通过这个项目建立以市场为基础的激励机制，提高燃油效率和减少温室气体排放。这个项目的初步目标是到每年节省 1.5 亿桶的石油，减少 3300 万吨到 6600 万吨的二氧化碳排放量。“Smart Way”项目的参与者包括运输物流公司、承运人、非营利机构、技术营销公司等商业企业，各参与者遵照要求使用“Smart Way”运输标志，制定适合各自的行动计划，包括加强车辆运行管理，使用新型环保轮胎，降低燃油能耗和温室气体排放等手段，降低机动车辆尾气排放的大气质量的影响。①

从2008年开始，美国联邦政府就通过“减少柴油尾气排放法案”（Diesel Emissions Reduction Act，DERA）大规模划拨资金更新内燃机车引擎，减少有害气体排放。在2008至2011年的四年中，全美国有超过6万个项目受到了DERA的资助。鉴于本项目的成功效果，奥巴马总统在2011年将DERA重新延长四年，每年联邦政府将划拨不多于1亿美元用于减少柴油引擎有害气体排放。在2012年财政年度此项拨款达到2990万美元。② OTAQ利用DERA的资金推广了“校车清洁排放”（Clean School Bus）项目，专门资助美国所有使用柴油的校车通过改进驾驶方式，减少停车排放和更新校车引擎等技术更新渠道降低排放。美国每年有超过2500万在校儿童乘坐校车，校车总行驶里程超过40亿英里。通过政府资助开展的减排活动有效降低了校车的有害尾气排放。③

为了减少私人轿车单独行驶，美国政府在1999年通过环境保护署和交通部共同推广了“通勤选择动议”（Commuter Choices Initiative），对全国范围内为减少通勤车辆驾驶作出创新的企业进行表彰。在2002年，美国环境保护署和交通部正式推出了“最佳通勤项目”（Best Workplaces for Commuters），全面推广共用车辆等环保通勤理念。这项活动主要促进政府部门和私有企业的雇主通过减免停车费，开设专门停车位，设立员工表彰等激励手段鼓励员工减少个人通勤驾驶，尽量“拼车”上下班，最大程度降低由于个人驾驶机动车带来的有害气体排放。受到表彰的企业和个人将被授予BWC标志贴于机动车上，由此享受各种优惠待遇。④

---

① 周文:《美国如何治理机动车排放污染》，载《生态经济》，2011年第11期。

② 参见http：//www. epa. gov/cleandiesel/grantfund. htm。

③ 参见http：//www. epa. gov/cleanschoolbus/csb-overview. htm。

④ 参见http：//www. bestworkplaces. org/。

图 3.12　美国底特律“共用汽车”专用车道

HOV 指的是 High Occupancy Vehicle，即高乘坐率机动车辆。图片来源：http://blog.mlive.com/annarbornews/2008/09/michigan_may_get_more_serious.html

许多科研机构纷纷投入到尾气排放控制的研究中。比如在马萨诸塞州的健康效应研究所（The Health Effects Institute，HEI）就常年投入大量资金跟踪通过减少烟煤燃烧、更换燃料设备、降低燃料中的硫元素和减少机动车使用等对提高空气质量的效果。①。这种科研机构从政府和企业处得到资金和政策上的支持，成为空气污染技术更新的重要力量。

在这种政府推动、市场投入进行尾气排放污染治理的趋势下，美国许多社区也掀起了“智慧出行”的行动，公民用实际行动减少小轿车的行驶次数，选择步行、自行车、共用汽车等无排放或低排放的出行方

① van Erp, Annemoon M. M., O'Keefe, R., Cohen, Aaron J. & Warren, J., “Evaluating the Effectiveness of Air Quality Interventions”, *Journal of Toxicology & Environmental Health: Part A*, May 2008, Vol. 71, Issue 10, pp. 583 – 587.

式，有效减少了家庭轿车尾气排放。根据“绿色美国”（Green America）组织介绍，美国已经涌现出多个非营利或营利的“共用汽车”（carpool）组织或公司，通过先进的网络安排同城或是远距离的共用汽车服务，有效降低了轿车的使用量，提高轿车使用效率，减少多余的尾气排放，改善大气环境和提高居民生活质量。① 除此之外，美国各地政府也通过改良公共交通设施中便于自行车出入的技术设计，为自行车通勤提供了方便。比如美国旧金山的公交系统上就大量采用了便于自行车出入的特定区域设置（图 3. 13）。这种多管齐下的政策使美国民众真正能够将低碳环保落实到生活的方方面面。

图 3. 13　美国旧金山地区地铁中的自行车放置处

图片来源：http：//www. bart. gov/about/projects/cars/new-features

---

① 参见 http：//www. greenamerica. org/livinggreen/carshare. cfm。

第二节　加拿大

一、城市化与空气污染：地区差异显著的污染特征

（一）历史变迁

虽然，加拿大城市发展进程晚于欧洲和美国，但是，当今的加拿大已是一个高度城市化的国家。总的来看，大体上经历了三个发展时期：发展成长期、高速发展期和稳定发展期。[①] 加拿大于1876年独立，开始了真正意义上的城市化。加拿大刚刚独立时，全国只有384万人，地广人稀，农业生产活动占主导地位，城镇的发育水平很低，基本没有人口在1000人以上的城镇和真正意义上的城市。随着加拿大政权的不断巩固，社会不断趋于稳定，其城市化的进程也不断加快。在总人口不断增加的同时，人口开始出现从分散居住逐步向城镇集聚的趋势。在1921年，加拿大总人口增加到870万人，其中城镇居民达到420万，约占总数的48%，加拿大初步城市化的雏形已经显现。到1945年，加拿大总人口增加到1200万，其中城市人口640万，占总人口的54%，基本上实现了城市化。

自1876年全国独立到1945年“二战”结束前夕，这几十年的时间里加拿大的城市化不断发展和推进，为其实现从农业国向工业国的转变奠定了基础。1945年以后，在经历了第二次世界大战以后，为了恢复经济，振兴工业，加拿大进入了经济的快速发展阶段，其城市化也进入加速发展阶段，城市化水平逐年提高。从1945年的54%，提高到20世纪60代末的71%。另外，农业人口的绝对数和比例进一步下降，从21%下降到12%，实现了高度的城市化。加拿大在度过了城市化快速发展时

---

① 韩笋生、迟顺芝：《加拿大城市化发展概况》，载《国外城市规划》，1995年第3期。

期后，逐步进入城市化发展的稳定期。城市化水平增长趋于平缓，人口持续、稳定增加，城市化水平稳定提高。1980 年，加拿大总人口达到 2550 万，城市人口达到 1940 万，占总人口的 76%。1986 年至今，加拿大城市化人口处于相对停滞状态，1986—1991 年，城市人口比重仅上升 0.1%。①

可以看出，加拿大在较短的时期内，以较快的速度经历了从乡村状态到成熟城市的转变。加拿大以两次世界大战为重要契机，加快了工业化的发展，充分利用国内丰富的矿产资源，并以战争需求拉动现代大规模制造业的发展。加拿大城市化地域差异明显，大部分人口主要集中在东部和中部地区，相应地这些人口集中的地区，其城市化程度也较高。加拿大的城市发展十分重视中心城市和都市圈的作用，一般大都市具有相当完备的城市功能。② 在加拿大的城市化进程中造就了一大批包括渥太华、温哥华、蒙特利尔和多伦多等著名的大都市。这种集中型的城市化发展也带来了一系列严重的“城市病”，例如交通堵塞、城市大气污染等问题。③

（二）污染特征

加拿大的空气污染也是伴随着其工业化进程不断显现的。加拿大工业膨胀与城市规模迅猛增长的同时也导致了城市中愈发严重的空气污染问题。特别是 20 世纪 50 年代以后，居住在城市里的市民渐渐地认识到空气污染问题的严重性。在加拿大，空气污染的主要源头来自工业污染和机动车污染物排放，这是影响城市空气质量水平的两大关键因素。加拿大政府对空气污染来源与污染物进行了归类，详见表 3.4：

① 高鉴国：《加拿大城市化的历史进程与特点》，载《文史哲》，2000 年第 6 期。

② 韩笋生，迟顺芝：《加拿大城市发展特点》，载《国外城市规划》，1995 年第 3 期。

③ 周向红：《加拿大健康城市经验与教训研究》，载《城市规划》，2007 年第 9 期。

表 3.4　加拿大主要空气污染来源与污染物

	污染源	主要污染物
空气/大气	能源及生产	化石燃料
		石油
		发电排放
		工业能源消耗
	行业污染源	铝及氧化铝
		钢铁
		金属冶炼厂、锌厂
		造纸（纸浆）
		水泥
		木制品
		农业生产
	运输	跨境空气流动
	住宅及个人	消费品及商用产品

资料来源：http：//www. ec. gc. ca/Air/default. asp? lang = En&n = F963E49C - 1.

每个国家在工业化和城市化的进程中，都不可避免地产生空气污染问题，但是不同国家的空气污染特征有所不同。加拿大作为一个地域广阔的大国，地区差异很大，有许多特殊的地区性问题。在 2012 年 10 月，加拿大在全国境内实施了新的空气治理管理系统（Air Quality Management System，AQMS），除了魁北克省外，加拿大全境都加入这个管理系统，对多种空气污染物进行严格地监测。加拿大的空气污染物主要包括了二氧化硫（SO_2）、氮氧化物（NO_X）、地表臭氧（O_3）、细颗粒物（PM2. 5）、挥发性有机化合物（VOCs）。其中地表臭氧（O_3）、细颗粒物（PM2. 5）成为加拿大非常重视的大气污染防治对象。这些污染物质在加拿大的许多城市周边形成黄棕色的阴霾或是厚重的雾气，导致许多影响人类健康和环境质量的问题。根据加拿大环境部发布的空气健康指标（Air Health Indicator，AHI），心肺疾病带来的死亡率随着空气中臭氧浓度的增加而提高。就加拿大全国来说，大约 5% 左右的心肺疾病带来的死亡率可以归结于地表臭氧浓度的增加，而大约 1% 左右的心肺疾病带来的死亡率与空气中细微颗粒浓度的增加有关。①

在加拿大的东部地区（即温莎到魁北克城的走廊），酸沉降（酸雨）对自然和城市环境都产生很大影响。酸雨一方面降低了植被的生长和生产力，另一方面，对森林和水生生物造成显著损失。在加拿大，许多城市的石灰岩建筑和雕像一直受到酸雨的威胁，产生比较严重的褪色和磨损。在加拿大的许多城市还存在比较严重的室内空气污染，如霉菌、烟和一氧化碳污染等。加拿大环境部（Environment Canada）公布了全国在 1997—2011 年中的空气污染数据，具体如图 3.5。

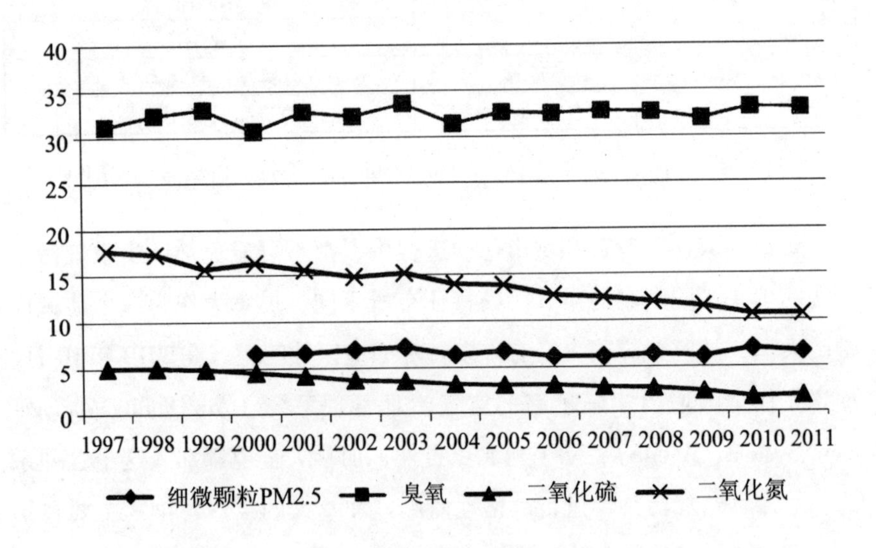

图 3.5　加拿大主要空气污染数据，1997—2011

资料来源：加拿大环境部空气质量数据，http：//www. ec. gc. ca/indicateurs-indicators/default. asp？lang = en&n = 25C196D8 – 1#o3_1。

从以上的数据图可以看出，在 1997—2011 年之间，加拿大境内的二

① 参见 http：//www. ec. gc. ca/indicateurs – indicators/default. asp？lang = en&n = CB7B92BA – 1。

氧化硫和二氧化氮的浓度都有了显著的降低，细微颗粒和地表臭氧的浓度也维持在比较稳定的水平。这些空气质量指标的改善是与加拿大在20世纪70年代后注重环境保护立法、建立健全空气污染防治措施的努力密不可分的。下文将对加拿大过去四十多年中空气污染治理的重要法律和政策进行介绍和分析。

二、重要法律与政策：两部重要的《环境保护法》

在加拿大的历史上虽然从未有过因空气污染造成的疾病和致命的灾难性事件，但是随着公众环境保护意识的觉醒和世界其他地区发生的污染事件的警示，加拿大的各级政府在20世纪中后期逐步开始采取各种措施控制城市空气污染。

1958年加拿大安大略省最早通过了空气污染控制立法。自此以后，几个省级和地区级的关于空气污染的法规也相继建立。虽然加拿大政府针对空气污染出台了相应的法规，但是大部分法规都是省级或地区级的，甚至只是一些判例法，上升到联邦政府一级的法规比较少。直到20世纪70年代后，加拿大联邦政府才陆续制定了大量的环境保护成文法，其中与空气污染控制有关的法规主要包括：

表3.6 加拿大主要空气污染控制法规

年份	关于空气污染的法规条例
1970	《机动车辆安全法》
1971	《联邦清洁空气法》
1972	《产品虫害控制法》
1973	《联邦环境评价及审查程序法》
1975	《环境污染法》
1978	《空气污染及烟尘控制条例》
1978	《音速和超音速飞机条例》
1978	《机动车安全条例》

（续表）

年份	关于空气污染的法规条例
1980	《危险品运输法》
1988	《加拿大环境保护法》
1999	《加拿大环境保护法（CEPA）》

资料来源：根据相关资料整理

（一）重要立法

与美国相比，加拿大工业化开始得比较晚。当美国步入工业化的正轨时，加拿大仍然处于拓荒阶段。然而，自 1896 至 1914 年却成为加拿大工业化发展的最快时期，原因主要有两点，一方面，加拿大充分利用两次世界大战创造的巨大需求，拉动国内工业的发展。另外，加拿大自身拥有丰富的矿产资源，为加拿大工业化发展奠定了物质基础；另一方面，战争的巨大需求刺激了加拿大的工业，特别是制造业的发展。

然而，任何事物都具有两面性，加拿大的工业化进程，一方面给加拿大带来了巨大的物质财富，使其成为仅次于美国的第二个富裕国家；另一方面，工业化过程中催生的大量工业和制造业给城市空气带来了严重的污染问题。特别是“二战”结束后，随着加拿大工业膨胀、城市规模与城市人口的迅速增长以及交通运输工具汽车的广泛使用，导致加拿大中心城市严重的空气污染问题，越来越引起人们的关注。

由于加拿大是一个地区差异性大的国家，在政体上联邦政府与省政府实行宪法分权，司法权限不能很好地界定不断变化的空气污染问题。因此，在 1982 年及以前的宪法中，并没有对环境问题进行专门界定，甚至没有提及。可以说，加拿大关于环境方面的立法是一个渐进的、漫长的过程。换句话说，20 世纪 70 年代之前的加拿大，环境法尚未成为一个独立的法律体系，只有一些判例法。20 世纪 70 年代后，联邦政府才陆续制定了大量的环境保护成文法。加拿大政府在所有环保法律法规中，治理空气污染的专门性法律政策不多，与空气污染有关的法规或条例主要包括：就省级而言，1958 年加拿大安大略省率先通过了空气污染控制立法，之后几个省级和地区级的有关空气污染的法规相继建立；就联邦一级而言，加拿大联邦政府颁布的与空气污染有关的法律法规中最重要的是 1970 年的《机动车辆安全法》、1971 年的《联邦清洁大气法》，其中，《联邦清洁大气法》是专门处理空气污染问题的。《联邦清洁大气法》为加拿大联邦政府规定哪些排放物有害于人类健康并颁布空气污染排放条例提供了依据。此外，加拿大联邦政府依据《联邦清洁大气法》制定了固定和移动污染源排放指导原则以及加拿大大气环境质量目标。[①] 该法律在 1980 年得到了修订，而且后续的加拿大《环境保护法》也参考了《联邦清洁大气法》的实质内容。同时，后续颁布的比较重要的有关空气污染的法规还有，1972 年《产品虫害控制法》、1973 年的《联邦环境评价及审查程序法》、1975 年的《环境污染物法》、1978 年的《加拿大噪声控制法》以及加拿大为配合环境法律的顺利实施而又颁布的一些行政法规，如：《空气污染及烟尘控制条例》、《音速和超音速飞机条例》、《机动车安全条例》。1982 年加拿大新颁布的宪法，专门对不可更新的自然资源、森林资源及电能作了规定。1988 年 6 月又颁布了《加拿大环境保护法》，成为加拿大全国性环境保护综合性基本法，使环境法形成了较完整的体系。

1988 年颁布的《加拿大环境保护法》是加拿大在环境保护领域一部十分重要的法律，并占有重要的法律地位。之所以说这部法律具有重要的地位和作用，是因为，加拿大政府以这部法律为基础，构建了相对完整的环保法律体系，并取得了显著的效果。这一时期的《环境保护法》是加拿大联邦政府在汇集了早期环境法规的基础上颁布的。作为一部综合性的立法，其内容不仅涵盖了之前实施的《环境污染物法》、《大

---

① 国际空气污染防治协会：《全球空气污染控制的立法与实践》，侯雪松、赵紫霞、朱钟杰等译，中国环境科学出版，1992 年版。

气品质法》、《水法》、《海洋倾废法》以及《环境法》，而且还借鉴了《清洁空气法》、《海洋倾倒法》以及相关环保部门的规定。该部法律旨在解决与有毒物质相关的多重问题，通过发展更具综合性的方法来处理有毒物质。①

然而，随着加拿大经济社会的不断发展，加拿大政府在 1988 年颁布《环境保护法》时就规定，每隔五年需要对该法的实施状况进行审查与回顾。1999 年，在经过联邦众议院环境与可持续发展常设委员会等多方评估和审查后，最终对 1988 年《加拿大环境保护法》进行了修订，形成了 1999 年的《加拿大环境保护法》，继而成为开展环境保护工作的新工具。1999 年修订的《加拿大环境保护法》，与时俱进，增添了以往并没有十分关注的问题，比如，生物技术与信息技术等，体现了现代环境法发展的总趋势和信息化时代的要求。② 这部新法与 1988 年的旧法律相比，在污染预防、有害及可能影响基因的物质界定、公众参与、政府间合作、燃料与发动机技术、国际合作与责任，以及强制执行力等方面都进行了重大的制度改革和政策创新。加拿大环境部对这两个里程碑式的法规进行了详细的比较：

表 3.7 1988 年和 1999 年《加拿大环境保护法》比较

	1999 年环境保护法	1988 年环境保护法
污染防治	• 污染防治是本法案核心 • 强制要求对有害物质进行污染防治规划	• 污染防治是优先措施 • 对有害物质进行污染防治规划无强制要求

① 矫波：《加拿大环境保护法的变迁：1988—2008》，载《中国地质大学学报》，2009 年第 3 期。

② 徐伟敏：《加拿大环境保护法（1999）介评——兼论我国环境基本法的完善》，2001 环境资源法学国际研讨会论文集，2001 年 11 月。

（续表）

	1999年环境保护法	1988年环境保护法
有害物质测试与消除	• 对全国境内全部23 000种物质进行有害测试 • 对有害物质防治行动设置期限，两年之内形成具体规划，18个月之内完成。 • 对极度有害的物质做到完全清除 • 可对有害物质采取紧急处理措施	• 在五年之内对主要主要有害物质进行清查 • 没有有害物质防治行动设置期限 • 不规定完全清除
影响基因的污染物质的研究	• 要求政府对可能对人类基因产生影响的有害物质进行专门研究	• 不要求对人类基因产生影响的有害物质进行专门研究
公众参与	• 公众有权要求专门调查 • 如果政府没有执行此法案并对环境造成严重影响，公众有权起诉政府 • 要求建立“全国污染物公布数据库”（National Pollutants Release Inventory），国民有权对各地污染物进行了解 • 新型的基于互联网媒体的“环境清单”（Environmental Registry），公布此法案的有关信息	• 公众有权要求专门调查 • 由环境部门决定是否建立“全国污染物公布数据库”（National Pollutants Release Inventory） • 无“环境清单”（Environmental Registry）要求
政府间合作	• 建立由联邦、省、地方和领地相关机构组成的“全国咨询委员会”（National Advisory Committee）	• 建立联邦—省级咨询委员会（Federal-Provincial Advisory Committee），联邦、省、地方和领地相关机构派代表参加
燃料与发动机	• 扩大了在燃料成分、与污染控制设备有关的燃料、污染控制型燃料、新的发动机尾气排放标准等方面的权力和职能	• 管辖权仅局限于燃料燃烧、燃料中的最高有害物质成分等，无权设立发动机尾气排放标准

（续表）

	1999 年环境保护法	1988 年环境保护法
国际责任	• 实施有关跨国有害物质传输和处置的《巴塞尔条约》（*Basel Convention on the Control of Transboundary Movement of Hazardous Wastes And Their Disposal*） • 根据 1996 年国际公约（*1996 Protocol to the Convention on the Prevention of Marine Pollution by Dumping of Wastes and Other Matter*）制定更加严格的海洋废弃物管理规定 • 在加拿大政府不愿或无法采取行动时，对源自加拿大的跨国空气与水体污染进行防治 • 授权实施有害化学物质和杀虫剂国家贸易条例（*Convention on Prior Informed Consent for Hazardous Chemicals and Pesticides in International Trade*）	• 在加拿大各省政府无法或不愿对空气污染源进行管理时由中央政府对跨国空气污染进行治理
强制执行	• 对执行官员赋予更大权力，包括刑事权力 • 赋予执行官员对环境违规和防止污染的现场处罚权 • 设立争议处理机制，避免昂贵的诉讼程序	• 有权进行检测和调查 • 有权出具警告信和采取罚款

资料来源：《加拿大环境保护法在新世纪的加强与完善》，http://www.ec.gc.ca/lcpe-cepa/default.asp?lang = En&n = 02699726 - 1&wsdoc = 79E9C86C - 4988 - E915 - 692B - F44BC5D2228B

1999 年《加拿大环境保护法》的主要原则包括①：

（1）可持续发展原则；

① 参见 http：//www.ec.gc.ca/lcpe-cepa/default.asp？lang = En&n = E00B5BD8 - 1。

（2）污染防治原则；

（3）实质消除原则；

（4）生态系统原则；

（5）政府合作原则；

（6）污染者付费原则；

（7）科学决策原则。

这部法令的主要内容包括12章，其中有三章涉及空气污染控制方面的规定，分别是第四章，污染预防；第五章，控制有毒物质；第七章，污染控制和废物管理。另外，在之后加拿大联邦政府发布的《加拿大1999年环境保护法的理解指南》中，其内容也涉及空气污染控制，如，对车辆、机械和燃料的排放；污染和有害废物的规定等。[①] 根据1999年的《加拿大环境保护法》要求，加拿大政府设定了环境质量标准（Canadian Environmental Quality Gidelines，CEQG），规定了各种污染物在空气中的浓度标准及测量方法，最新的环境空气质量标准（CAAQS）主要包括：

表3.8　加拿大空气质量标准单位（毫克/立方米）

污染类型	目标	1小时平均浓度	8小时平均浓度	24小时平均浓度	7天	1年
一氧化碳	较高标准	15	6			
	可接受	35	15			
	最低标准		20			
氟化氢	参照水平			0.0011	0.0005	
二氧化氮	较高标准					60
	可接受	400		200		100
	最低标准	1000		300		

① 参见 http：//www. ec. gc. ca/lcpe - cepa/default. asp？ lang = En&n = CC0DE5E2 - 1&toc = hide。

（续表）

污染类型	目标	1 小时平均浓度	8 小时平均浓度	24 小时平均浓度	7 天	1 年
地表臭氧	较高标准	10		30[3]		
	可接受	160		50		30
	最低标准	300				
颗粒物（PM10）	参照水平			25		
细颗粒物（PM2.5）	参照水平			15		
二氧化硫	较高标准	450		150		30
	可接受	900		300		60
	最低标准			800		
悬浮微粒物	较高标准					60
	可接受			120		70
	最低标准			400		

资料来源：《加拿大环境质量标准》，http：//ceqg-rcqe. ccme. ca/？config = ccme&thesite = ceqg&words = &image. x = 13&image. y = 12

（二）治理措施

1．空气污染应急预警

加拿大在大气污染防治方面建立了应急预警机制，其大气污染应急手段包括：标准的制定与实施；联邦与地方政府共同制定国家标准与目标；数据与信息的交流等。此外，加拿大政府也对联邦政府应发挥的作用作了相应规定，如相关标准的编制、对燃料成分的控制与使用、为企业提供咨询及顾问业务、产研一体促进空气污染控制研究等等。除了强调加拿大联邦政府在空气污染治理方面的作用外，加拿大政府还重视发挥具体环保部门的作用，实行空气质量协调管理机制，注重不同部门之间的合作协调，强调通过合作来达到控制大气污染，改善空气质量的目的。①

2. 具体的减排措施

（1）减少温室气体排放

加拿大是世界上人均温室气体排放量最高的国家之一。2002 年加拿大签署了《京都议定书》，承担 6% 温室气体减排目标。但是，根据《京都议定书》的规定，目前加拿大的温室气体排放量远没有达到规定的标准。如果要顺利实现加拿大政府在《京都议定书》上承诺的减排目标，加拿大还有很长的路要走。

依据传统，加拿大并没有将对大气污染物的排放规定为公民的义务，相反，加拿大的减排目标多数依靠多种非义务的政策和措施来实现。而这种非义务性的政策措施对于日益严重的大气污染来讲是远远不够的。因此，加拿大政府在环境保护方面采取了更为严厉的措施以促进环境质量的改善。为了控制大气污染物的排放量，加拿大政府制定并实施了适用于全加拿大的关于温室气体与大气污染物排放的规章制度，强调从源头入手解决大气污染问题，规范工业污染源、交通污染源等，并实行更加严厉的能效标准以期改善城市空气质量。②

（2）控制能源消耗

能源生产是加拿大温室气体排放的主要来源，约占温室气体总排放量的 82%。为了控制能源生产造成的温室气体排放，加拿大政府专门成立了能源效率处以帮助企业和相关生产部门提高效能，减少对空气的污染。为此，加拿大政府采取了一系列具体的措施，例如，为中小企业和私人家庭提供相应的资金拨款，目的是帮助他们加大对提高能源利用率环节的投入；以评估企业运行能力的方式改进企业生产运作方式来减少

---

① 中华人民共和国环境保护部网站：http://www.zhb.gov.cn/ztbd/rdzl/dqst/gwjy/201307/t20130709_255107.htm。

② 马欣：《典型国家温室气体减排政策、措施及经验》，2010 中国环境科学学会学术年会论文集（第二卷），2010 年第 5 期。

能源消耗，进而达到减少温室气体排放的目的。通过召开技术经验交流会，普及企业生产管理者与车间工人的节能环保意识，并将意识转化为实际行动；在建筑物方面，在已建建筑引入提高效能降、低排污的措施与方法，针对新建筑，注重高效能的设计并对相关设计提供多种工具和信息，以提高建筑物的环保功能；针对汽车用户，加拿大政府对购买环保节能型汽车的用户给予优惠，鼓励公民选择节能环保的交通工具；大力发展公共交通，创新高效率的燃料技术，鼓励与引导公众使用环保清洁的燃料，来减少温室气体的产生；制定和重新修改效能规范，提高生产设备的市场准入门槛，淘汰效能低下的设备，积极引导生产者选择高效能设备。除了以上列举的针对不同方面的具体措施外，能源效率处还提供了诸如统计与分析、专业训练等各种形式的援助形式，全方位节能提效，减少温室气体排放。

（3）减少工业排放

工业部门生产也是加拿大温室气体排放的重要来源，加拿大政府也采取了一系列相应的措施来控制工业部门温室气体的排放量。具体来说主要是，一方面，运用税收手段，对工业生产强制征税；另一方面，注重调动工业生产主体的积极性，采用目标激励机制，开展温室气体减排项目，以期达到温室气体排放量绝对减少的目的；强调执行力的重要性，对工业生产实施严格的监督并提高透明度；制定具体的执行规范，以便协助工业生产部门完成规定的责任和义务。加拿大环境保护管理部门实施了相应的惩罚措施，规定所有没有达到要求或违规操作的排放都属于违法行为。另外，一旦违规，那么相应部门将采取诸如警告、教育、罚款、禁令或者起诉等多种强制措施进行处理。

（4）减少机动车辆尾气排放

在加拿大，机动车辆尾气是大气污染的主要原因之一，减少机动车辆尾气排放也成为加拿大的空气污染防治的核心任务之一。自20世纪70年代年以来，加拿大联邦政府对汽车尾气排放采取了越来越严格的标准。

2004年1月1日，在《加拿大环境保护法》（1999）的指导下，新的道路车辆和发动机排放法规全面生效。对于乘用车，2004年至2009年规定了更严格的标准。所有客运车辆将接受同一套排放标准，这些规定的出台使氮氧化物和挥发性有机化合物排放量分别减少至95%和84%。

三、治理机制与特色：联邦、省、市三级的协同管理

（一）组织架构

加拿大实行联邦制，其环境保护主要是由联邦、省和市三级进行管理。联邦、省、市三级政府的相关环境管理部门，根据各自的职能设置，履行各自的环保管理职能，且各个政府部门大都设立内部审计机构，以加强部门的内部控制和风险管理。下面主要从联邦与省、市即中央与地方的维度，对加拿大环境保护的组织架构进行概述。

1. 联邦层面：加拿大环境部的组织架构

加拿大联邦环境部的组织架构主要分为三个层次。第一个层面是以环境部长为首的管理层级。这一层级主要包括加拿大环境评估机构、加拿大公园管理局、加拿大环境顾问委员会等。环境部长主要负责一些比较宏观的环境问题，包括贯彻执行联邦环保法规，按照环境评估结果对有害物品及社会活动加以适当限制或禁止；并向国会及内阁领导说明其所采取的环保措施，同时还要协助管理环境评价工作。[①] 第二层面是以执行部长为首的执行机构，主要包括，战略政策、科学与技术、环境管理、大气与环境、企业服务、财务与行政管理等部门，国家环境与经济协调会议，人力资源理事会，特殊工程项目和法规两个办公室，以及科学顾问、特殊顾问和副执行部长。第三层面是在各助理副部长领导下的各专业处和必要的审计员与顾问。其中战略政策与区域办公室司、环境管理办公室、加拿大气象局和园林管理办公室一般会在重要城市设有地区办事处。

---

① 王翊亭：《加拿大环境保护法制及机构体系》，载《环境科学研究》，1992年第6期。

其中，战略政策与区域办公室主要负责战略政策与经济分析，协调政府组织与利益相关者的关系并负责可持续发展战略的实施，同时还要负责诸如安大略省、大西洋与魁北克等区域事务。环境管理办公室下属包括法例及监管事务处、能源与交通、工业部门、加拿大野生动物局、化工行业部门、环保业务部门等。加拿大气象局分为：气候与环境监测处、天气与环境预报与服务处、天气与环境业务处等。园林管理办公室主要有国家公园、规划管理、古迹名胜、人力资源管理和环境建筑工程等五个处。

2. 地方层面：省环境厅与地方环保机构

在加拿大，联邦政府与省政府共同协调合作，共同承担环境保护的任务。因此，加拿大各省政府历来重视环境保护问题，并积极配合联邦政府政策法规的贯彻执行，取得了良好的环境效益与社会效益。就加拿大全国的地方政府而言，地方的环保机构是较为完善的，也可分为三个管理层次。

第一层是，以环境厅长为首，下设公众事务、情报与总政策、计划、法规两个办公室，以及环境管理、地方环境管理和实施、渔业和野生生物管理、总务管理四个司，并由执行厅长具体管理。此外，还配备了协调专员协助执行厅长进行管理。第二层是各司长（或助理执行厅长）主管的处和地方办事处。如，环境管理司下设的环境保护、水管理、农药控制和环境评审四个处等。第三层是处以下设置的办公室。如，环境保护处下设的三个办公室，其主要职责是管理空气污染、城市废水和工业废物、城市固体与医用生物废物等。此外，还有地方办事处下属办公室，而且为地方办事处主任配备两名协调专员，协助处理公共事务与环境计划管理工作。

3. 加拿大环境部长理事会

根据 1999 年《加拿大环境保护法》，针对环境保护组建成立的“加拿大环境部长理事会”（Canadian Council of Ministries of Environment，CC-ME）由加拿大全国境内的 14 个各级环境部门参与组成，主要负责协同应对全国范围内的跨境环境事务。① 它作为一个协调机构，是由各级环境部长组成的，主要指联邦、各省及大区。在加拿大，该理事会较多地参与重大环境事件的讨论，负责双边及多边协议的签署，制定与环保相关的原则、规章和标准。理事会中的成员虽然是来自于联邦，省及大区等不同层级，但是各成员的地位是平等的，共同承担理事会的事物。由于理事会是一个协调机构，因此，理事会在日常的事务中扮演中立者的角色，它发挥的完全是一个服务者的功能，如，对外公开理事会的议题、议程、协议等内容，通过多种渠道吸纳社会公众意见。② 另外，"加拿大环境部长理事会"还设立空气污染防治的最新标准，比如关于细微颗粒物和地表臭氧的指标：

表 3.9　加拿大细微颗粒物（PM 2.5）与地表臭氧（O_3）污染的最新标准

污染物	平均时间	标准		监测方法
		2015	2020	
PM2. 5	24 小时	28 毫克/立方米	27 毫克/立方米	每年度 24 小时平均浓度的 98% 为标准的三年平均值
PM2. 5	每年	10 毫克/立方米	8. 8 毫克/立方米	年度平均浓度的三年平均值
臭氧（O_3）	8 小时	63ppb（微克/升）	62ppb（微克/升）	最高的 4 天内 8 小时平均浓度的三年平均值

资料来源：加拿大环境部，加拿大空气质量空气质量管理系统（CCME），http：//www. ccme. ca/assets/pdf/caaqs_and_azmf. pdf

（2）政策特色

加拿大作为一个幅员广阔的国家，地理面积大，区域特性强，空气污染作为流动的环境问题，不以人为或行政的边界为界限，需要跨地

① 参见 http：//www. ccme. ca/about/index. html。

② 张伟：《加拿大环境治理中的协调机制》，载《学习时报》，2004 年 3 月 25 日。

界、跨部门的协作和共同参与。加拿大政府充分认识到合作伙伴关系在空气污染治理中的重要性，制定了多种跨部门、跨行政区划和跨国境的空气污染治理协议和政策。

1. 跨部门合作

跨部门合作是加拿大富有特色和成效的环境治理方式。大气污染控制问题作为加拿大环境保护治理问题的重要组成部分，也不可避免地将跨部门合作这一极具其国家特色的治理方式运用到其中。前文介绍的“加拿大环境部长理事会”是加拿大各级政府之间环境治理机制的主要框架之一。同时在地方政府的层面，加拿大也采取了广泛的横向合作。以加拿大的温哥华地区为例，成立了“温哥华都市委员会”（Metro Vancouver），协调周边 21 个城市，1 个选区和 1 个独立领地等 23 个成员之间的经济、环境、人口、交通等公共事务，其中主要的一项议题就是空气质量和气候变化问题。在协调合作的原则基础上，“温哥华都市委员会”通过多边协商和对话，解决成员城市的空气污染问题，订立相关协议，主要职能包括空气工业、商业和居民家庭的尾气排放，制定长期空气治理规划，发表尾气排放数据等。①

在 2011 年 10 月，“温哥华都市委员会”颁布实施了《空气治理和温室气体管理条例》（*Integrated Air Quality and Greenhouse Gas Management Plan*，IAQGGMP），制定了保护人居健康和环境质量、提高空气视觉质量和减少气候变化的三大目标。② 为了监测大温哥华都市区的空气质量，“温哥华都市委员会”联合所有 23 个成员，成立了联合空气质量监督网络（Lower Fraser Valley Air Quality Monitoring Network），在全地区建立 26 个空气质量监测站，每年定期发表空气质量报告，在委员会网络上形成即时互动的地图数据，供公众点击和下载，获取地区空气质量

① 参见 http://www.metrovancouver.org/services/air/Pages/default.aspx。

② 参见 http://www.metrovancouver.org/services/air/ReviewProcess/Pages/default.aspx。

的现状情况。①

在跨地区空气治理和温室气体管理中，“温哥华都市委员会”采取了弹性管理（Adaptive Management）的原则，通过委员会的年度报告和行动计划，定期召集成员城市汇报和交流治理空气污染质量进展，每两年制定进度报告（Progress Report），并进行每五年为周期的评估和审查。在这个基础上，“温哥华都市委员会”提出了可持续发展框架（Sustainability Framework），通过建立区域间合作达成地区空气质量提升的长期目标。②

在加拿大，环境保护的任务不是某一个单一部门需要独立完成的，而是不同部门与不同层级的政府共同协作完成的。而且，关于环境保护，不仅仅只有环保部，加拿大还另外设置一些环保评估部门。当然，由于加拿大地理环境的特殊性，不同的地区具体情况也有所不同。以加拿大英属哥伦比亚省为例，其除了环境部以外，还设置了一个独立的“环境评估办公室”（Environmental Assessment Office，EAO），主要负责评估重要规划项目对环境的影响，并提出相应的措施来减轻人类活动对自然环境和空气质量的危害。“环境评估办公室”是根据加拿大环境评估法（Environmental Assessment Act）设立的一个中立专业机构，旨在实现环境项目评估与政策决策的分开，有利于发挥专业优势，提高运行效率。“环境评估办公室”为各级政府提供对环境的评估，包括潜在环境问题，特定项目的经济、社会、历史和健康影响，并在评估过程中充分吸收公众、地方政府及各级环保部门的积极参与。③

“环境评估办公室”的职责之一就是与加拿大联邦环境评估部（Canadian Environmental Assessment Agency，CEAA）充分协调，保证在英属哥伦比亚省内的环境评估项目得到及时和有效的落实。为了实现有效的合作，这两个部门签署了环境评估合作协议（Canada – British Co-

---

① 参见 http：//www. metrovancouver. org/services/ air/currentairquality/Pages/default. aspx。

② 参见 http：//www. metrovancouver. org/services/ air/whatsMVdoing/Pages/default. aspx。

③ 参见 http：//www. eao. gov. bc. ca/about_eao. html。

lumbia Agreement for Environmental Assessment Cooperation），成为联邦和省政府环境治理合作的框架。根据这个协议，两个部门建立了常态化的工作人员联合培养、评估项目交流等计划，避免职能的交叉和评估项目的重复。两个部门还共同为专业人员、社会组织提供技术和法规培训，增强环境评估的专业性。①

另一方面，“环境评估办公室”还致力于推动环境评估过程中的公众参与机制。公众可以通过参与公共会议、社区集会和居民论坛等渠道参与环境评估过程。在这个过程中，按照法律要求，公民有权利通过提交信息申请要求（Application Information Requirements）对在公开征询阶段的环境评估报告提出意见和质询，保证公众关心的环境问题得到充分的考虑。②

2. 鼓励社会力量的积极参与

公众参与是加强环境监督的社会基础。在加拿大，广泛的公众参与是其环境和资源管理决策方面的重要特点。公众参与无论在政策的制定还是执行方面都发挥着十分重要的作用。公众参与的合法性有两个主要来源，一是法律要求，即环保法律法规中对公众参与的明确规定，这为公众参与提供法律保障。二是公众的公民意识，加拿大民众具有较强的环境意识，环保观念早已深入人心。在加拿大环境保护管理项目的整个过程中都离不开公众参与。具体来讲，“从政策制定与环境评估阶段到项目监督与民意调查阶段，再到公民陪审团听证等等，都存在公众的身影。为此，政府部门还设立了专门的机构管理公众参与事项，并提供一定的资金支持公民参与”③。

加拿大政府在环境保护问题上，也十分重视发挥各类非政府环保组

① 参见 http：//www. eao. gov. bc. ca/pdf/CEAA_EAO_Agreement_20081219. pdf。

② 参见 http：//www. eao. gov. bc. ca/particpation. html。

③ 折春芸：《加拿大资源环境管理的特点与启示》，http：//www. audit. gov. cn/n1992130/n1992150/n1992576/3227214. html。

织的作用，积极鼓励和支持这类非政府组织参与到环境保护的行动中来。这些所谓的非政府环保组织机构具有不同的层次和规模。有一部分环保机构是全国范围内的甚至是全球范围内的，有的是地区性的，只面向本地区的环境保护事务。但无论是哪一类机构，都发挥着重要的作用。在加拿大政府的积极鼓励与引导下，伴随着环境保护活动实践的不断深化，加拿大非政府组织环保机构蓬勃发展，并不断通过网络扩大其影响力。截至目前，加拿大出现的影响力较大的非政府组织网络主要有气候变化行动网、加拿大自然网、加拿大环境网等。这些非政府环保机构一方面利用法律手段，监督企业遵守相关环境法规；另一方面，积极与企业部门进行合作，积极开展环保培训，引导企业积极履行环保责任，还通过组织各种形式的活动来提高市民的环保意识与觉悟，使公众提高对环境问题的关注。①

此外，这些非政府环保机构与一般语境下的志愿性机构不同，它们也是营利性的专业机构。为了获得相应的运行资金，一方面，它们积极争取政府拨款，在为企业提供服务时，积极与企业部门建立合作关系以争取企业部门的资金注入；通过社会公益活动，向社会融资等。另一方面，通过签订合同提供服务，进而取得运行经费，而且还将环保人士的热情与职业保障完美地结合起来。

以市场为基础的灵活机制是加拿大企事业单位充满活力的根源。同样，加拿大政府将这种机制引入了环境保护领域，以企业为主体，建立产业和科研一体化的发展体制，有效地推进了环境及相关产业的发展。②反过来，环境及有关产业的繁荣发展，又极大地吸引企业和私人方面参与到环境保护行动中来。从而，形成一个良好的互动与循环，既调动了

① 王玉明、邓卫文：《加拿大环境治理中的跨部门合作及其借鉴》，载《岭南学刊》，2010年第5期。

② 燕乃玲、夏健明：《加拿大资源与环境管理的特点及对中国的启示》，载《决策咨询通讯》，2007年第5期。

社会尤其是企业保护环境的积极性，又达到了改善环境质量的目的，实现了经济效益与生态效益的的有机结合。在政府、社区、企业、社会团体、个人共同参与空气污染治理的过程中，加拿大政府部门在政策制定的过程中十分重视利益相关者的参与，尊重利益相关者的合法权益，通过与各方的磋商、谈判和协调，回应各种质询和要求。及时公开磋商过程中形成的各种意见和建议，并对出现较大分歧的意见进行研究调查、专题研讨等。①

3. 开展跨国界的合作

作为世界上工业化和城市化程度最高的国家的代表，地处北美的加拿大和美国很早就开始展开跨国界的环境保护合作。两个国家在1909年签署了《边界水体条约》(*Boundary Waters Treaty*)，在1941年通过“特雷尔冶炼厂仲裁”(Trail Smelter Arbitration) 明确了“领土无害使用原则”在跨国环境保护中的基础，成为国家环境条例的基石。两国在1978年签署了《五大河地区水源质量条约》(*Great Lakes Water Quality Agreement*)，共同保护边界水资源。在空气污染防治方面，两国在参见了联合国1979年的“长期跨境空气污染问题会议”(ECE Convention on Long-Range Transboundary Air Pollution) 后，于1980年签订了双边“跨境空气污染备忘录”(Memorandum of Intent Concerning Transboundary Air Pollution)，迈出了共同治理空气污染的第一步，又于1986年签署了“酸雨问题特使特别联合报告”(Joint Report of the Special Envoys on Acid Rain)。②

在20世纪80年代，加拿大和美国更加意识到跨国治理空气污染的重要性。经过几年的磋商和准备，两个国家在1991年签署了《美加空气质量协议》(U. S. – Canada Air Quality Agreement)，就跨境空气污染

---

① 张伟：《加拿大环境治理中的协调机制》，载《学习时报》，2004年3月25日。

② 参见 http://www.epa.gov/airmarkets/progsregs/usca/jointstatement.html。

进行合作。在20世纪90年代，两国的合作主要集中于减少酸雨的污染。在2000年，两国就保护地表臭氧层签订了附加协议。在2007年，双方又将防治细微颗粒污染加入协议之中。①

在1991年签署的协议中，加拿大和美国两个政府明确了跨境的空气污染将给两国的自然资源、生态环境、经济文化发展和人居健康带来巨大的挑战，需要两国合作进行治理。在两国对本国国内空气污染进行有效治理的同时，跨境合作和共同行动将有效降低两国的空气污染。同时，两国还需要通过多级别的合作，在气候变化，地表臭氧漏洞和动植物保护等领域加强国际范围内的空气污染治理合作。②

通过上述的分析可以看出，加拿大在空气污染治理方面开展的各种活动都以跨部门、跨地域、多主体合作的方式进行。各个合作主体充分发挥自身长处和能力，实现优势互补。另外，加拿大在环境治理领域强调公开透明原则，及时地以各种形式向社会公开相关信息、应对社会公众的质询是政府组织和其他相关组织的义务。总的来说，这种跨部门合作的方式往往能够应对大量政府做不好、企业不愿做的环境治理事务，使有限资源发挥最大的社会效益。因而，世界其他国家也开始对这一具有加拿大特色的环境领域的跨部门合作治理经验倍加关注和借鉴。

---

① 参见 http：//www. epa. gov/airmarkets/progsregs/usca/index. htm。

② 参见 http：//www. epa. gov/airmarkets/progsregs/usca/agreement. html。

第四章　亚洲篇：新兴工业化国家的觉醒

第一节　日本

一、城市化与空气污染：严重哮喘的亚洲工业巨人

（一）历史变迁

在20世纪50和60年代，“二战”后的日本为了迅速恢复战后经济，以“经济优先”为主要原则，快速推进城市化和工业化进程，实现了经济的高速发展。然而，由于忽略了对环境的保护，能源消耗急剧上升等问题导致严重的工业污染问题，公害病事件频发，当时的日本被称为“公害大国”。随后，在民众、媒体多方力量的共同推动下，日本政府开始致力于环境污染治理工作，同时在短时间内缓解了当地的环境污染问题，成为环境治理方面的楷模。

回顾日本城市化和工业化的历史进程，从1869年明治维新后，日本开始了工业化和城市化的准备和积累，至20世纪20年代，这一阶段大力发展农业，制定了农业政策，进行工业基础设施建设，同时发展轻工业，纺织业成为当时的支柱产业，这为日本的工业化、城市化的发展奠定了基础。日本“二战”后进入城市化快速发展时期，仅用了短短30年时间，就实现了工业化，成为了亚洲率先实现城市化的国家。20世纪20年代至50年代，日本的大量农村人口向城市转移，重工业迅速发展，

进一步推动了城市化。20 世纪 50 年代至 70 年代末，日本的工业化和城市化进入高速发展阶段。大城市的经济、工业迅速兴起，吸引了大量的劳动力向城市转移，也形成了东京、阪神、中京三大都市圈，日本的城市化和工业化基本完成。在 20 世纪 70 年代末，日本迈进了后工业化时代。从日本城市化水平来看，“二战”后日本城市化水平飞速增长，1950 年城市化水平仅为 37.3%，1970 年就上升到 72.1%，升幅为 34.8%（见表 4.1）。其中，1945—1955 年是“二战”后日本经济的恢复时期，日本政府调整了全国的产业结构，制定了首先恢复轻工业和原材料工业、继而恢复重工业的战略。20 世纪 50 年代后期至 70 年代日本处于重工业化时期，大力推动重工业的发展，虽然带来了巨大的经济效益，但也带来了严重的环境问题。在大力推动工业化的过程中，大量的能量消耗使得日本各大城市工业污染严重，人民生活受到严重威胁。饱受污染危害的广大民众为了维护自身的权益，开始开展“民间诉讼”、“反公害”运动进行反击，加之媒体的助推，日本政府开始关注到空气污染问题的严重性，并以立法等形式推动日本空气污染治理的进程。在空气污染治理领域，日本的治理措施既有赖于其高科技的投入，同时也与完善的政策制度息息相关。在 20 世纪末，日本的空气治理得到显著的改善。当今的日本，已经顺利转型成为“环保国家”，其先进的空气污染治理措施和手段为世界各国所借鉴。

表 4.1　日本 1945—2005 年城市化水平

年份	总人口（人）	城市人口（人）	城市化水平（%）
1945	71 998 104	20 022 333	27.8
1947	78 101 473	25 857 739	33.1
1950	84 114 574	31 365 523	37.3

（续表）

年份	总人口（人）	城市人口（人）	城市化水平（%）
1955	90 076 594	50 532 410	56.1
1960	94 301 623	59 677 885	63.3
1965	99 209 137	67 356 158	67.9
1970	104 665 171	75 428 660	72.1
1975	111 939 643	84 967 269	75.9
1980	117 060 396	89 187 409	76.2
1985	121 048 923	92 889 236	76.7
1990	123 611 167	95 643 521	77.4
1995	125 570 246	98 374 289	78.3
2000	126 925 843	99 865 289	78.7
2005	127 768 000	110 264 000	86.3

资料来源：日本总务省统计局统计调查国势统计课：《国势调查报告》

（二）污染特征

在日本，城市空气污染的主要源头来自工业排污和汽车尾气，这是影响当地空气质量水平的两大关键因素。从20世纪80年代开始，随着日本汽车工业的崛起，汽车尾气成为日本城市空气污染的主要源头。在2012年，东京的机动车保有量已经超过800万辆，汽车尾气对当地空气质量影响颇大，日本政府大力加强了对汽车尾气排放控制及监测。此外，工业污染也是日本的城市空气污染不可忽视的来源。一方面是战后经济恢复期大力发展重工业化，由此造成了前所未有的工业污染问题，更是爆发了公害病事件，这大大影响了当地居民的空气环境质量、生活环境质量及身体健康；另一方面是过快的经济发展导致的能源消耗污染、发电厂及炼油厂等工厂的废气污染问题等。具体来说，主要的空气污染物是二氧化硫、一氧化碳、悬浮颗粒物、二氧化氮、光化学氧化剂等。在上世纪50、60年代，大力发展重工业的日本，受工业废气污染较为严重，“公害事件”频发，20 世纪世界环境“八大公害事件”中有四件发生在当时的日本，其中，“四日市哮喘病”就是典型的因空气污染所致的公害事件。

因大气污染公害病——四日市哮喘

1961 年，四日市哮喘病大发作，患者中慢性支气管炎占 25%，支气管哮喘占 30%，哮喘支气管炎占 40%，肺气肿和其他呼吸系统疾病占 5%。1964 年，连续 3 天浓雾不散，哮喘病患者开始死亡。1967 年，一些患者不堪忍受痛苦而自杀。1972 年，四日市哮喘病患者达 817 人，死亡超过 10 人。因大气污染导致的呼吸道公害病“四日市哮喘”因而得名。当地一个被认定为公害病患者的小学六年级女孩曾写下一首诗：“大家仰头望着天空，阴沉沉的黑洞洞。巨大的工厂在喷烟，放出了有毒的亚硫酸。今天硫酸也毒死了人，何时能还我蓝蓝的天？”

资料来源：《世纪之殇——日本史上的大气污染》，金羊网－羊城晚报第 134 期 B5 版，2013 年 3 月 30 日

“二战”后的日本优先发展重化工业，形成了许多聚集性的工业带，最著名的是京滨、中京、阪神和北九州四大工业带，由此产生的大量工业废气对空气造成空前严重的破坏。比如位于日本中部的纪伊半岛三重县北部的四日市市，以其濒临伊势湾的地理优势，在 1955 年建成第一座炼油厂，开始大力发展化工产业。在接下来的不到十年时间里，四日市市陆续建成了三个大型的石油化工企业，并吸引大量化工产业的上下游企业在周边建厂，形成了化工产业的聚集，带动了当地的经济腾飞。然而，石油冶炼和化工燃料产生的硫氧化物、碳氢化物、氮氧化物和微颗粒防尘等空气污染物没有经过处理就直接排放到大气中，给四日市市

带来了严重的空气污染问题。到了20世纪60年代，四日市市大气中的二氧化硫浓度严重超标，超过法定标准的5～6倍，有害粉层形成的浓厚烟雾使周边地区大气受到严重污染，能见度极低，产生浓重的刺激性气味。附近的居民在一年四季都只能紧闭门窗，防止粉尘的进入，但是还是大量患上呼吸道疾病，尤其是哮喘病的发病率大大提高，而且具有传染性，扩散到日本全国。据官方统计，到1972年止，日本全国患四日市哮喘病的患者多达6376人，严重危及生命健康，被称为“四日市哮喘病”事件。①

除了四日市哮喘病，在20世纪的中后期，日本各地出现了多起因空气污染造成的公害事件，都对民众的身体健康造成不同程度的威胁。此外，空气污染也造成了城市的雾霾天气，天空的可见度低，空气质量差，降低了城市的环境和生活质量，引起全国各界的广泛关注。

“烟都大阪”

大阪曾被称为“烟都”，深受煤烟污染影响。据大阪市立卫生试验所调查，1912年至1913年，大阪每年降落的煤尘量为每平方公里452吨，1924年至1925年上升至493吨。大阪市民即使在炎热夏天都不能开窗。但这仅仅是战前日本城市大气污染的一个缩影，东京、横滨等地的情况同样严重。

资料来源：《日本经验：治理污染有赖社会合力》，《中国环境报》，2013年1月23日，第3版

① 陈强：《世纪之殇：日本史上的大气污染》，载《羊城晚报》，2013年3月30日。

东京的华丽转变

60年代的东京，也曾烟雾熏天，受空气污染问题困扰，经过严格的治理，今日的东京，已经成为世界上空气污染程度较低的城市。东京的空气污染治理，主要采取楼顶绿化和汽车尾气治理两大关键措施。

上个世纪80年代，日本开始多渠道整治污染，对环境极为重视，在人口密集的狭小国土上，取得了堪称奇迹的成就。日本治污的手段之一就是城市绿化，东京有关当局规定，新建大楼必须有绿地，必须搞楼顶绿化。东京的绿化很少种草，而是种树，不但要绿化面积，还追求绿化体积。大量树木对城市空气的净化作用自然是不可忽视的。2003年，东京推出一项新立法，要求汽车加装过滤器，并禁止柴油发动机汽车驶入东京。新法规实施的第一天，交警在东京内外的主要路口全面检查，让每个司机发动引擎，然后用白毛巾堵在尾气排放口，如果发现白毛巾变黑，则这辆车不许进入东京。如今，日本汽车出厂时都已安装了过滤器，排放标准达到了欧洲三级标准，东京市内的几万辆出租车都是使用天然气。

资料来源：《雾霾污染伤不起 晒晒各国如何治理出蓝天白云》，《北方新报》，2013年1月29日，http://news.xinhuanet.com/air/2013-01/29/c_124290143_4.htm

二、重要法律与政策："临时国会"推动《大气污染防治法》

（一）重要立法

在20世纪的50和60年代，日本的环境问题突出，像"四日市哮喘病"等空气污染公害事件频频爆发，民众舆论日益高涨。日本政府不得不开始重视环境污染问题，下决心采用法律途径进行污染治理，开始制定一系列的法律法规，以缓解由于工业化和城市发展带来的大气污染问题。

为了有效治理环境污染，日本政府自20世纪50年代末开始制定关于环保领域的法律体系，并深入加强立法工作，空气污染治理方面的法律法规也日趋完善。在所有环保法律法规中，治理空气污染的专门性法律政策也不少，主要包括：1958年，针对工业行业的废气污染，制定了特定的《工厂排污规制法》；1962年，制定了《烟尘排放规制法》，对烟尘排放进行规制；1967年，制定了《公害对策基本法》，并于1970年12月通过召开“临时国会”（当时被称为“公害国会”）专门对该法进行修订，最重要的改变是删除了其中“环境保护应该与经济发展相协调”的条款，从根本上改变了日本不再盲目地坚持“经济优先”原则，转而更重视对环境的保护。这届“临时国会”还集中审议并通过了14部公害法案，进一步推动空气污染防治的进程。日本在1968年颁布了《大气污染防治法》，并先后在1970年、1972年、1974年对《大气污染防治法》进行修订及完善。从日本制定与空气污染治理相关的各种法律的进程中，不难发现，从20世纪50年代至70年代，日本在空气污染防治方面的立法工作层层深入，不断调整和完善，标准不断提升，切实为全国的空气污染治理提供了有效的保障，努力营造健康的居住环境。

1992年，为了削减汽车氮氧化物（NOx）排放，日本针对汽车公害尤为严重的特定地区，制定了《汽车氮氧化物法》。《汽车氮氧化物法》比《大气污染防治法》对机动车辆尾气排放制定了更加严格的标准，主要表现在对机动车辆的分类管理上。《大气污染防治法》按照车辆总重量及车型对排放标准进行划分。但是，《汽车氮氧化物法》的车型规制不是按照汽油车、柴油车及液化石油气车等种类来划分，而是根据车辆的重量制定和执行不同的尾气排放标准，这样就使不同的机动车辆需要遵守同样严格的规定，提高了对机动车辆尾气排放的限制。

2001年6月，日本进一步对《汽车氮氧化物法》进行了修订，减排对象物质新增加了对排放的尾气中颗粒物含量的限制，《汽车氮氧化物法》的全称变为《关于在特定地区削减汽车排放氮氧化物及颗粒物总量的特别措施法》，简称《汽车 NOx · PM 法》（通常称为“‘氮氧化物·粒状物’法规”）。此次修订还强化了对指定地区内可使用车型的限制，除卡车及公共汽车外，柴油乘用车也成为监测对象。2007 年 5 月，针对仍未达标的个别地区，日本政府再次修订法律，采取了局部污染对策和车辆限行等强化措施。①

日本设定了环境质量标准（Environmental Quality Standards，EQS），规定了各种污染物在空气中的浓度标准及测量方法，这为控制空气污染提供了参考依据（见表 4.2）。

表 4.2 环境质量标准

类型	环境条件	测量方法
二氧化硫	每天的每小时平均值不可超过 0.04ppm，每小时的值不超过 0.1ppm（1973 年 5 月 16 日发布）	电导法或紫外荧光法
一氧化碳	每天的每小时平均值不可超过 10ppm，任何连续八小时的平均值不超过 20ppm（1973 年 5 月 8 日发布）	非分散红外分析法
悬浮颗粒物（PM10）	每天的每小时平均值不可超过 0.1 毫克/立方米，每小时的值不超过 0.2 毫克/立方米（1973 年 5 月 8 日发布）	根据过滤收集，光散射法，压电微量天平法或 β - 射线衰变法的浓度测量法产生的值与浓度存在线性关系
二氧化氮	每天的每小时平均值不高于 0.04 ~ 0.06ppm（1978 年 7 月 11 日发布）	使用 Saltzman 试剂的比色法（Saltzman 系数是 0.84）或使用臭氧的化学发光法

① 《日本如何强化汽车尾气标准，严控颗粒物排放?》，人民网—财经频道，2013 年 2 月 20 日。

（续表）

类型	环境条件	测量方法
光化学氧化剂	每小时平均值不超过 0.06ppm（1973 年 5 月 8 日发布）	使用中性的碘化钾的吸收分光光度法；使用乙烯的电量分析，紫外吸收光谱或化学发光法
悬浮颗粒物（PM2.5）	年平均值不超 15 微克/立方米，24 小时平均值不超过 35 微克/立方米（2009 年 9 月 9 日发布）	采取相应的测量标准，以过滤样本作为大样本的参考值

资料来源：日本国环境部：《日本环境质量标准—空气质量》，http://www.env.go.jp/en/air/aq/aq.html

图 4.1 列出了日本的空气环境治理标准体系构成图。可以看出，日本的空气环境质量标准已经从传统的大气污染物质扩展为各种特定的对大气质量有害的物质，指定有害污染物达到 234 种。通过对不同级别、不同层次的空气污染物进行细致的监测，对全国的空气质量实施有效的监督。例如目前日本 PM2.5 的监测规范就包括了浓度监测和成分分析两个部分，对监测污染状况、确定污染源和分析污染原因都进行了全面的界定，进而制定相应的空气污染治理政策。具体来说，日本空气污染治理的法律包括了固定源污染治理、移动源污染治理、恶臭污染治理、气候变化对策和损害赔偿这几个主要方面。①

然而，尽管日本政府十分重视立法工作，也为空气污染治理提供了全面的、细致的法律支撑，但受政治等各种因素的影响，这一系列环保法案在实际的执行中频频受阻，对推动日本空气污染治理的作用不大。直至 20 世纪 60 年代后期，民间舆论和“反公害”市民运动的兴起，加之媒体的大力推动，才将日本真正地推上了污染治理之路。

① 陈平：《日本空气环境保护法律法规探讨》，载《环境与可持续发展》，2013 年第 3 期。

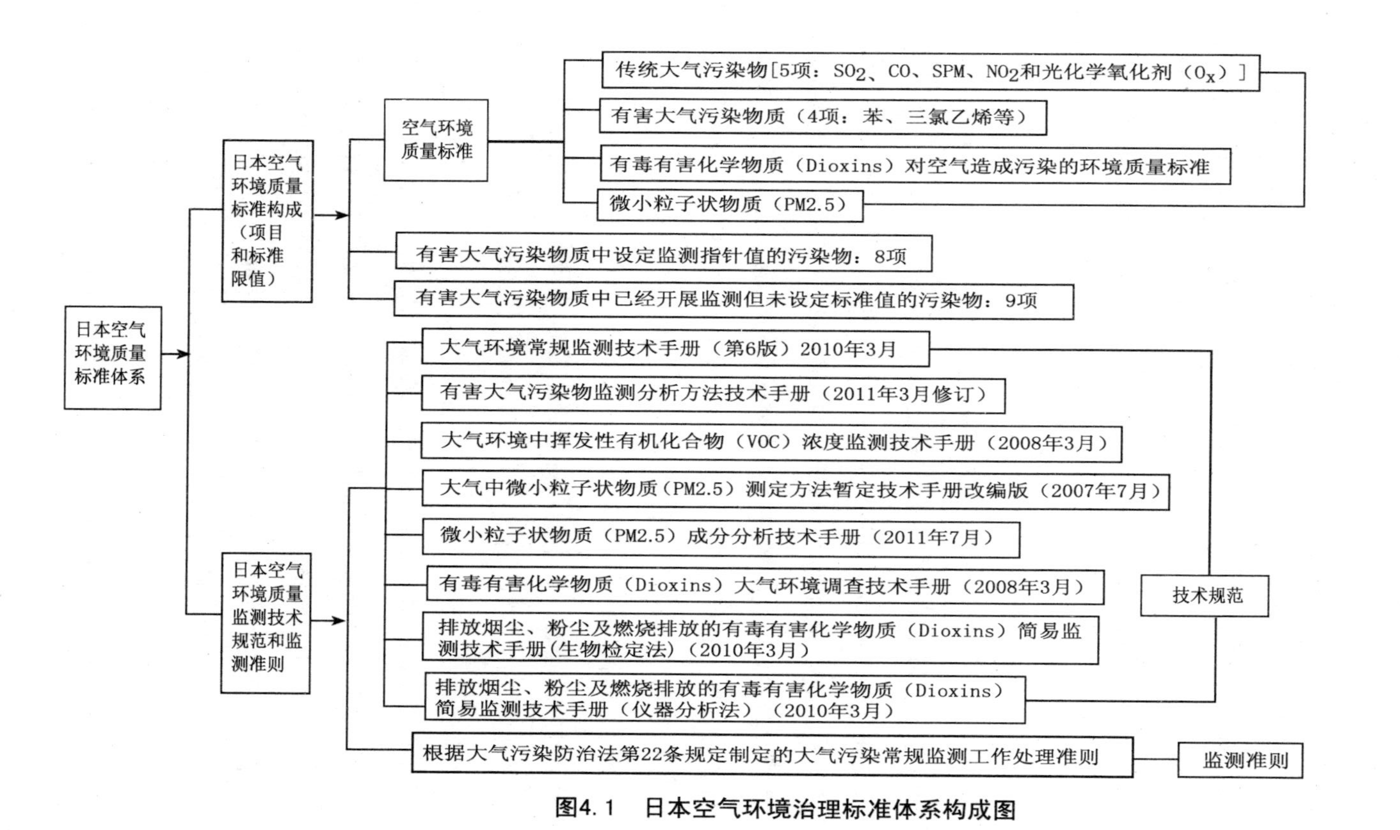

图4.1　日本空气环境治理标准体系构成图

资料来源：陈平、赵淑莉、范庆：《解析日本空气环境质量标准体系》，载《环境与可持续发展》，2012年第4期，第76页

（二）治理措施

1. 空气污染防治对策

日本的《大气污染防治法》对城市空气污染中不同污染源的防治进行了详尽、系统的规定。第一，针对工厂和施工场所由于煤烟燃烧和气体排放对大气造成的污染，按照《大气污染防治法》规定的排放规则及标准进行严格监测，对超过标准排放的工厂和施工场所采取严厉的处罚措施。对有害有毒气体排放的企业进行严格监管，要求其建立相应的部门专门进行污染管理控制。第二，对石棉产品制造厂、使用石棉的建筑物等会由于防止石棉飞散产生大气污染物的，规定要采取对策，防止石棉飞散。第三，为降低汽车尾气排放对空气的污染，日本政府要求对每辆汽车进行尾气排放限制等措施，根据《汽车 NOx・PM 法》对由氮氧化物及粒子状物质引起的大气污染严重的大都市地区进行氮氧化物及粒子状物质排放限制，通过财政资助和税制优惠等措施来鼓励企业和家庭购买尾气排放性更加环保的汽车。日本针对柴油汽车的尾气实行了严格的限制，分阶段地降低燃料中所含的硫含量以改善空气质量。[①]

2. 具体的减排措施

从污染源的角度看，日本的减排措施主要包括两大方面的措施：一是工业排放的废气污染防治对策，二是对机动车辆尾气减排的对策。

（1）工业排污

上世纪 60、70 年代，日本经济处于高速增长期，而在同一时期，政府采用优惠政策、激励和惩罚机制等多种措施，也大力支持环保产业的发展，成功引导企业向环保企业转型。例如，政府积极投资污染控制技术，降低工业设备的污染排放；再如，在税收层面进行激励，给予环保型企业一定的优惠和补偿金等。在激励措施的同时，日本政府会对造

① 日本环境省：《大气环境、汽车对策及水土壤基岩环境保护》，http：//www. env. go. jp/cn/air_water/index. html。

成工业污染的企业采取严厉的惩罚手段，若企业违反法律法规的规定而造成空气污染，将会受到严惩。此外，政府不仅是通过上述的政策机制来引导企业，更深层次的是通过国民的环保教育，不断提升企业的环保理念，以此规范企业行为。

日本政府非常重视发展环保产业，逐年加大在环保科技上的投入力度。各级政府通过设立生态园区、产业园区，提供政策扶持，促进环保产业迅速发展。在北九州的环保产业园区，从教育基础研究，到技术验证研究，再到企业化运作，都得到政府有力支持。与此类似，产业园区有几十种物品都实现了有效的回收利用，形成了庞大的产业链条[①]。日本对环保产业的支持可谓是一举多得，一方面是以高技术手段促进产业结构升级，另一方面是从污染源来控制空气污染。

（2）汽车尾气

日本从20世纪80年代就充分认识到汽车尾气是空气污染的主要原因之一。因此，日本对汽车尾气排放采取了总量控制、环保车补助、发动机升级等综合制度。比如在环保车补助制度方面，日本政府于2009年开始实施的环保车补助金，对购买混合动力车等环境负荷较小的车辆的消费者发放补助金，既能刺激汽车消费市场，也进一步推进节能减排。环保车补助金制度虽然比预定的截止期限（2013年2月末）提前了5个月结束，但是对日本国内市场带来了一定影响。混合动力汽车所占比例从2011年的12.9%上升到2012年的19.7%。[②] “环保车补助金”所取得的成效可以反映出，政府在空气污染治理方面采用经济优惠及财税激励制度在很大程度上能调动广大民众环保的积极性，配合民众的环保需求，实现环境保护政策的全面实施。2003年东京都推出了日本历史上第一个对PM2.5及更细微的颗粒尤其是柴油机、汽车尾气排放的微粒

---

① 《日本治理污染：完善法制·培养环保意识》，载杭州网，2013年2月25日。

② 张丽娅、陈建军：《日本治理大气污染经验对中国的启示》，人民网（日本频道），2013年2月。

的立法。目前东京对 PM2.5 颗粒的排放标准是亚洲最严格的，它要求每天不超过 35 微克，全年平均不超过 15 微克。[①]

三、治理机制与特色：环保应优先于经济发展，而不是“环保与经济相协调”

（一）组织架构

日本在逐渐完善环境保护立法的同时，也很重视环保行政机构的设置，不断完善环境保护的政府体制。1972 年，日本政府设置环境厅，专门负责环保政策的制定和执行。2001 年，环境厅升格为日本的内阁部门之一，改名为环境省（Ministry of Environment，MOE）。目前，日本已在全国 47 个都道府县、12 个大市和 85 个政令市全部设立环境行政机构，基本形成以环境省（厅）为核心的全国性一体化行政管理体系。[②] 日本环境省主要涵盖大臣官房、废弃物和再生利用对策部、综合环境政策局、环境保健局、地球环境局、水和大气环境局、自然环境局等部门。为了更好地执行环境保护政策，环境省还设置了地方环境事务所，主要作用是建立起了国家和地方之间的沟通桥梁，促进国家和地方在环境行政方面相互协调、上下一致，根据地方实际情况灵活施政（见图 4.2）。

环境省下设水和大气环境局，主要职能就是通过积极解决由工厂和汽车等所排放出的物质造成的大气污染、噪声、振动和恶臭等问题，致力于构建一个能呼吸到新鲜空气的生活环境，保护国民的健康和良好生活环境。2005 年 10 月环境省设立了地方环境事务所，主要负责构筑国家和地方在环境行政方面的新的互动关系。地方环境事务所是环境省派驻地方的分支机构，根据当地情况灵活机动地开展细致的工作，具体而

---

① 《日本治理大气污染经验对中国的启示》，人民网，http://japan.people.com.cn/35467/8138440.html，2013 年 2 月 21 日。

② 人民网：《世纪之殇：日本史上的大气污染》，2013 年 4 月 1 日。

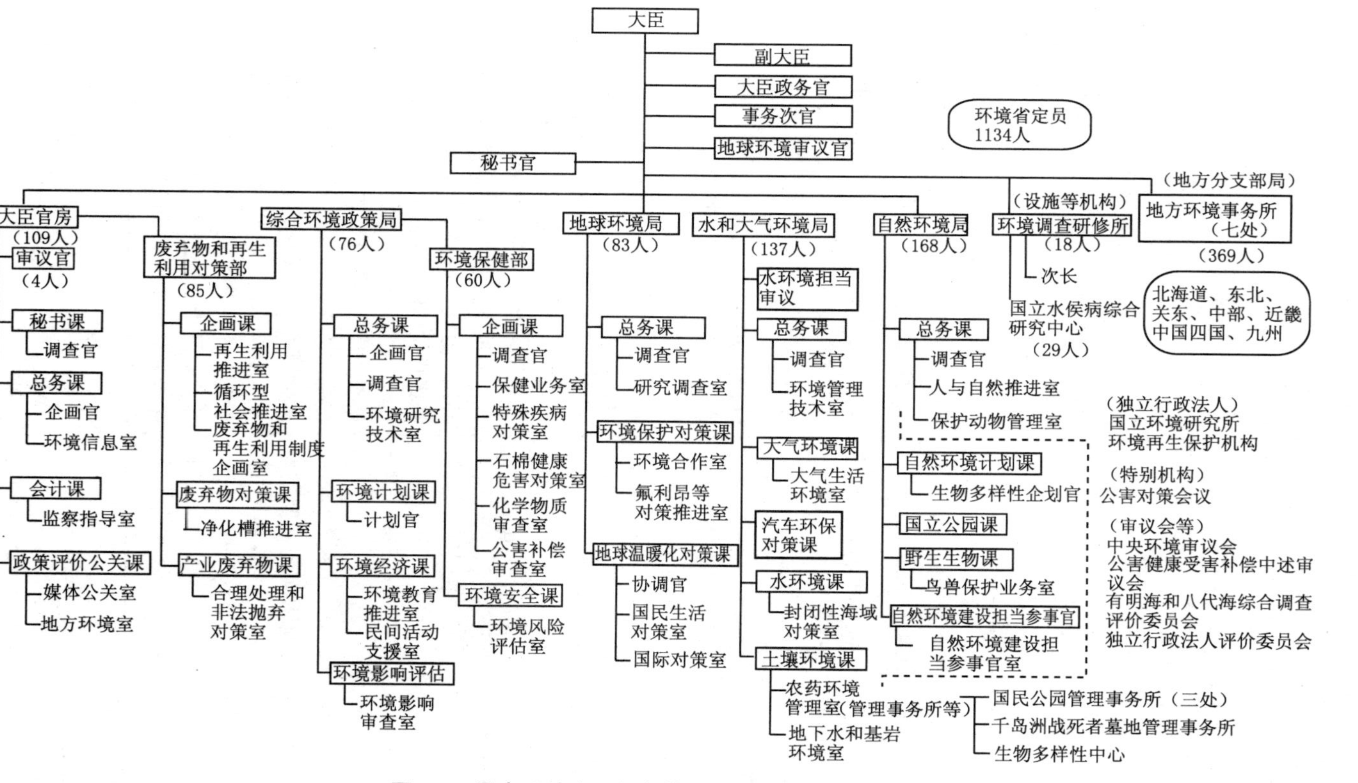

图4.2　日本环境省组织架构图（2008年1月末）

资料来源：日本环境省网站，http://www.env.go.jp/cn/aboutus/

广泛地执行环境保护政策。[①] 在健全的环境治理体制下，各部门各司其职，明确分工，在环境治理工作中稳步进行（见表4.3）。

表4.3　日本环境省主要部门职责

部门	目标	具体职责
环境大臣官房	顺利推进环境行政	负责省内人事、法令和预算等业务的综合协调，牵头制定各具体方针，此外还进行政策评估、新闻发布、环境信息收集等，致力于使环境省功能最大限度地发挥。
废弃物和再生利用对策部	构筑循环型社会	从生活环保及资源有效利用的观点出发，致力于推进控制废弃物的发生、循环资源的科学再生利用及处理。
综合环境政策局	鼓励和引导所有的社会主体自发地参与环保活动	负责计划和制定有关环保的基本政策，并推进政策的实施，同时就有关环保事务与有关部门进行综合协调。
环境保健部	预防化学物质对人及生态系统造成影响	旨在化学物质造成的环境污染对人的健康及生态系统产生影响之前，展开综合施政，以做到防患于未然。 此外，对因公害受到健康损害的人给予迅速且公正的保护。
地球环境局	把自然多样化的地球环境留给下一代	负责推进实施政府有关防止地球温暖化、臭氧层保护等地球环境保全的政策。此外，还负责与环境省对口的国际机构、外国政府等进行协商和协调，向发展中地区提供环保合作。
水和大气环境局	努力实现清爽的空气、清澈的水质、安全的土地	通过积极解决由工厂和汽车等所排放出的物质造成的大气污染，噪声、振动和恶臭等问题，致力于保护国民的健康以及保全生活环境。此外，还将努力确保健全的水循环功能，把水质、水量、水生生物及岸边地纳入视野，加上土壤环境及基岩环境，对其进行综合施政。

① 参见http：//www. env. go. jp/cn/aboutus/index. html。

（续表）

部门	目标	具体职责
自然环境局	力争实现自然和人类的和谐共生	对从原生态自然到周边自然的各个形态实施自然环境的保全，以推进人类与自然和谐相处，与此同时还负责推进生物多样性的保全、野生生物保护管理以及国际间合作交流等施政。

资料来源：日本国政府环境省网站，http：//www. env. go. jp/cn/aboutus/03. pdf

（二）政策特色

1. 严格的法律制度

虽然日本作为亚洲的一个传统国家，政府的力量比较强大，但是，过去几十年日本的环境保护运动却展现出明显的自下而上推动的特点。这种特点主要体现在日本在地方层面的环境立法常常早于中央层面的立法出台，这些立法在许多情况下是通过民间诉讼的形式被纳入政策议程的。一个典型的例子就是日本《大气污染防治法》的制定和实施。日本的空气污染治理具备了完善的、细致的法律作为保障，法例也随着时代的发展与时俱进，其法律途径的系统性、完成者不仅体现在有《大气污染防治法》，也体现在确立了大气污染诉讼与判决的程序，更体现在制定了大气污染受害者救济制度。

其一，《大气污染防治法》：立法删除了“与经济相协调”的条款，废除了“指定地域”，允许地方政府制定比国家严厉的标准，确定总量控制制度，规定无过失损害赔偿责任等。其中，为了强化污染控制措施，规定了严厉的“直罚制度”。只要违反废烟排放标准就直接适用罚则，这大大提高了法律实施的实效性。其二，大气污染诉讼与判决：在这一系列污染案件的审理与判决中，法院通过判例，确立了许多重要的法律原则，比如无过失责任原则、共同侵权规则等。司法判决使原告纷纷获得胜诉，受害者获得救济，污染者被追究责任。其三，大气污染受害者救济制度：1973年迫于大气污染判决的影响以及公众要求污染损害赔偿的压力，政府制定了《公害健康损害补偿法》，企业为了避免今后面临的环境诉讼被迫接受。该法通过向污染企业强制征收污染费，向污染受害患者提供损害补偿费用。这是通过行政补偿手段实现了污染者负担原则。①

从2013年10月1日起，日本开始对石油、天然气等化石燃料征收“地球温暖化对策税”，即环境税。所征环境税将主要用于节能环保产品补助、可再生能源普及等。现阶段环境税征收标准分别为每千升石油或每吨天然气、煤炭250日元（约合3.2美元）、260日元（约合3.3美元）、220日元（约合2.8美元）。2014年度和2016年度还将分阶段提高征收标准。预计到2016年度，每年可征收环境税2623亿日元（约合33.7亿美元）。环境税由使用化石燃料的日本各电力公司和燃气公司支付，但最终将通过油价、电费和燃气费转嫁到消费者头上。日本环境省预计，开征环境税后，到2016年，每个家庭每年的能源开支将因此增加1228日元（约合15.8美元）。②

通过多年的努力，日本在环境保护方面的法律法规已经比较完备、成熟，包括《大气污染防治法》、大气污染诉讼与判决、大气污染受害者救济制度都是空气污染治理中重要的法律依据及程序。尤其是《大气污染防治法》，自制定以来，前后经过了1970年、1972年、1974年的几次修订和完善，是日本空气污染管制的专门法律，全面规定了空气污染防治的标准、对策、惩罚措施等标准。

2. 广泛的民间诉讼推动

日本空气污染的治理进程中，民间诉讼发挥了关键性的推动作用，甚至可以说，如果没有民间诉讼，日本的空气污染治理之路将更曲折。

---

① 张丽娅、陈建军：《日本治理大气污染经验对中国的启示》，人民网（日本频道），2013年2月。

② 参见http：//www.mep.gov.cn/ztbd/rdzl/dqst/gwjy/201307/t20130704_254826.htm。

起初主要是由于受到工业污染的影响，生活环境恶化，当地民众身体健康严重受损，继而，为了维护自己的权益，人们集结一致，发起民间诉讼来进行反击。渐渐地，随着民众舆论日益高涨，“反公害运动”的大力推动，日本政府不得不回应民众的诉求，采取措施开始治理空气污染。

日本“反公害运动”民间诉讼①

1967年，四日市因企业公害而患哮喘病的9名居民，将电力公司、化学公司、石油提炼公司等6家企业告上法院，请求停止工厂运营和巨额损害赔偿。这是日本第一次因大气污染提起的公害诉讼，它与新潟水俣病诉讼、富山县骨痛病诉讼、熊本水俣病诉讼并称为“日本四大公害诉讼”。官司打了4年10个月终获胜。当时法院打破传统责任追究认定，认定污染企业“共同的不法行为”，支持了原告全体的损害赔偿请求，但未承认停止工厂运营的请求。判决出来后引发连锁反应，日本政府开始制定《公害健康被害补偿法》等相关法律。在四日市公害诉讼之后，日本各地出现多个因大气污染提起的公害诉讼，如多奈川火力诉讼、千叶川铁诉讼、西淀川第一次诉讼、川崎第一次诉讼、水鸟诉讼、国道43号线诉讼、尼崎诉讼等。其中，最近一个著名的公害诉讼是东京大气污染诉讼。1996年5月31日，因汽车废气污染而患有各种疾病的患者或死者家属102人向东京地方法院提起了诉讼，其后几年间，又有受到同样损害的原告分别对相同被告提起诉讼，诉讼次数达到了6次，原告人数总计633名。他们起诉日本政府、首都高速公路公司、东京都自治政府在东京

① 节选自陈强：《世纪之殇：日本史上的大气污染》，载《羊城晚报》，2013年3月30日。

都修建了各种各样的道路，产生了大气污染，导致周边的居民患上支气管炎、哮喘、肺气肿等疾病，以及日本政府、东京都自治政府在限制汽车尾气排放方面不作为，应承担原告们的损害赔偿。同时，原告们还状告丰田等7家汽车制造公司，理由是这些汽车制造商明知其生产的汽车排放的尾气影响环境，却不对其产品设置预防汽车废气的设施，任其排放废气，且大批量地制造和销售。2002年12月29日，日本东京地方法院对第一次诉讼作出了判决，被告和原告均表示不服，向东京高等法院提起上诉。2006年9月28日，第一次诉讼的上诉审结，法院向原被告提出了和解建议书，希望双方通过和解解决问题。直到2007年8月8日，历时134个月，6次诉讼的原告和被告终达成和解，以被告出资设立大气污染患者医疗费资助制度、政府出台抑制汽车尾气排放对策以及汽车厂家拿出12亿日元和解金告终。但此时，633名原告中，已有107人因汽车废气污染造成的疾患而死亡。

“反公害运动”、民间诉讼可谓是国民对空气污染的强大反击，通过民间力量，加之媒体的助推，日本的空气污染治理迈进了关键的一大步。其关键性的意义体现在，一方面，利用国民的综合力量，促使日本政府正视并重视空气污染问题，由此采取多种管制措施对空气污染进行治理；另一方面，通过民间诉讼，建立了救济、补偿制度等，大大推动了当地空气污染制度建设以及法律法规体系的完善，为空气污染治理奠定了法律基础。从20世纪60年代中后期开始，要求损害赔偿和禁止排污的一系列“公害诉讼”正式拉开帷幕。最著名的无疑是被誉为“战后四大公害诉讼”的“新潟水俣病第一次诉讼”（1967年）、“四日市公害第一次诉讼”（1967年）、“痛痛病第一次诉讼”（1968年）和“熊本水俣病第一次诉讼”（1969年）。20世纪70年代初期，通过漫长的诉讼过程，在日本政府和公众的支持下，大部分原告方取得了胜利。通过这些公害诉讼，日本建立起了一套独具特色的环境污染救济和补偿制度。①

日本环境省在2004财政年度发布了一份关于《大气污染防治法》的执行情况调查结果。此次调查通过掌握目前《大气污染防治法》的执行情况，从而获取空气污染控制管理的基本数据。主要收集的信息包括，烟尘和烟雾排放设施，常规和指定颗粒排放设施，指定颗粒排放工厂的通知状态和2004财政年度规定责任的实施状况。主要的调查对象为烟尘和烟雾排放设施，常规颗粒排放设施，指定颗粒排放设施，指定颗粒排放工厂，对汇编企业单位提交的告示的数目和由县和市条例制定的责任实施状况进行调查，调查结果显示：

- 烟尘和烟雾排放设施的数目在最近几年内基本持平，自2005年3月31日起，提交的公告数目是216954。在这些当中，主要的设施是锅炉（141317个设施，占总数的65.1%），柴油机（31425个设施，占总数的14.5%）和燃气轮机（7513个设施，占总数的3.5%）。
- 制定颗粒排放设施的数目已经在减少，然而装备有制定颗粒排放设施的工厂（如拆除包含超过一定水平的应用喷雾石棉的建筑物）在增加。
- 现场检查和采取行政措施的数目和去年持平，2004财政年度中的现场检查数目大概是21000个，当中三个设施受行政措施支配包括调整现状的改良令，547个是受行政指导，如改良建议。②

---

① 蔡成平：《日本经验：治理污染有赖社会合力》，载《中国环境报》，2013年1月23日，第3版。

② National Environment Agency, "FY 2004 Status of Air Pollution", http://www.env.go.jp/en/press/2005/0829c.html.

通过这些举措，日本环境省采取综合性的严厉措施，致力于工业排污、汽车尾气等空气污染问题，取得了显著的成效，是亚洲新型工业化国家中空气污染治理较为成功的典范。

第二节　新加坡

一、城市化与空气污染：花园城市上空曾经的烟霾

（一）历史变迁

根据2013年全球金融中心指数的排名，新加坡是继伦敦、纽约和香港之后的第四大国际金融中心，又因其在环境保护上卓有成就，享有“花园型城市”的美称。作为一个城市国家，新加坡国土面积小、土地资源有限、自然资源相对稀缺，因此，在经济社会的建设与发展过程中，尤其是在工业化进程中，空气环境的保护成为一个不容忽视的问题。

经过国民经济30多年的高速发展，新加坡从一个亚洲小国一跃成为世界闻名的“花园城市”，其经济腾飞与环境保护二者的协调发展成为举世瞩目的成就。1965年，新加坡独立，开始大力推动国内经济的建设与发展。新加坡通过技术创新和大力发展高附加值工业，在短期内，其经济地位就位居“亚洲四小龙”之首。但是，经济的过快发展、人口的迅速增长和能源的大量消耗给社会、环境带来了严重的负担。新加坡国内的工业发展覆盖了三分之二的国土，带来的耕地剧减、水资源短缺等问题，都无疑给环境保护带来了巨大的压力。尤其是随着快速的城市化、工业化带来的城市空气污染问题，为国家的可持续发展和国民的生活质量带来了巨大的隐患。如何兼顾经济发展和环境保护，新加坡经历了一段曲折的探索过程。

通过短短的几十年，新加坡就在发展第二、三产业的过程中实现了

城市化，走出来一条具有特色的城市化之路。由于新加坡并非一个传统农业国家，其城市化过程不是简单的从农村到城市的过程，而是从工业着手，在发展本国工业的进程中逐渐实现城市化，突出特点是城市化与工业化同时发展、共同推动。然而，新加坡刚建国时的情况并不乐观，社会发展堪忧。在1965年建国后，新加坡面临着经济瘫痪、土地等资源短缺、失业率高等严重社会问题，为了尽快解决经济落后、生活贫困的状况，新加坡政府开始大力发展工业和经济，由此走上了工业化道路。实质上，新加坡工业化是一个通过调整工业结构，促进产业机构升级的典型过程，主要经历了五个主要阶段。① 第一阶段是1960—1965年的起步阶段。从1960年起，新加坡政府提出了多项工业化政策，包括颁布了《新兴工业法案》和《工业扩展法案》，重视民族工业的发展。新加坡于1961年成了经济发展局，全面推行新加坡的工业化政策，并负责通过招商引资促进经济发展。同年，新加坡政府大规模地开发了裕廊工业园，鼓励各类企业到工业园落户。这一系列推动工业化发展的措施收到了成效。新加坡的GDP在1960年到1964年间实现了年均增长5.3%，大型工业企业发展到超过100家。第二阶段是1965—1979年的劳动密集型发展阶段。1965年前后新加坡的工业化由于国际形势和原材料市场动荡受到阻碍，新加坡政府及时调整工业战略，提出面向出口的工业化战略，积极吸引外资，发展制造业和金融业。通过20世纪60年代的努力，新加坡逐渐形成了劳动密集型的工业发展，既提高了经济收入，也解决了民众失业的问题。第三阶段是1979—1985年的资本密集型发展阶段。通过前一阶段的原始积累，新加坡具备了雄厚的金融资本，开始向资本密集型工业发展，包括化工、冶炼和造船等重工业。第四阶段是1986—1998年的技术密集型阶段。在这一阶段，新加坡利用其地处马六甲海峡咽喉的优越位势，发展成为亚太地区的区域石油炼制中心，

① 明晓东：《新加坡工业化过程及其启示》，载《宏观经济管理》，2003年第12期。

奠定了发展化学产业的基础，并大力开发了相关技术密集型工业，主要包括石油制品、石化制品、工业用化学制品及医药制品等。在这个阶段，新加坡除了大力发展电子业、化学业、机械工程业，还发展了新的制造业支柱产业——生命科技产业，政府希望通过研究开发与引进新科技，使新加坡能够成为生命科技产业的领导者。第五阶段是从1998年以后新加坡进入知识密集型发展的时期。根据世界经济论坛发布的年度《全球竞争力报告（2013）》，新加坡的竞争力仅仅排在瑞士之后，列全球第二位，特别是其发展的基本条件和增强因素等指标列世界首位。①从这些发展历程可以看出新加坡的工业化和经济发展已成为亚洲国家的典范。

新加坡在20世纪60年代和70年代的起步发展和劳动密集型发展阶段，是这个国家经济腾飞的起步阶段，促进GDP增长，解决了民众的就业问题，使社会发展更稳定。但是，也正是工业的高速发展，特别是石油化工等高耗能、高排放的工业的发展，给新加坡带来了前所未有的环境污染。这也是在20世纪80年代新加坡大胆决定开始经济转型的原因之一。快速工业化在新加坡带来的后遗症之一，就是严重的城市空气污染问题，大大降低了当地的空气质量，显著影响了新加坡居民的生活、居住环境。由此，新加坡在城市规划和发展中，开始加强环境保护，普及全民环保教育，呼吁全民共同保护环境。同时，新加坡政府提出了环境目标——“洁净的饮水、清新的空气、干净的土地、安全的食物、优美的居住环境和低传染病率”，通过系统的立法，详细的计划，严格的执行和完善的政府职能进行了行之有效的空气污染治理。

（二）污染特征

和许多其他的大城市一样，来自工业和机动车辆的废气排放是新加

① 《全球竞争力报告》主要通过基本条件、效率增强因子、创新和成熟度影响因素比较全球不同国家的竞争力优势。参见http://www.weforum.org/issues/global-competitiveness。

坡城市空气污染的两大主要来源，其中，工业的污染主要来自精炼厂、发电厂、船舶等的排放，机动车辆的废气污染则集中在柴油、汽油汽车的尾气排放。此外，该地区陆地和森林火灾的跨界烟霾在每年的西南季风期间（8 月到 10 月）间歇性地影响新加坡的空气质量。[①] 因而，除了本国自身的空气污染问题，受气候影响，跨境空气污染及治理也是值得亚洲各国关注的问题。

地处太平洋和印度洋之间重要地理位置的新加坡作为一个岛国，其区域性空气污染问题比较突出，受到周边地区的影响很大。例如，2013 年 6 月 17 日，印度尼西亚苏门答腊岛发生林火，季风将更多的烟霾吹到了新加坡，造成了新加坡严重的烟霾天气，空气状况一度恶化。至 21 日，新加坡的空气污染指数已达到 401 点，属于“非常有害”水平，创历史最高纪录[②]，此外，也影响到了马来西亚等周边国家。继而，联合国亚洲及太平洋经济社会委员会执行秘书长诺琳·海泽呼吁亚太地区各国政府采取紧急措施，治理日益严重的空气污染状况。[③] 实际上，区域性空气污染问题一直存在，在全球化的背景下尤其突出，需要世界各国同心协力，共商对策。

新加坡工业区的空气污染主要来源于工厂、发电厂等，主要污染物是二氧化硫、一氧化碳、碳氢化合物、铅以及一些微粒。以二氧化硫（SO_2）为例，这是主要的空气污染物之一。二氧化硫的排放来源主要是新加坡的精炼厂、发电厂、船舶、其他的工厂等来源，如机动车辆、飞机和建筑业。其中，二氧化硫排放量最多的是精炼厂，其排放贡献量占了 71%；其次是发电厂，二氧化硫排放的贡献量也达到了四分之一（见表 4.3）。在了解二氧化硫污染源的基础上，针对其排放源进行排放监测

---

① National Environment Agency, “Air Quality and Targets”, http: //www. nea. gov. sg/psi/.

② 赵颖：《印尼林火不断 新加坡受烟霾之苦》，载《国际在线》，2013 年 6 月 20 日。

③ 《联合国呼吁亚太各国采取紧急措施治理空气污染》，http: //www. chinadaily. com. cn/hqgj/jryw/2013 -06 -23/content_9392251. html，中国日报网，2013 年 6 月。

和控制，也是控制空气污染的有效办法。

表 4.3　二氧化硫（SO_2）排放物清单

来源	排放源	SO_2 排放量（吨）	SO_2 排放的贡献量
精炼厂	壳牌	31 267	71%
	新加坡炼油公司	26 768	
	埃克森美孚公司	26 683	
发电厂	大士能源公司	16 064	25%
	西拉雅能源公司	8 557	
	圣诺哥能源公司	5 963	
其他工厂	胜科公用事业和终端	577	3%
	埃克森美孚石化产品	373	
	林德合成气公司	370	
	三井物产苯酚公司	275	
	新加坡石化公司	185	
	英威达	1	
	其他燃油使用者	1 857	
	柴油使用者	35	
机动车辆	汽油车辆	855	1%
	柴油车辆	111	
合计		119 941	100%

资料来源：http：//app2. nea. gov. sg/anti-pollution-radiation-protection/air-pollution-control

二、重要法律与政策："洁净的饮水、清新的空气、干净的土地、安全的食物"

（一）重要立法

20 世纪 70 年代至 90 年代期间，新加坡在空气污染治理中已经建立起一套详尽、系统、成熟的法律法规体系，并设定了严厉的执法程序。它始终坚持"立法优先，严格执法"的治理理念，使得其空气污染的防治具备了有效的法律保障及依据，也是其空气污染治理成功的关键一步。

新加坡的环境污染管制法令的款项都很具体，对各类污染物的排放和处理都作出了细致的规定，设立了明确的标准，使其具备较强的操作性。无论是对工程建设方面的，还是对工商活动、日常生活的污染，都能找到切实可行的法令依据。新加坡第一部空气污染法是 1972 年通过的《清洁空气法》（*Clean Air Act*）。这部法律在 1999 年被《环境污染控制条例》（*Environmental Pollution Control Act*）中的《环境污染控制（空气杂质）条例（2000）》所替代。在 2008 年，《环境污染控制条例》更名为《环境保护和管理条例》，其规定的排放标准更加严格。

新加坡空气治理的制度特色在于立法详尽，且条例内容全面而具体、惩罚力度大，例如《环境污染控制法》中，专门设置了八个款项，清晰地规定了对各类的环境保护违法行为进行连续处罚，提高了违法成本。同时，新加坡通过空气污染条例指导机动车辆运行、进口和许可。比如《环境保护和管理（机动车排放）条例》第 19 条规定，任何人在公路上使用或允许使用排放烟雾的车辆都是违法的。按照自 2001 年 1 月 1 日起生效的标准，所有的汽油和柴油机动车在新加坡使用前必须达到欧 II 耗尽排放标准。最大载重量在 3500 千克或以下的轻型载货汽车在欧洲指令 96/69/EC、最大载重量在 3500 千克以上的重型车辆在 91/542/EEC 阶段 II 上分别有详细说明。要达到排放标准，所有汽油机动车必须装备三元催化转换器。

另外，自 2006 年 10 月 1 日起，所有新的柴油机动车在新加坡使用前必须达到欧 IV 耗尽排放标准，最大载重量在 3500 千克或以下的轻型载货汽车在 EC 指令 98/69/EC – B（2005）、最大载重量在 3500kg 以上的重型车辆在 1999/96/EC – B1（2005）上分别有详细说明。在 1991 年 10 月 1 日至 2003 年 6 月 30 日之间注册的摩托车或小轮摩托车，必须达到的排放标准为 US 40 CFR 86. 410 – 80。2003 年 7 月 1 日后新注册使用的摩托车、小轮摩托车必须达到的耗尽排放标准为欧洲指令97/24/EC。

此外，所有的机动车必须接受定期的强制监测，这些检查保证车辆的排放标准达到规定标准。保证车辆在公路上行驶之前处于好的状态是每一个机动车车主的责任。除了日常的维修和车辆的维护，驾驶员应避免超载以及行驶时拖动发动机。对二冲程的摩托车来说，行驶时产生的白烟主要是由于使用超过车辆制造商的手册上规定的润滑油的量所造成的。[①] 新加坡《环境污染控制法》及附属规例明确、细致地列举出了空气污染的防治措施和标准，为法例的执行提供了具体依据。比如，通过烟囱向外排放黑烟或者超过法律限度的排放都是违法行为，在烟囱上都会安装烟密度测量计来监测排放的烟的溶度，另外也对烟囱的高度进行监测以保证能够正常地散发。为了鼓励采用清洁技术，新加坡的《所得税法案》出台一项政策，对任何有效的污染控制设备和认证的节能设备的安装费用给予全额的补贴。行政部门拥有广泛的权力，可以为降低空气污染而要求企业采取补救措施，这包括调整烟囱的高度和尺寸，提高燃料质量，设备的改动，特殊设备的安装以及维护记录。为控制硫氧化物的排放，对燃油的类型也作了规定。坐落在指定区域的工业必须使用硫含量不超过1%的燃料；坐落在靠近居住区的工业要使用硫含量低于0.05%的清洁燃料。污染控制局对工业区和非工业区实施定期的检查以确保污染控制设备得到安装和正常运行，还进行气源的测试、燃料的分析等，对高污染的工业的检查更频繁。该法案还禁止露天焚烧废弃物，并规定只能在特定区域燃烧香烛和蜡烛。

（二）治理措施

为了在2020年达到可持续发展蓝图中的空气质量指标，新加坡制定了一系列减排措施（表4.4）及其阶段目标，从而达到保持可持续发

---

① 参见 National Environment Agency: Air Pollution Regulations, http: //www. nea. gov. sg/psi/。

展、保证公众健康和维持国家经济竞争力的综合目标。

表 4.4　空气污染物排放标准及各类污染物的减排标准及具体措施

污染物	2020 年短期目标	长期目标
二氧化硫	24 小时平均值 50 微克/立方米 （世界卫生组织中期目标） 年平均值 15 微克/立方米 （新加坡可持续发展蓝图目标）	24 小时平均值 20 微克/立方米 （世界卫生组织最终目标）
可吸入微粒 PM2. 5	年平均值 12 微克/立方米 （新加坡可持续发展蓝图目标） 24 小时平均值 37. 5 微克/立方米 （世界卫生组织中期目标）	年平均值 10 微克/立方米 24 小时平均值 25 微克/立方米 （世界卫生组织最终目标）
可吸入微粒 PM10	年平均值 20 微克/立方米 24 小时平均值 50 微克/立方米 （世界卫生组织最终目标）	
臭氧	8 小时平均值 100 微克/立方米 （世界卫生组织最终目标）	
二氧化氮	年平均值 40 微克/立方米 1 小时平均值 200 微克/立方米 （世界卫生组织最终目标）	
一氧化碳	8 小时平均值 10 微克/立方米 1 小时平均值 30 微克/立方米 （世界卫生组织最终目标）	

污染物	措施
二氧化硫	从 2013 年 6 月起，NEA 将授权供应含硫量仅为 0. 001% 的接近无硫柴油，为柴油车的欧 V 排放标准铺垫道路，从而进一步减少柴油车和工业的 SO_2 排放。
	在 2013 年 10 月 1 日之前，NEA 将授权为机动车辆供应含硫量低于 0. 005% 的清洁汽油，为欧 IV 排放标准铺垫道路。这将进一步减少产生臭氧的 HC 和 NO_x。
	NEA 和 EDB，将和冶炼厂一起改进冶炼过程，减少 SO_2 排放。发电厂也将一起利用清洁燃料作为能源从而减少 SO_2 排放。在发电厂和工厂转换成利用清洁燃料减少 SO_2 排放的同时，其他的污染物，如 PM2. 5 也将同时降低。

续表

污染物	措施
可悬浮颗粒（PM2.5 + PM10）	从2013年6月起，机动车辆和工厂将会利用含硫量低于0.001%的接近无硫柴油。
	从2014年1月1日起，所有新注册的柴油车辆将不再用欧IV排放标准，而将使用更严格的欧V排放标准。欧V柴油轿车的颗粒排放远远低于欧IV柴油汽车。
	利用早期周转计划调动欧I柴油商业车辆车主的积极性，将车辆更换为和欧V标准相符的车辆。
	从2014年1月1日起，所有在用的柴油车辆的烟度在检查中必须低于40个哈特里奇烟度单位（从50个哈特里奇烟度单位）或更低。
臭氧	从2014年4月1日起，新的汽油车辆必须与欧IV排放标准相符。
	自2014年10月1日起，摩托车和小轮摩托车的排放标准将采用欧III标准。

资料来源：http：//app2. nea. gov. sg/anti-pollution-radiation-protection/air-pollution-control

为了达到以上的空气污染防治目标，新加坡在全国不同区域的13个遥测远程空气监测站组成的一个监测网络进行实时报告，通过拨号电话与中央控制系统相连接。在监测点读取的空气质量数据每隔一段时间或按需要直接传送到控制站。①

和其他高度城市化的城市一样，机动车辆排放也是空气污染的重要来源。新加坡通过提高发动机和燃油质量以减少排放，并通过交通管理方式来控制车辆增加和燃料消耗。新加坡是最早针对机动车驾驶人群采取“污染者自负”原则的国家，所有的机动车要缴纳大量的税收，税收随着机动车使用年限的增加而递增。为了保证机动车处于良好的状态，当机动车使用三年时必须接受强制检查，并且自此每隔两年要进行尾气

① 赵洁敏：《新加坡特色的环境治理模式研究》，湖南大学硕士学位论文，2011年。

排放量的测试。同时新加坡鼓励清洁车辆，提高汽车燃料的质量并限制一些污染重的燃料的使用。这一政策不仅降低了机动车排放造成的污染，也减少了道路拥堵的现象。污染控制处负责控制汽车的排放，这些年来，汽车排放标准越来越严格。从2001年1月1日，所有汽油和柴油驱动的客车和运载量不超过3500千克的轻型车辆必须符合欧盟II排放标准；而最大运载量超过3500千克的重型车辆在登记前就必须符合91/542/EEC Stagell的排放标准。从2003年7月1日起所有摩托车在登记使用之前必须符合欧洲97/24/EC的废气排放标准。新加坡为了控制机动车的数量，规定购买汽车必须首先获得权利证书（Certificate of Entitlement），每月只提供有限数量的证书，并且需要竞投购买。每个证书有10年的有效期，过期后必须重新购买。新加坡从具体污染物着手来控制空气污染，制定了具体污染物的排放标准及对应的减排措施。此外，针对不同的空气污染源，如机动车辆、工业排污等，制定了更为详细的减排对策：

- 机动车辆

机动车排放的尾气中的污染气体是城市空气污染的重要来源。因此新加坡特别重视减少机动车的尾气排放，除了采取其他国家也普遍采取的措施，比如推广环保车辆的制造和销售、制定气体排放标准以及燃油质量标准、加强机动车维修保养、旧车强制检查等，新加坡还从1975年6月开始实行道路收费，将其作为减少机动车辆行驶，改善大气质量的主要手段之一。道路收费是新加坡整体交通战略的重要部分，在道路通行能力不断加强以满足不断增长的旅游需求的同时，还要更大程度上依赖公共交通的使用及加强需求管理。需求管理的一个方面就是限制车辆的所有权，无论是通过征收高额前期所有权费用或者是限制汽车的实际增长数量，前者包括关税和车辆注册费，后者则是通过车辆配额制度管理。需求管理的另一方面是限制车辆的使用，根据驾驶员使用车辆的数量、地点或时间征收费用。整体而言，就是使用汽车越多，支付的费用越多。道路收费计划、燃油税、柴油税、停车费、牌照费等都属于这个范畴。①

虽然新加坡目前的空气质量已达到国际先进标准，但是新加坡政府仍然坚持执行各项措施，确保机动车辆的尾气排放符合标准。为确保机动车辆的良好状态，新加坡于 1981 年就建立了旧车强制检查制度，所有车辆在三年使用期满之前必须到指定的检测中心接受检查，此后的检测频率依车辆类型而异。检测中心对车辆的检测要确保每一部分都能正常运行，特别要进行严格的尾气排放检测。通过检测的车辆予以颁发牌照，并根据政府制定的费率缴纳客观的道路使用税，未通过检测的则不能上路行驶。良好的保养维护不但可以减少尾气排放带来的空气污染，同时也能减少由于机动车故障引发的交通事故。② 另外，新加坡与伦敦相似，从 1998 年开始在城市中心区实施机动车道路使用收费制度，通过电子道路收费系统（Electronic Road Pricing System）对进入城市中心区的车辆收取费用。

应对机动车辆尾气排放和污染的状况，新加坡环境局也不断调整标准，以制定有效的对策。第一，NEA 调整了新加坡可使用的燃料的类型和质量，同时设置了所有车辆最小耗尽排放标准；第二，环境局采用严格的强制执行措施针对公路上的冒烟车辆；第三，同时规定，保证车辆在公路上行驶之前处于好的状态是每一个机动车车主的责任。

近期，新加坡政府进一步收紧车辆和燃油排放标准。近年来，化工产业和柴油车辆导致二氧化硫和微细颗粒 PM2.5 的浓度超标，新加坡政府决定在这两年内逐步收紧车辆和燃油的排放标准。从 2014 年 1 月 1 日开始，柴油驱动车废气排放标准由目前的欧洲四期收紧到欧洲五期；2014 年 4 月 1 日开始，汽油驱动车废气排放标准由目前的欧洲二级标准

① Keong, C. K.,"Road Pricing: Singapore's Experience", IMPRINT - EUROPE Seminar, 2002.

② 《多管齐下·新加坡防治大气污染有高招》，载《法制日报》，2013 年 2 月 19 日。

提高到四级标准；炼油厂、电厂等也需要使用清洁燃料如天然气和低硫燃料等，同时改善生产流程，减少二氧化硫排放。[①]

- 越野车柴油发动机

从 2012 年 7 月 1 日起，所有新加坡进口越野车发动机必须达到欧洲阶段Ⅱ，美国Ⅱ级和日本Ⅰ级越野车发送机排放标准。越野车柴油发送机是指任何一部件或机器采用柴油发动机作为主要的或者辅助的原动力，没有被道路交通当局允许在公路上行驶。包括建筑施工设备，如起重机，挖掘机，升降机和发电机。在船舶、铁路、机车和飞机上使用的柴油发动机不在此之内；自 2012 年 7 月 1 日起，所有新进口的越野车柴油发动机，包括新的和在用的，目的在于在新加坡使用的必须达到规定的排放标准。这规定包括发动机功率在 560 千瓦以上的。新加坡内进口的功率在 560 千瓦以上的备用发动机可在 2013 年 12 月 31 日宽限期内达到规定的排放标准。在宽限期内，所有功率在 560kW 以上的备用发动机须达到美国Ⅰ级排放标准，公司必须在需求中向 NEA 写明。发动机或越野柴油设备可被送往海外或者新加坡认可的实验室根据 ISO 8178 标准进行排放物检测。

对于新的越野柴油发动机，环境局接受每个部件的普通的排放试验报告。对于再用的越野柴油发动机，环境局要求在新加坡使用之前每个部件进行排放试验。此外，任何人在 2012 年 7 月 1 日之后在新加坡内使用没有达到规定的排放标准的越野柴油发送机都是违反《环境保护和管理（越野发动机排放）条例》的。[②]

- 工业排污

工业是新加坡经济发展的主导力量，尤其在重工业方面成果显著，拥有东南亚最大的炼油中心、化工、造船、电子和机械等，以及著名的

---

① 广州市协作办公室：《发达国家的空气污染治理经验值得我国吸收借鉴》，http://www.gzxz.gov.cn/Item/38597.aspx，2013 年 1 月 29 日。

② 参见 http://www.nea.gov.sg/psi/。

裕廊工业区。对发电厂、炼油厂等主要的空气污染源，新加坡从1980年起就开始严加管制，设定更为严格的标准，规定用于发电的液态油中硫黄含量不得超过2%。对于在空气中排放污染物的工业企业，新加坡政府强制要求其安装专门的尾气监测和处理设备，长期监测其废气排放，采取措施达到空气监测指标要求。[①]

三、治理机制与特色：立法优先，执法严厉

（一）组织架构

新加坡环境治理的组织架构十分具有特色，其负责环境事务的国家政府部门是环境与水资源部（Ministry of the Environment and Water Resources）。环境与水资源部的前身是环境部（Ministry of Environment）。环境部成立于1972年9月，主要职能包括污染控制、污水处理和环境健康。在2001年，新加坡重新划分了对水资源的管理职能，成立了公共设施委员会（Public Utility Board，PUB），对污水处理和下水道的管理全部划分给PUB，而PUB本身从原来隶属的贸易和工业部（Ministry of Trade and Industry）归属到了当时的环境部。2002年7月1日，新加坡成立了环境局（National Environment Agency，NEA），全面负责在新加坡建立一个洁净和绿色的环境。[②] 新加坡环境部于2004年正式更名为环境与水资源部，这个名称一直沿用至今，而NEA和PUB则成为该部门下属的两大法定机构（statutory board）。[③] 法定机构是新加坡20世纪80年代开始的政府企业化改革的主要举措之一。法定机构的主管由新加坡公共服务委员会直接任命，不受其隶属部门的直接管辖，只存在松散的行政隶属关系，在人事和财务上保持相当的自主权。这种机制保证了类似

---

① 参见National Environment Agency：Air Quality and Targets，http：//www. nea. gov. sg/psi/。

② 参见http：//app2. nea. gov. sg/corporate-functions/about-nea/overview。

③ 参见http：//app. mewr. gov. sg/web/Contents/Contents. aspx？Id = 189。

于环境局这样的法定机构能够有充分的执法权力，不受行政部门间的干扰。法定机构的雇员也不属于公务员（civil servant），而是公共服务（public service）的雇员，保证了其专业性。[①]

作为新加坡空气污染治理立法和宣传的主要部门，新加坡环境局下设多个部门，分别负责环境保护的不同部分，在环境保护上具有更高的自治权。与美国环境保护局相似，新加坡环境局的目标是保护新加坡空气、陆地和水资源，以及通过提供良好的环境和气象服务来保证公众健康，提高公众的意识，为子孙后代营造优质的生活环境。从组织架构上看，新加坡环境局涵盖了以下部门：3P 网络部门（3P Network Division，3PND）[②]、企业服务及发展署（Corporate Services & Development Division，CSDD）、人力资源署（Human Resource Division，HRD）、企业沟通署（Corporate Communication Department，CCD）、政策与规划署（Policy & Planning Division，PPD）、环境保护署（Environmental Protection Division，EPD）、环境公共卫生署（EPHD）、新加坡气象服务（MSS）、战略发展与转化办公室（SDTO）。[③] NEA 的共九大主要部门各司其职，在不同的环境保护领域有明确分工，共同致力于环境保护工作。其中，与空气污染治理密切相关的是环境保护署和环境公共卫生署。

（二）政策特色

1．立法优先，执法严厉

新加坡政府实施环境保护工作是以立法为先，为治理工作提供了法律依据。从 20 世纪 60 年代开始，新加坡政府就意识到了保护空气质量

---

① 新加坡目前有超过 14 万的公共服务雇员在政府的各个部门工作，而真正意义上的“公务员”则只有 8 万人，主要包括在公立教育系统的 4 万多教师。感谢新加坡南洋理工大学的于文轩博士提供的有关法定机构及其雇员的相关信息。

② 3P 指的是公众、公共和私人部门（People，Public and Private），这是新加坡环境保护和其他公共政策推崇的合作框架。详见下文叙述。

③ 参见 National Environment Agency：About NEA，http：//www. nea. gov. sg/psi/。

的重要性，全面着手制定与环境保护相关的条例，并设立了严格的技术标准，减轻工业及生活污染对大气质量的影响。在过去的几十年中，随着经济的发展，空气污染防治方面的法规条例也随之不断地丰富完善，尽量做到权责清晰，标准严格，并注重提高可操作性。

具体看来，在空气污染治理的实践中，新加坡政府采用环环相扣的方式，形成了一套周全的程序。首先，重视前期的预防，以宣传、教育等方式，使环保理念深入人心。此外，也将空气污染治理纳入城市的规划阶段，从最初的城市土地规划、工业工程项目的选址等方面就开始进行严格管制，为后期的治理降低了成本；其次，在执行中，在严格执行法例条令的基础上，监测与监督双管齐下。一方面，建设并管理好环境基础设施，对空气质量水平进行定期监测、对道路车辆所排放的空气污染气体进行监控，并不断改善管制手段和措施。值得一提的是，新加坡政府对空气污染治理的严格程度相对较高，如规定对信手涂鸦这类恶意破坏公共环境的人甚至会施行鞭刑。同样的，在对关乎国民生活健康的空气污染治理过程中，也严格按照条例规定的标准执行。

新加坡环境与水资源部和环境局在 1992 年颁布实施了第一部《绿色新加坡规划》（*Green Singapore Plan*，SGP）。自此，“绿色新加坡”成为新加坡环境保护和空气污染治理的核心概念。《绿色新加坡规划》主要通过建立有效的环境保护措施，在实现经济发展的同时保证当代和未来的环境质量。经过 20 世纪 90 年代的初期实施，新加坡在 1999 年对《绿色新加坡规划》进行了全面的评估，于 2002 年 8 月颁布实施了最为著名的《绿色新加坡 2012》战略（*Green Singapore Plan 2012*），将环境保护的目标从单纯地追求“清洁”和“绿色”提高到保证环境的“可持续性”。[①] 在《绿色新加坡 2012》战略实施三年之后，新加坡政府于 2005 年邀请社会各方人士对初期执行效果进行了评估，通过网络问卷、

① 参见 www. mewr. gov. sg/sgp2012。

公开展览和多方座谈等形式收集反馈，对计划进行修订，于2006年3月颁布了改进版的《绿色新加坡2012》。新加坡政府宣布，这个计划的所有目标都已经按照预定时间完成。

为了使环境保护成为国家持续的政策，新加坡政府在2009年4月继而颁布实施了《可持续新加坡蓝图》（*Sustainable Singapore Blueprint*），制定了到2030年的可持续发展目标。[①] 这个规划由跨部门的可持续发展委员会（Inter-Ministerial Committee on Sustainable Development ，IMCSD）负责编制，确定了三个原则[②]：

（1）长期、全面的规划：涵盖了从能源到交通，从工业发展到城市规划的长期全面的环境保护分析，目标是保证可持续的发展。

（2）可行和低成本的实施：通过合理的分析找到环境保护和经济发展相协调的路径，不但要注重短期的效益，也要考虑长期的发展，通过缓解个人和企业在短期内的经济负担来保证可持续发展的可行性。

（3）灵活性：同时保证环境质量和维持经济增长是长期的工作，必须根据全球的技术发展进行灵活地调整，现阶段对解决环境问题的能力培养将有利于更好地面对和解决未来的环境问题。

在这些原则下，《可持续新加坡蓝图》确定了四个首要任务[③]：

（1）提高资源消耗效率，保护珍贵资源；

（2）控制环境污染，保护环境质量，包括清洁空气、水、交通和公共健康；

（3）提高公众的环保意识和环境知识，提倡全球范围内的可持续城市发展；

（4）鼓励公众参与和社区意识，发动企业、非政府组织共同努力保护环境。

---

① 参见 www. sustainablesingapore. gov. sg。

② 参见 http：//app. mewr. gov. sg/web/contents/ContentsSSS. aspx？ ContId = 1295。

③ 参见 http：//app. mewr. gov. sg/web/contents/ContentsSSS. aspx？ ContId = 1296。

2. 公私合作，市场手段

在以上的这些宗旨下，新加坡取得了良好的空气污染治理效果，另一个关键的手段在于实现公共部门与私人部门之间的协力合作，政府不是治理的唯一主题，并且以市场化的手段和运作模式进行综合性治理。如前文所述，新加坡环境局专门成立了3P网络部门，建立公众、政府和企业之间的全面合作关系。概括而言，在整体规划的战略阶段，主要由新加坡政府进行统一组织、规划、指导实施；而在具体的执行阶段，由社会多力量共同参与，公共机构与私人企业界发挥各自的优势，一般由政府提供环境基础设施、由私人企业界提供环境保护方面的服务。例如在垃圾处理方面，政府出资建设垃圾填埋场等基础性设施，私人企业界则进行垃圾的收集、运输等服务性工作。

在新加坡政府在经济建设中，尤其重视工业污染的控制，一般采取与工业企业建立合作伙伴关系，在法例规定的基础上，引导企业与政府共同治理空气污染，降低了政府治理空气污染的负担，也增加了私人企业界的参与。主要是通过制定管制措施、支持政策，双管齐下，由此刺激经济主体的行为，例如，规定工厂必须将其制造过程开展环保设计或安装必要的污染控制设施以达到规定的排放标准。另外，新加坡政府积极支持并推动环保工业的发展。通过治理的实践，证明了新加坡“政企合作”的空气污染治理模式是具有一定成效的。

综合来看，对于城市空气污染的治理，新加坡政府主要通过立法、控制机动车辆排放等综合性治理措施，经过了严格执行，在一定程度上缓解了空气污染问题。直至20世纪90年代，才实现了经济与环境二者的协调发展，为国民创造了良好的空气环境。回顾新加坡的空气污染治理之路，可以发现其城市空气污染控制的突出特色集中于以下两点：第一，综合城市和工业的规划和发展，使新加坡政府能够在规划阶段有效地控制空气污染；第二，立法、严格的执法程序和空气质量监测保证了即使在稠密的城市以及大的工业基地的基础上仍能保持空气良好的质量。新加坡在空气污染治理方面的立法十分完备、详尽，其执法力度也相当严厉，加之全民式的环保教育，使其空气污染治理成效明显，不愧为其他城市借鉴的楷模。

如今，新加坡的城市清洁干净、天空明净、绿地悠悠、空气清新，与繁荣的经济相得益彰，向全球展现了一个名副其实的“花园城市”。根据世界银行和亚洲发展银行于2000年和2003年之间，对亚洲20个主要城市进行的联合研究发现，这些城市当中，至少十个城市的空气所含的最危险污染物质，超出世界卫生组织所定下的安全水平。在这些城市当中，新加坡是唯一所有主要污染物质含量，包括一氧化碳、二氧化硫、二氧化氮和悬浮物质都低于安全标准的城市。[①] 新加坡的空气质量甚至能够和美国以及欧洲的城市空气质量相媲美，如在2009—2013年新加坡96%的时间空气污染指数（Pollutant Standards Index，PSI）均达到了“良好”。[②] 这些成就反映了新加坡几十年来空气污染治理的成果，值得亚洲其他国家认真借鉴。

第三节　中国香港

一、城市化进程与空气污染：高人口密度金融中心上空的污染

（一）历史变迁

自第二次世界大战后，香港经济和社会开始飞速发展，20世纪80年代一跃成为“亚洲四小龙”之一。现今，中国香港作为国际大都市，经济繁荣、社会文化全面发展，是仅次于纽约和伦敦的全球第三大金融中心，并享有“东方之珠”的美誉。作为中国的一个特别行政区，香港

---

① 《亚洲城市空气污染问题严重，空气质量新加坡最佳》，中国新闻网，http：//www. chinanews. com/news/2004/2004 - 12 - 07/26/514213. shtm，2004年12月7日。

② 杨萌：《空气污染指数计算法将更严格》，载《联合早报》，2014年3月12日。

实行自由的经济体系，加上优越的地理位置，成就了它强大的综合实力，中国社会科学院发布的《2013 年中国城市竞争力蓝皮书——新基准：建设可持续竞争力理想城市》报告显示，香港在 2012 年中国两岸四地 293 个城市中的综合竞争力指数排名第一。

香港人口较为密集，根据香港特区政府统计处数据显示，香港的人口超过 700 万，总面积为 1070 平方公里，是全球人口最密集的地区之一。尤其是 1997 年以来，由于经济发展态势日趋平稳，香港人口与城镇化的发展也呈现许多新趋势：（1）由高增长到平稳发展的趋势；（2）老城区人口的下降趋势；（3）新界地区人口的高增长趋势；（4）外来迁移人口增长显著。[①] 然而，随着城市化、工业化的发展，城市空气污染问题逐渐凸显。在香港经济社会繁华的背景下，人口密集、高楼大厦遍布、交通拥挤等因素加剧了大气污染问题，大大提高了当地的医疗成本，也成为制约香港市民健康发展、经济与环境协调发展的关键因素。就香港本土而言，当地汽车尾气、发电厂、炼油厂等废气排放直接加剧了空气污染的严重程度，降低了空气质量；此外，由于香港所处的地理位置，近年来受到珠江三角洲地区空气污染的影响，面临着区域性的烟雾问题。

与一些国际大都市相比，香港的空气质量也不甚理想。2011 年香港大气中的二氧化氮全年平均浓度水平，较悉尼、伦敦和纽约分别高出 279%、47% 和 36%；香港大气中的可吸入悬浮颗粒全年平均浓度水平，也比这三个城市分别高出 220%、100% 和 153%。[②] 可以说，香港的空气质量虽然比国内的北京、上海、广州、深圳等大城市好，但与国际上其他城市相比，仍然存在一定的差距。

---

① 蒋荣：《香港人口城市化发展趋势及其影响意义》，载《中国城市化》，2005 年第 2 期。

② 林建杨：《香港治理空气污染目标未能实现》，载《人民日报》，2012 年 11 月 15 日。

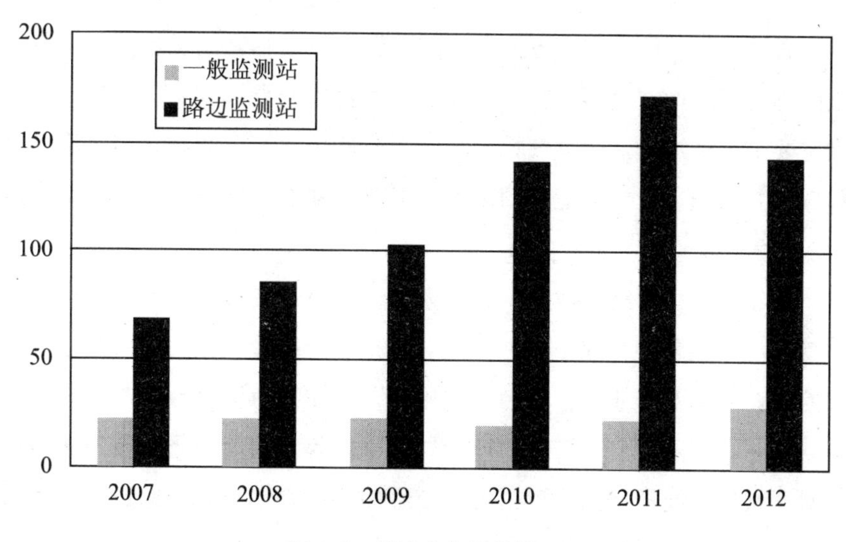

图 4.3　香港空气污染情况

资料来源：http：//sc. epd. gov. hk/gb/www. epd. gov. hk/epd/tc_chi/environmentin-hk/air/air_maincontent. html

难得的是，香港早就意识到空气污染问题，当地的政府、民间组织、公民都非常关注空气污染问题及其影响。因此，香港以保障市民的健康为重，在空气污染治理上采取了系统性、综合性的策略，管制措施和激励措施双管齐下，稳步推进，如早在 1987 年，就以《空气污染管制条例》为指导，制定了空气质量指标；1999 年，针对机动车辆尾气排放，开始实行全面的车辆管制措施；2013 年 7 月 10 日香港特区立法会通过空气污染管制（修订）条例，旨在落实新空气质量指标等等。2013 年 1 月 16 日，香港特区长官梁振英在他的施政报告中就特别强调将环境治理列入政府的重要议程，提出“特区政府今年将启用上百亿港元资金来资助车主更换环保汽车”等进一步积极改善空气质量的措施。①

① 吴木銮：《香港治理空气污染的经验》，载《东方早报》，http：//www. dfdaily. com/html/63/2013/1/18/931519. shtml，2013 年 1 月 28 日。

（二）污染特征

香港的空气污染有多方面的原因，目前正面临着两类主要的空气污染问题——路边空气污染和区域性的空气污染问题。其中，路边空气污染主要来自柴油车辆的废气排放，而区域性的空气问题则是由香港本地和珠江三角洲邻近香港地区的车辆、工业及发电厂排放的污染物引起的大气空气污染。①

近年来，香港特区政府一直致力于改善路边空气污染和解决区域性的烟雾污染问题，采取了多种措施，包括：严格管制车辆尾气排放、明确控制发电厂及作业工程的污染物排放，并加强粤港合作，与广东省政府共同制订、落实空气污染治理计划和目标等。同时，香港政府也意识到对于城市空间拥挤、人口密集、交通拥堵的香港来说，路边空气污染对居民生活的影响更为严重，直接影响居民的日常生活和身体健康。因此香港制定了空气质量指标，重视空气质量的管理工作。空气质量管理工作的整体政策目标，是以合理而实际可行的方法，尽快使空气质量达致和维持在可接受水平，从而保障市民的健康和福祉，并在公众利益的前提下，推广保护空气质量和使空气清新怡人的概念。② 一直以来，香港都十分重视当地空气质量的管理，并根据国际标准不断提高空气质量指标的标准，设置了全面的空气质量建成网络，并设立路边监测站和一般监测站进行定期监测，每年制定空气质量报告，为公众提供空气质量信息咨询。在 1987 年，香港政府就根据《空气污染管制条例》制定了空气质量指标，明确控制七种普遍的空气污染物。在采取一定的管制措施后，香港的空气质量得到一定的改善。根据最新的统计数据，香港空气污染的主要污染物为二氧化硫、氮氧化物、可吸入悬浮粒子和挥发性

---

① 秦岭：《谁为香港的清洁空气买单?》，中国作家网，http://www.chinawriter.com.cn/bk/2006-12-22/8409.html，2006 年 12 月 22 日。

② 香港环境保护署：《香港的环境：空气》，http://sc.epd.gov.hk/gb/www.epd.gov.hk/epd/tc_chi/environmentinhk/air/air_maincontent.html。

有机化合物，相较于1997年，这四种主要的污染物排放量都有所削减，但尚未完全达到现行的空气质量指标。根据一般监测站和路边监测站的数据，在2011年，二氧化氮（NO_2）、可吸入悬浮粒子（RSP）、总悬浮粒子（TSP）在多处未能达标（见表4.5）。

表4.5　香港的空气质量指标及2011年达标情况

污染物	平均时间	空气质量指标（微克/立方米）	在2011年量度所得的最高浓度（微克/立方米）（括号显示录得最高数据的监测站所处的地区）		达标情况
二氧化硫（SO_2）	1小时	800	一般监测站	261（深水埗）	达标
			路边监测站	177（旺角）	达标
	24小时	350	一般监测站	85（葵涌）	达标
			路边监测站	64（中环）	达标
	全年	80	一般监测站	21（葵涌）	达标
			路边监测站	14（中环）	达标
二氧化氮（NO_2）	1小时	300	一般监测站	296（深水埗）	达标
			路边监测站	511（铜锣湾）	尚未达标
	24小时	150	一般监测站	165（葵涌）	尚未达标
			路边监测站	252（中环）	尚未达标
	全年	80	一般监测站	70（深水埗）	达标
			路边监测站	124（铜锣湾）	尚未达标
可吸入悬浮粒子（RSP）	24小时	180	一般监测站	173（元朗）	达标
			路边监测站	135（中环）	达标
	全年	55	一般监测站	54（元朗）	达标
			路边监测站	66（铜锣湾）	尚未达标
总悬浮粒子（TSP）	24小时	260	一般监测站	196（元朗）	达标
			路边监测站	199（旺角）	达标
	全年	80	一般监测站	86（元朗）	尚未达标
			路边监测站	102（旺角）	尚未达标

（续表）

污染物	平均时间	空气质量指标（微克/立方米）	在2011年量度所得的最高浓度（微克/立方米）（括号显示录得最高数据的监测站所处的地区）		达标情况
臭氧（O_3）	1小时	240	一般监测站	316（塔门）	尚未达标
			路边监测站	157（中环）	达标
一氧化碳（CO）	1小时	30 000	一般监测站	3210（元朗）	达标
			路边监测站	4030（铜锣湾）	达标
	8小时	10 000	一般监测站	2610（元朗）	达标
			路边监测站	3309（铜锣湾）	达标
铅（Pd）	3个月	1.5	一般监测站	0.104（元朗）	达标
			路边监测站	0.097（旺角）	达标

资料来源：香港环境保护署，http://www.epd.gov.hk/epd/tc_chi/environmentinhk/air/air_quality_objectives/files/compliance_chi.pdf

香港环境保护署通过对比1990—2011年香港市区、新市镇、郊区、路边这四处的污染物浓度变化趋势进一步分析了岛内各类主要空气污染物的影响程度、污染来源及长期趋势。

二氧化硫（SO_2）

一般来说，二氧化硫主要形成于矿物燃料燃烧、含硫矿物处理等过程中，最常见的是煤和石油燃烧。在工业工程上，主要来源于发电厂、炼油厂等，日常生活中则主要来源于道路汽车排放的废气，恰恰这二者都是香港空气污染的重要来源。从香港1990—2011年二氧化硫的长期趋势图看，市区、新市镇、郊区、路边的二氧化硫浓度都没有超过全年空气质量指标，整体保持良好的状态。1990年政府立法控制工业燃料的含硫量，因此1991年的二氧化硫浓度明显下降；2009—2011年，市区和路边的二氧化硫浓度略高于新市镇和郊区，2010年降到最低水平，但2011年略有上升，主要受路边和市区机动车辆尾气排放的污染影响。

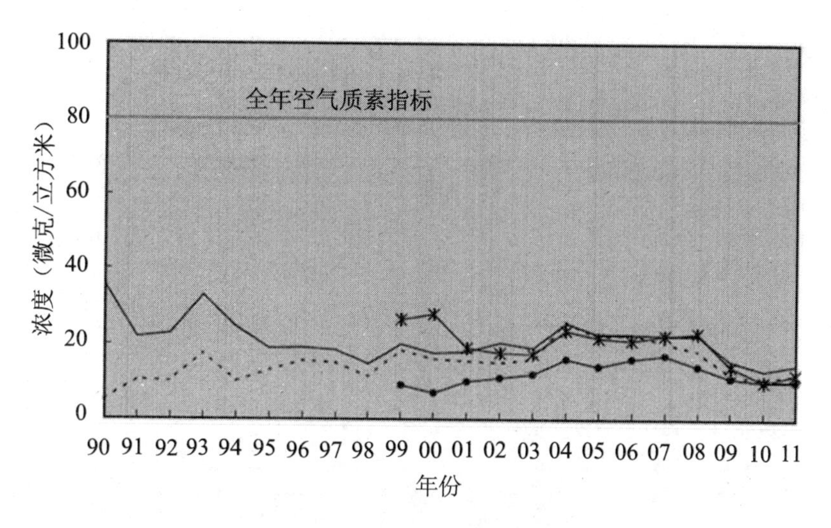

图 4.4　香港二氧化硫污染情况

资料来源：香港环境保护署网站，http：//sc. epd. gov. hk/gb/www. epd. gov. hk/epd/tc_chi/environmentinhk/air/air_maincontent. html

总悬浮粒子

总悬浮粒子包括由烟、尘、煤灰、以固体物质或液体点滴或凝结的蒸汽形态悬浮于空气中。来源可能是天然的，例如海（由风吹送的海盐）及土壤（由风吹送的土壤粒子），或人工来源例如柴油车废气、建筑活动或工厂。总悬浮粒子包括一列大小不同的粒子，最粗的为 50～100 微米（人发厚度是 100 微米），而更细的微粒直径小于 10 微米。总悬浮粒子代表多类化学粒子，可能包括无机纤维、微量金属（例如铅）和多种有机物质。总悬浮粒子可源于燃烧所产生的碳氢化合物，或源于排放二氧化硫或二氧化氮时所形成的硫酸盐及硝酸盐。

可吸入悬浮粒子

可吸入悬浮粒子由不同的成分组成，可被吸入肺部，对人体健康有害，也是空气中重要的污染物。分析发现，长期以来，香港路边空气的可吸入悬浮粒子均为不达标，超过了全年的空气质量指标，在 2004 年有所下降，2009—2011 年保持稳定的水平。在 2010 年以后，市区、郊区、新市镇的可吸入悬浮颗粒浓度均呈现上升的趋势，值得进一步关注。

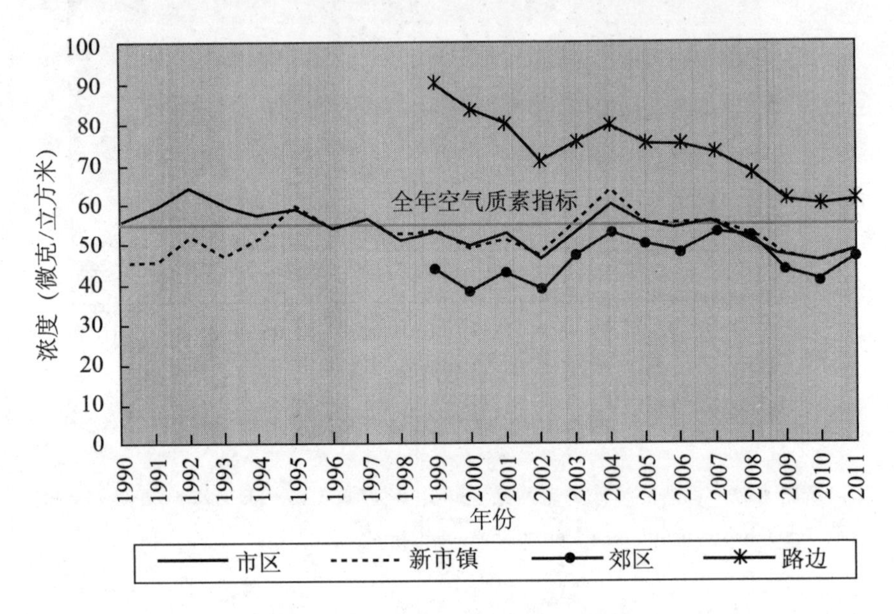

图 4.5　香港可吸入悬浮粒子污染情况

资料来源：香港环境保护署网站，http：//sc. epd. gov. hk/gb/www. epd. gov. hk/epd/tc_chi/environmentinhk/air/air_maincontent. html

臭氧及光化学氧化剂

臭氧及光化学氧化剂也是大气中重要的污染物，过度吸入会影响身体健康。从香港臭氧的长期趋势看，市区、新市镇、郊区空气中的臭氧浓度整体在波动上升，郊区的臭氧浓度一直比市区、新市镇高。

氮氧化物

氮氧化物（NOx）中的一氧化氮（NO）和二氧化氮（NO_2）是空气的主要污染物。从氮氧化物的长期趋势看，路边空气的氮氧化物浓度明显高于其他地方，但 2005 年后开始下降。市区、新市镇和郊区都处于较低水平，并且保持长期稳定，波动不大。但值得注意的是，路边二氧化氮浓度超过了全年空气质量指标，并从 2008 年后持续保持上升趋势。

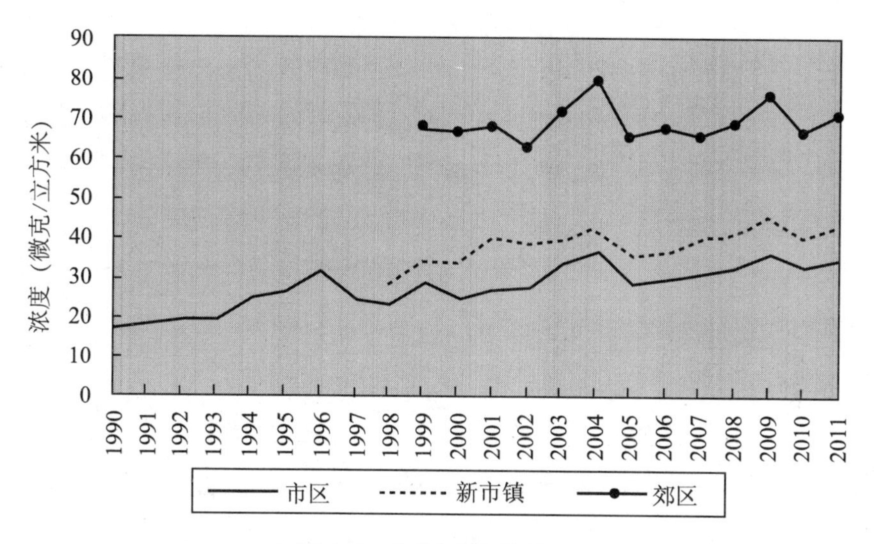

图 4.6　香港臭氧污染情况

资料来源：香港环境保护署网站，http://sc.epd.gov.hk/gb/www.epd.gov.hk/epd/tc_chi/environmentinhk/air/air_maincontent.html

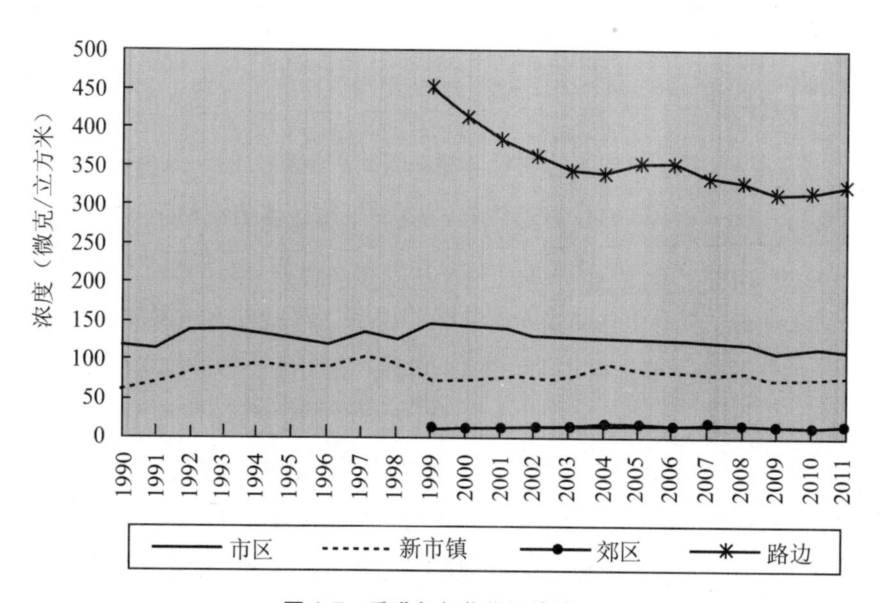

图 4.7　香港氮氧化物污染情况

资料来源：香港环境保护署网站，http://sc.epd.gov.hk/gb/www.epd.gov.hk/epd/tc_chi/environmentinhk/air/air_maincontent.html

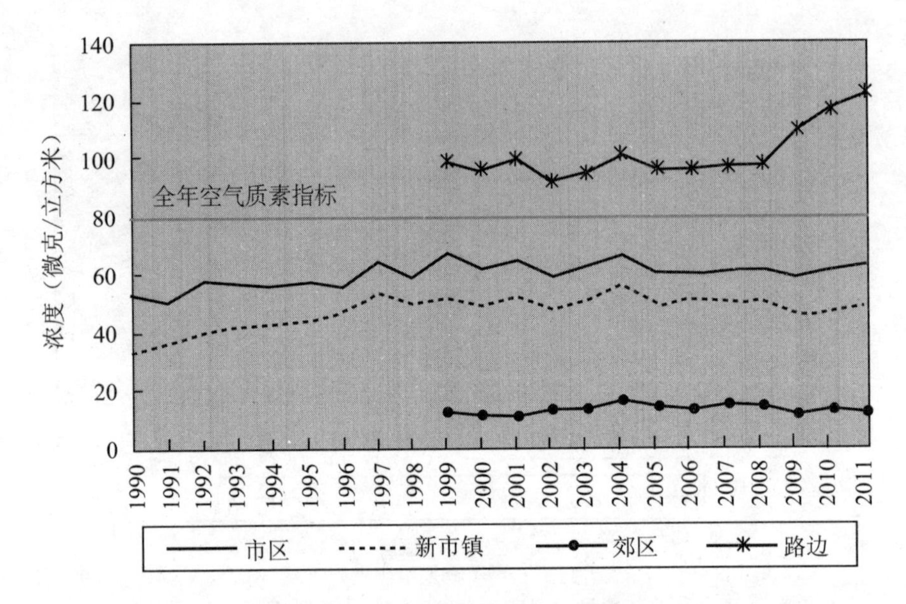

图 4.8　香港二氧化氮污染情况

资料来源：香港环境保护署网站，http://sc.epd.gov.hk/gb/www.epd.gov.hk/epd/tc_chi/environmentinhk/air/air_maincontent.html

一氧化碳

汽车尾气是一氧化碳的主要来源，因此香港路边的一氧化碳水平相对较高。从一氧化碳的长期趋势看，2005 年后整体的波动幅度减小了。市区空气中的一氧化碳浓度处于低水平，波动不大；长期以来，路边的一氧化碳水平都高于其他地方，但较 2010 年，2011 年有所降低。

相对 2010 年的排放水平，香港 2011 年空气污染物排放量的变化为 -10% 至 +6%。由于在 2011 年发电厂的天然气供应不足，需要增加使用燃煤发电，加上抵港船舶吨位增长，因此 2011 年香港氮氧化物的总排放量比 2010 年略高。[①] 显然，这四种空气污染物的排放量距离 2015 年减排目标还有 5% ~25% 的差距，这也激励香港政府继续加强减排管制（见表 4.6）。

① 香港环境保护署：《空气：资料与统计数字》，http://sc.epd.gov.hk/gb/www.epd.gov.hk/epd/tc_chi/environmentinhk/air/data/emission_inve.html#1，2013 年 6 月。

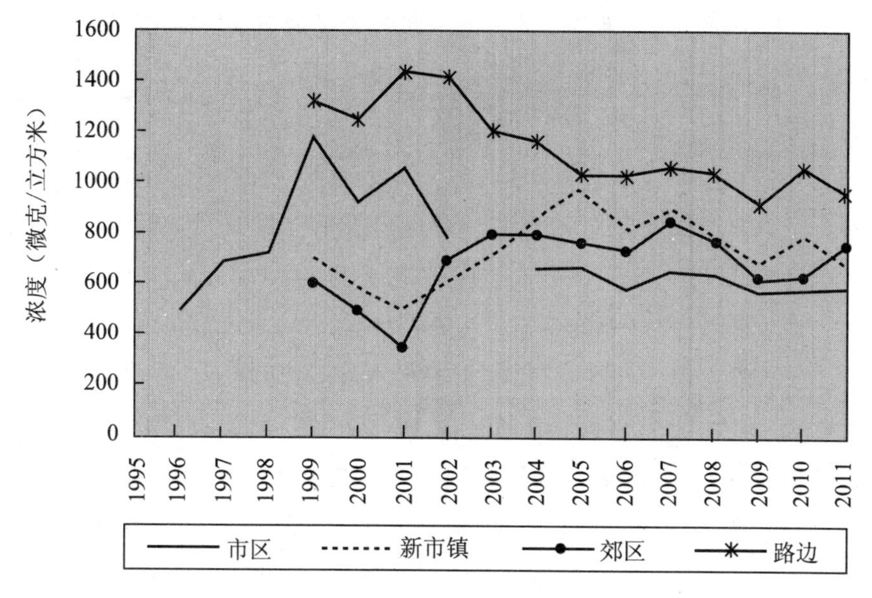

图 4.9　香港一氧化碳污染情况

资料来源：香港环境保护署网站，http://sc.epd.gov.hk/gb/www.epd.gov.hk/epd/tc_chi/environmentinhk/air/air_maincontent.html

表 4.6　香港 2011 年空气污染物排放量变化

空气污染物	2010 年排放量（公吨）	2011 年排放量（公吨）	2010—2011 年排放量的变化	2015 年减排目标
二氧化硫	35 500	31 900	-10%	-25%
氮氧化物	108 000	114 000	+6%	-10%
可吸入悬浮粒子	6 290	6 220	-1%	-10%
挥发性有机化合物	33 300	32 900	-1%	-5%

资料来源：香港 2011 年空气污染物排放清单，http：//www.epd.gov.hk/epd/tc_chi/environmentinhk/air/data/emission_inve.html

二、重要法律与政策：空气污染防治与道路交通管理双管齐下

（一）重要立法

以法治闻名的香港主要通过制定详尽的条例及附属规例来管制空气

污染。在治理空气污染方面，香港主要的法律是《空气污染管制条例》(2011 年 11 月 25 日修订）和《道路交通条例》，二者发挥了比较重要的作用。此外，还制定了《汽车引擎空转（定额罚款）条例》(2011 年 12 月生效)。[①] 为了加快落实新的空气质量指标，香港特区立法会于 2013 年7 月 10 日通过《空气污染管制（修订）条例》，增加了“每5 年最少检讨空气质量指标一次”的条文，将于 2014 年 1 月 1 日正式实施。

香港法例第 311 章的《空气污染管制条例》，取代了以前的《保持空气清洁条例》。《保持空气清洁条例》于 1959 年制定，是香港首条有关空气污染管制的法例，用以管制燃料燃烧所产生的排放物。《空气污染管制条例》则在 1983 年制定，把管制范围扩大至包括非燃烧工序所造成的空气污染。在 1991 年，条例再把管制范围扩大至包括车辆的废气排放；其后再经修订以加强对空气污染物如石棉尘的管制。在 2008 年，条例再经修订以加强对电力行业的管制，制定了电力行业在 2010 年和以后的排放总量上限，并加入了可使用排放交易这种新方法作为符合 2010 年起排放总量上限的要求[②]。

表 4.7　香港《空气污染管制条例》主要政策

《空气污染管制条例》附属规例一览表	
1	空气污染管制（火炉、烘炉及烟)（安装及更改）规例规定在安装及更改火炉、烘炉及烟囱时取得当局事先批准，确保设计适当。
2	空气污染管制（尘埃及砂砾排放）规例制定固定燃烧源的粒子排放标准、检验程序及规定。
3	空气污染管制（烟雾）规例管制固定燃烧源所排放的黑烟。
4	空气污染管制（上诉委员会）规例定明上诉程序及过程。

---

① 吴木銮：《香港治理空气污染的经验》，载《东方早报》，http：//www. dfdaily. com/html/63/2013/1/18/931519. shtml，2013 年 1 月 28 日。

② 香港环境保护署：《空气污染管制条例》，http：//sc. epd. gov. hk/gb/www. epd. gov. hk/epd/tc_chi/environmentinhk/air/guide_ref/guide_apco. html。

续表

《空气污染管制条例》附属规例一览表	
5	空气污染管制（指明工序）规例制定指明工序的发牌行政规定。
6	空气污染管制（燃料限制）规例禁止在商业及工业设施使用高含硫量固体及液体燃料（沙田区只可使用气体燃料）。
7	空气污染管制（车辆设计标准）（排放）规例制订新登记车辆的排废标准。
8	空气污染管制（汽车燃料）规例制定车辆使用的燃油规格，并禁止售卖含铅汽油。
9	空气污染管制（露天焚烧）规例禁止露天焚烧建筑废物、轮胎及可回收金属废料的电线，以及实施许可证制度，管制其他露天焚烧活动。
10	空气污染管制（石棉）（行政管理）规例列明石棉检测、承办商、工程监督及化验所注册的资格及费用。
11	空气污染管制（建造工程尘埃）规例规定承建商在施工时采取措施，减少尘埃散发。
12	空气污染管制（油站）（气体）规例定明加油站的加油机及贮油缸，以及汽油运输车辆装配有效的气体回收系统，同时在卸油及汽车加油时遵从良好的实务守则。
13	空气污染管制（干洗机）（气体）规例规定使用全氯乙烯（PCE）干洗机的干洗工场必须配备气体系统及符合规定的排放标准。
14	空气污染管制（车辆减少排放物器件）规例规定在实施欧盟标准之前登记的柴油车辆，必须安装认可减少排放物器件，方可续牌。
15	空气污染管制（挥发性有机化合物）规例对受管制建筑漆料/涂料、汽车修补漆料/涂料、船只和游乐船只漆料/涂料、黏合剂、密封剂、印墨及六大类指定消费品（即空气清新剂、喷发胶、多用途润滑剂、地蜡清除剂、除虫剂和驱虫剂）的挥发性有机化合物含量实施最高限值，并要求所有平版热固卷筒印刷机安装排放控制装置。

资料来源：香港环境保护署：《空气污染管制条例》，http：//sc. epd. gov. hk/gb/www. epd. gov. hk/epd/tc_chi/environmentinhk/air/guide_ref/guide_apco. html

表 4.8　香港主要污染排放物控制标准

污染物	平均时间	排放标准（微克/立方米）	允许超标次数
二氧化硫	10 分钟	N/A	3
	24 小时	350	3
可吸入悬浮颗粒 PM10	24 小时	180	9
	1 年	55	不适用
悬浮微颗粒 PM2.5	24 小时	N/A	9
	1 年	N/A	不适用
二氧化氮	1 小时	300	18
	1 年	80	不适用
臭氧	8 小时	每小时 240	9
一氧化碳	1 小时	30 000	0
	8 小时	10 000	0
铅	1 年	每 3 个月 1.5	不适用

资料来源：《香港清新空气蓝图》，第 9 页，图 5，http：//www.enb.gov.hk/sc/files/New_Air_Plan_tc.pdf

（二）治理措施

香港重视设置专门的机构进行执行和监督，香港环保署还设有空气质量监测网络，对空气进行实时持续监测并向社会公布。香港政府根据污染源的不同类型，采取不同的策略来应对，在《空气污染管制条例》及其附属规例中有不同的管制措施，包括对车辆、工业、发电厂等主要的污染源进行全面管制，主要有以下措施：

- 已修订《空气污染管制条例》，在条例下设定发电厂的排放总量上限，以确保电力行业的排放总量上限能顺利、适时和以具透明度的方式落实，并容许发电厂利用排污交易作为符合排放总量上限的另一个方法；
- 已于 2008 年修订《空气污染管制（燃料限制）规例》，规管工商业使用的液体燃料含硫量（以重量计）不可多于十万分之五；

- 已实施法例，由 2007 年 4 月 1 日起分阶段就多类产品的挥发性有机化合物含量设定上限，并规定某些印刷机必须安装减排设备。现已受管制的产品包括建筑漆料、印墨、若干指定消费品、船只漆料、游乐船只漆料、黏合剂及密封剂，而汽车修补漆料将于 2011 年 10 月开始受到规管；

- 由 2007 年 1 月起，所有新登记车辆必须符合欧盟 IV 期排放标准；

- 自 2007 年 4 月起，所有欧盟前期柴油车辆必须安装认可的减排器件。《空气污染管制（车辆减少排放物器件）规例》规定，须将该等器件保持于良好操作状况，以减少粒子排放量。车主如未能符合该等规定，其车辆牌照可被撤销或不获续期；

- 于 2007 年 4 月 1 日起推出一项计划，向符合欧盟前期及欧盟一期柴油标准的商业运营车辆的车主提供资助，鼓励更换环保标准更高的新车。该计划已于 2010 年 3 月底完结，大约 1.7 万辆旧车被更换，资助金额开支约七亿七千万元；

- 于 2007 年 4 月 1 日起，透过宽减首次登记税 30%，每辆以 5 万元为限，鼓励市民使用环保汽油私家车；

- 政府于 2007 年 12 月 1 日为欧盟五期柴油（含硫量为 0.001%）提供每公升 $0.56 的优惠税率。由该日起，香港所有油站全面只供应欧盟五期柴油。由 2008 年 7 月 14 日起，全面宽免欧盟五期车用柴油的燃油税，以进一步鼓励驾驶者使用这种更环保的车用燃料；

- 于 2008 年 4 月 1 日起，透过降低环保商用车车辆首次登记税，鼓励市民使用环保商用车辆；

- 于 2010 年 7 月 1 日起推出一项新计划，向欧盟二期柴油商业车辆的车主提供一笔资助，鼓励他们更换新车。该计划将于 2013 年 6 月 30 日完结；

- 于2010年7月1日收紧汽车柴油和无铅汽油法定规格至欧盟五期标准，欧盟五期汽车燃料的含硫量较欧盟四期少80%；
- 于2010年7月1日实施规管汽车生化柴油的法规，管制法规的主要内容包括汽车生化柴油规格及出售含超过5%生化柴油的汽车生化柴油须附有标签；
- 由2010年6月18日起，营商机构购买合资格的环保车辆所招致的资本开支可以从利得税中扣除；
- 已于2010年4月28日向立法会提交草案，规定司机停车后必须关掉引擎，立法会已于2011年3月通过有关的法例；
- 于2011年3月设立绿色运输试验基金，鼓励公共运输及货车业界试验绿色创新技术；
- 目前正拟订建议，加强管制电油和石油气车辆的废气排放，包括使用路边遥测设备和功率机来测试车辆的废气排放。①

三、治理机制与特色：从岛内管理到粤港合作的区域空气污染防治

（一）组织架构

香港政府在2013年3月专门颁布了《香港清新空气蓝图》文件，详细阐述香港就空气质量面对的挑战及概述各项相关的空气质量改善政策和措施。除了专门的条例及附属规例，香港还设置了专门的管理机构对空气质量进行管理，完整的组织架构为空气污染治理提供了基本保障。其中，香港环境保护署是空气污染治理的主要部门，旨在制订空气政策及策略、监测空气质量。

香港环境保护署（简称“环保署”）于1986年成立，负责统筹及推行预防和管制污染的工作。截至2011年12月31日止，环保署共有

① 香港环境保护署：《空气污染管制策略》，http://sc.epd.gov.hk/gb/www.epd.gov.hk/epd/tc_chi/environmentinhk/air/prob_solutions/strategies_apc.html。

1683名职员，其中28.5%属专业职系，45%属技术职系，其余26.5%则是行政及其他辅助职系。从1986年至2005年3月31日期间，环保署主要负责执行环保法例和推行环保政策，而环保决策则由相关的政策局制定。为使环保署能发挥更高效率，集中全力处理保护环境的工作，在2005年4月1日，环保署与前环境运输及工务局内负责环保决策的环境科合并。2007年7月1日完成重组架构后，环保署采纳了新的组织架构，主要分为三个营运科、四个政策科、一个跨境科及一个部门事务科。各科的职责如下：

环境基建科：负责规划、发展和管理废物处理设施，如策略性堆填区、废物转运站及化学废物处理中心，并负责推行减废和有关污水的区域及地区性规划的计划。而渠务署则负责执行环境基建科规划的区域及地区性的污水处理计划。

环境评估科：负责评估各项政策与策略及本地计划的环境影响，并处理根据《环境影响评估条例》提交的环境评估程序申请事宜。环境评估科亦负责制定环境影响评估与环境噪音管理的政策、策略性规划及工作纲领。

环保法规管理科：负责执行污染法例，鼓励和协助环保营商，做到遵守或甚至超越环保条例的要求。

空气质量政策科：负责制定空气质量管理的政策、策略和工作纲领范畴。

水质政策科：负责为水质管理方面制定政策、策略性规划和发展项目，其中包括污水处理政策及由渠务署履行的策略性污水规划和污水处理设施。

废物管理政策科：负责制定废物管理的政策、策略和工作纲领范畴，当中涵盖减少及回收废物的政策。

自然保育及基建规划科：负责制订自然保育政策和发展综合废物管理设施，并且发展试验性的可生物降解废物处理厂及有机废物处理设施。至于推行自然保育政策的工作则由渔农自然护理署负责。

跨境及国际事务科：负责与内地机关就共同关注的环保事务保持联络；并且制订计划，落实执行《斯德哥尔摩公约》有关持久性有机污染物的规定。

部门事务科：负责部门行政支援、会计、资源管理、人力资源管理、资讯技术及知识管理，并且就人力资源管理的改革及部门发展提供支援。[①]

具体看来，香港政府管理空气质量的政府机构分工明确：环境保护署、空气政策组、空气科学组和流动污染源管制组主要负责制定政策、规划及监测（见图4.9）。

《空气污染管制条例》赋予环保署许多权力，即负责执行《空气污染管制条例》及其附属规例，致力维护香港空气质量。具体来看，《空气污染管制条例》赋予环保署的权力包括[②]：

- 环保署亦可依据条例向造成空气污染的源头，发出法定通知，要求采取补救措施。

- 在空气质量方面：条例亦赋予环保署责任致力达成空气质量指标及维持已达成的空气质量。

- 如污染工序或作业因排放任何空气污染物而造成空气污染，环保署可根据《空气污染管制条例》第10条发出一份"空气污染消减通知"，规定有关人士须采取补救措施以减少或根除有关污染物。

- 如有关的空气污染问题，是由于机械装置的设计、操作或保养欠妥善而造成，则条例第30条赋予环保署权力，向有关人士发出通知，规定所须补救步骤以纠正有关问题。

---

① 香港环境保护署：《关于我们：历史与结构》，http：//sc. epd. gov. hk/gb/www. epd. gov. hk/epd/tc_chi/about_epd/history/history. html ，2013年6月。

② 参见 http：//www. epd. gov. hk/epd/tc_chi/environmentinhk/air/guide_ref/guide_apco. html，另见彭峰：《香港、澳门空气污染管制法的启示》，载《环境经济》，2013年第6期。

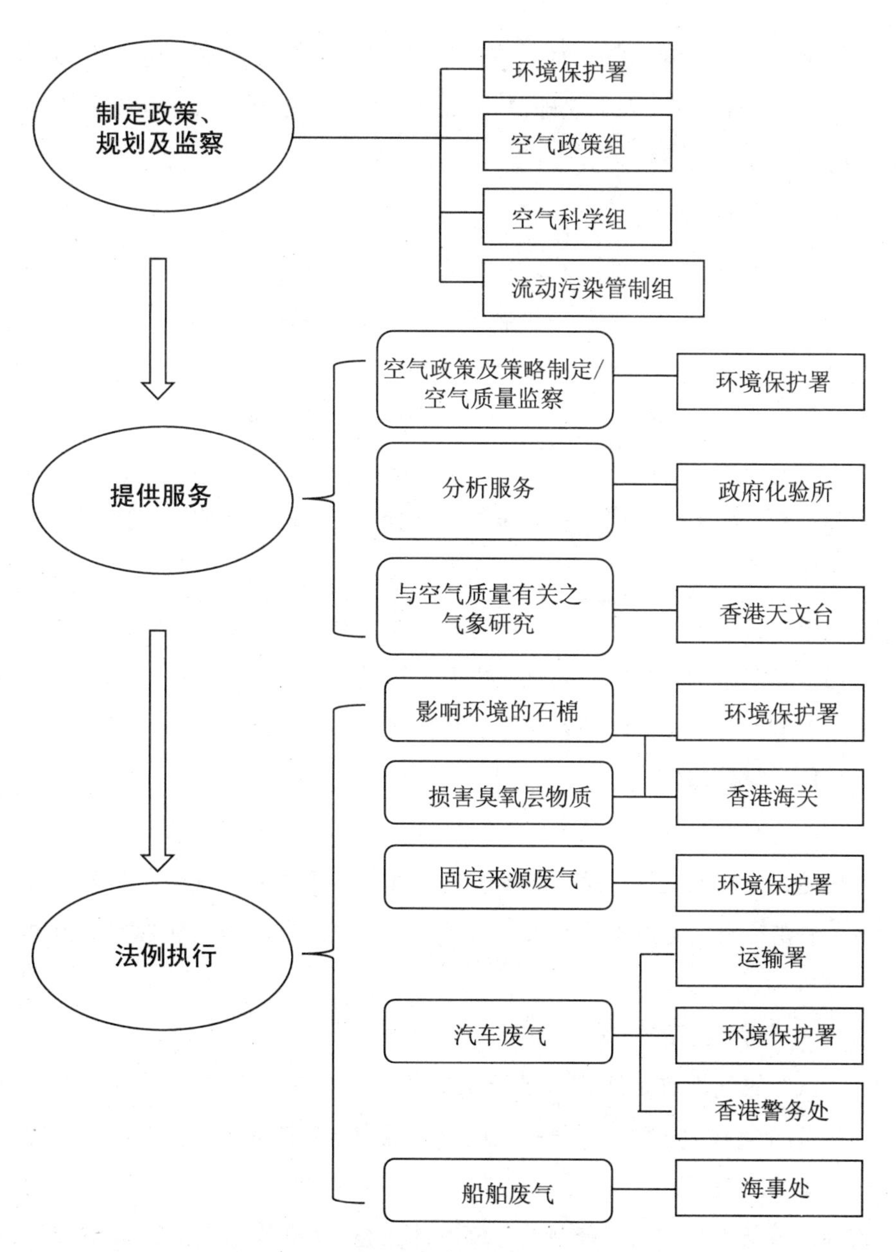

图 4.9　香港管理空气质量的政府架构

资料来源：香港环境保护署网站，http：//www.epd.gov.hk/epd/tc_chi/environmentinhk/air/air_maincontent.htm（2012 年 5 月 24 日修订）

- 于石棉污染方面，环保署可根据条例第79条发出一份“石棉消减通知”，勒令有关人士立即停止操作欠妥善的石棉拆除工程或采取步骤防止石棉尘的挥发。

（二）政策特色

香港的空气污染管制策略主要涵盖三大部分：第一，制定严格的减排策略——根据《空气污染管制条例》及其附属规例，对车辆、工业、发电厂等主要污染源进行管制，取得了一定成效；第二，实现粤港合作——为了解决区域性空气污染问题，香港政府与珠三角地区政府共同合作，致力于改善区域内的空气质量；第三，采用新的空气质量——根据国际制定的空气质量标准，香港更新空气质量指标的标准并进行严格的监测。

根据污染源的不同类型，香港政府采取不同的策略来应对，在《空气污染管制条例》及其附属规例中有不同的管制措施，包括对车辆、工业、发电厂等主要的污染源进行全面管制。

1. 减排策略

为了有效改善空气质量，香港政府对各主要污染行业都有详细的管制措施，以降低空气污染物的排放量。其中，车辆以及发电厂的废气排放是香港空气污染的主要源头，以下主要对这两方面的废气管制措施进行分析。

- 车辆废气的管制

汽车尾气排放是造成香港路面空气污染的主要来源之一，香港自1999年开始致力于汽车尾气排放的管制工作，并持续跟踪管制。在《空气污染管制条例》之下的附属规例中有三条是专门针对车辆废气排放的管制，包括《空气污染管制（车辆设计标准）（排放）规例》、《空气污染管制（汽车燃料）规例》以及《空气污染管制（车辆减少排放物器件）规例》。

《空气污染管制（车辆设计标准）（排放）规例》规定，在香港新登记的汽车须符合与美国、欧盟和日本等地同样严格的废气排放标准。凡不能符合上述废气排放标准的车辆，运输署均不会予以登记。《空气污染管制（汽车燃料）规例》指明汽车燃料的规格，并禁止任何人士在市场上供应、分发及出售不符合规格的汽车燃料。[①]《空气污染管制（车辆减少排放物器件）规例》在2003年12月1日生效，该规例规定所有在1995年3月31日或之前首次登记的4公吨或以下轻型柴油车辆，必须安装认可减少排放物器件；未能符合上述规定的受管制车辆，将不获续发牌照或车辆牌照可被吊销。由2007年4月1日起，有关规定延伸至所有在1995年3月31日或之前首次登记的柴油车辆。[②]

对于车辆废气的管制，香港政府自1999年后就推行多项措施，以减少车辆排放的废气。有关措施包括：资助车主把柴油的士或小巴更换为石油气车辆的计划；在切实可行的情况下收紧车用燃料及车辆废气排放标准；资助旧式柴油车辆车主安装减少排放物器件；提供资助鼓励车主把老旧型号的柴油车辆更换为符合现时新车注册排放标准的新车辆；加强管制黑烟车辆及宽减新登记环保车辆的汽车首次登记税等。[③] 此外，香港不仅限制私人汽车，也在购车税、牌照年费、燃油税等多方面增加用车成本，以此缓解交通拥堵、治理空气污染问题。

- 发电厂的减排

针对煤炭发电厂由于过量尾气排放造成的空气污染，《空气污染管制条例》及其附属规例中有明确的条款，包括对建筑工程、工商作业工序、发电厂等各类主要的空气污染源的规制。早在1990年，香港就立法控制工业燃料的含硫量。继而，香港政府于2008年修订了相关的规

---

① 彭峰：《香港、澳门空气污染管制法的启示》，载《环境经济》，2013年第6期。

② 香港环境保护署，《空气污染管制条例》（2011年11月25日修订），http：//sc. epd. gov. hk/gb/www. epd. gov. hk/epd/tc_chi/environmentinhk/air/guide_ref/guide_apco. html。

③ 香港环境保护署：《香港的环境：空气》，http：//sc. epd. gov. hk/gb/www. epd. gov. hk/epd/tc_chi/environmentinhk/air/air_maincontent. html。

例，规定工商业工序使用超低硫柴油（即含硫量以重量计不超过 0.005%的清洁柴油）。

为减少发电时所产生的污染物排放，香港政府自 1997 年起，禁止兴建新的燃煤发电机组，鼓励使用天然气；自 2005 年起，香港政府通过发牌制度，对发电厂的空气污染物排放作出严格的限制；在 2008 年，香港政府以技术备忘录方式制定发电厂在 2010 年及以后的排放总量上限。在 2010 年香港政府发布新的技术备忘录，并收紧从 2015 年起电力行业的排放总量上限，要求发电厂在发电时尽量使用现有燃气机组，并优先使用已装置减排设施的燃煤机组。2012 年最新的技术备忘录收紧了 2017 年 1 月 1 日起的排放总量上限。①

发电厂的排放总量上限与排放交易管制，发电的三种指明污染物的排放（即二氧化硫、氮氧化物和可吸入悬浮粒子）受排放总量上限的规管。自 2010 年起，该三类主要空气污染物的排放限额按发电厂所占供香港使用总发电量的份额来分配。排放限额可以转让，而每一个排放限额可以允许排放一吨污染物。发电厂排放总量上限可以使用排放交易等市场手段来达到排放总量上限的要求。在每一排放年度结束后，发电厂的拥有人须确保其各类污染物的实际排放量，不能超过该厂持有的该类污染物排放限额数量。②

2. 粤港合作

粤港大区域的发展已经成为世界瞩目的现象。③ 为改善本地及区域性空气质量，香港特区政府与广东省政府在 2002 年 4 月达成共识，双方

---

① 香港环境保护署：《香港的环境：空气》，http://sc.epd.gov.hk/gb/www.epd.gov.hk/epd/tc_chi/environmentinhk/air/prob_solutions/strategies_apc.html#point。

② 香港环境保护署：《空气污染管制条例》（2011 年 11 月 25 日修订），http://sc.epd.gov.hk/gb/www.epd.gov.hk/epd/tc_chi/environmentinhk/air/guide_ref/guide_apco.html。

③ Ye, Lin, "Urban Transformation and Institutional Policies: Case Study of Mega-Region Development in China's Pearl River Delta", *Journal of Urban Planning and Development*, Volume 139, Number 6, pp. 292 - 300.

会尽最大努力，在2010年或之前把区域内二氧化硫、氮氧化物、可吸入悬浮粒子和挥发性有机化合物的排放量，以1997年为参照基准，分别减少40%、20%、55%及55%。如能达到上述目标，不但能使香港达到现行的空气质量指标，而且还会大大改善整个珠三角地区的空气质量和区内的烟雾问题。为了达到上述减排目标，香港特区政府与广东省政府于2003年12月制订了珠江三角洲地区空气质量管理计划（“管理计划”），并且在粤港持续发展与环保合作小组之下成立了珠江三角洲空气质量管理及监察专责小组，跟进该管理计划下的各项工作。[1] 这项管理计划的主要内容包括[2]：

一、推行一系列具体措施，加强防治空气污染的力度；

二、建立一套可靠的监察系统，就区内空气质素提供快速、可靠的数据；

三、建立区域空气污染物排放清单，让两地政府评核空气污染防治措施的进度和成效；

四、加强区内人员的技术交流和培训，提高人员对区域性空气质素问题的认识和技术水平，可以有效地落实管理和监控任务；

五、收集国内外不断发展防治空气污染的新技术和管理方法，评估有关的新技术和方法在区内的可行性。

在该管理计划下所成立的“粤港珠三角区域空气监测网络”，从2005年开始发布区域内月度空气质量报告，提供全面及准确的空气质量资料。[3]

---

① 李大勇、张学才：《论粤港大气污染联合减排的可能性及其理论意义》，载《理论月刊》，2006年第4期。

② 参见 http：//www.epd.gov.hk/epd/tc_chi/environmentinhk/air/prob_solutions/files/Framework_of_the_Pearl_River_Delta_Regional_Air_Quality_Management_Plan_Chi.pdf。

③ 参见 http：//sc.epd.gov.hk/gb/www.epd.gov.hk/epd/tc_chi/resources_pub/publications/m_report.html。

此外，粤港两地政府在2007年1月30日共同公布《珠江三角洲火力发电厂排污交易试验计划》实施方案，并随后成立排污交易管理小组负责该项计划。同时，香港特区政府与广东省经济和信息化委员会已展开合作，共同推动两地企业进行节能及清洁生产。双方政府于2007年8月签署了《关于推动粤港两地企业开展节能、清洁生产及资源综合利用的合作协议》，并在宣传、技术交流及进行企业示范项目等方面共同开展了一系列活动。粤港两地政府在2008年4月开展一项为期五年的“清洁生产伙伴计划”，以鼓励珠三角地区内的港资工厂采用清洁生产技术和工序，以减少污染物排放和节省能源。此外，双方于2009年共同推出“粤港清洁生产伙伴”标志计划，旨在表扬在清洁生产方面有良好表现的港资企业，以鼓励它们循序渐进，持续实行清洁生产；现时已有166家企业获颁标志。①

近年来，粤港两地政府又联手实施了多项排放管制措施，包括要求电厂安装降低硫排放量装置、淘汰珠三角污染严重的工业设施，引入更环保的车用燃料及低污染车种、制订《珠江三角洲地区空气质量管理计划》等。通过粤港两地持续推行加强减排的有关措施，粤港两地的合作已经在改善区域空气质量方面取得一定的成果。在珠江三角洲地区持续保持生产总值增长的情况下，粤港地区2010年的二氧化硫、可吸入颗粒物和臭氧的年均值比2009年分别减少了14%、7%和5%；而相比2006年（珠江三角洲区域空气监控网络开始运作），粤港地区监测到的二氧化硫、二氧化氮及可吸入颗粒物的年均值已分别下降47%、7%和14%。② 表4.9列出了粤港2015年及2020年的减排目标。

---

① 香港环境保护署：《空气污染管制策略》，http://sc.epd.gov.hk/gb/www.epd.gov.hk/epd/tc_chi/environmentinhk/air/prob_solutions/strategies_apc.html#point。

② 香港环境保护署：《香港的环境：空气》，http://sc.epd.gov.hk/gb/www.epd.gov.hk/epd/tc_chi/environmentinhk/air/air_maincontent.html。

表 4.9 粤港减排目标

污染物	地区	2015 年减排目标（与 2010 年比较）	2020 年减排目标（与 2010 年比较）
二氧化硫	香港特区	-25%	-35% ~ -75%
	珠三角经济区	-16%	-20% ~ -35%
氮氧化物	香港特区	-10%	-20% ~ -30%
	珠三角经济区	-18%	-20% ~ -40%
可吸入颗粒物	香港特区	-10%	-15% ~ -40%
	珠三角经济区	-10%	-15% ~ -25%
挥发性有机化合物	香港特区	-5%	-15%
	珠三角经济区	-10%	-15% ~ -25%

资料来源：香港环保署：《空气污染管制策略》，http：//sc. epd. gov. hk/gb/www. epd. gov. hk/epd/tc _ chi/environmentinhk/air/prob _ solutions/strategies _ apc. html #point

粤港两地政府在空气污染治理方面已经合作了 10 年以上。有学者认为香港政府总是将本地雾霾的问题归咎于内地空气污染，尤其是珠三角工厂排污造成。经过仔细分析粤港两地政府公布的数据后发现，当珠三角地区空气逐步改善时，同期香港的空气质量却不断恶化。这表明，香港空气污染在一定程度上是自己造成的。[①] 无论如何，这种合作治理的方式、实践证明了区域间污染治理的必要性和可行性，也为其他跨区域污染治理提供了借鉴。

3. 采纳新的空气质量指标

香港在 2013 年之前实行的空气质量指标是根据空气污染管制条例（第 311 章）在 1987 年所颁布的，为七个主要空气污染物设置了浓度限值。由于路边空气质量受车辆排放的过量废气影响，导致相关一般空气亦受到区域性的烟雾影响，因此香港仍未能完全达到当时的空气质量指

① 参见 http：//epaper. oeeee. com/G/html/2014 -01/11/content_2007233. htm。

标的要求。[①] 为了根据实际需要制定更为适用的空气治理指标，香港政府设立了专门的机构负责空气质量的更新和制定工作，对空气污染指标进行深入和详尽的研究，提供所需要的资料和分析。香港政府环保部门于2007年开展了一项研究，全面制定香港空气质量指标和制订长远的空气质量管理策略，并随后进行深入的公众咨询。在修订从2014年开始实施的新的空气质量指标及制订长期计划的过程中，香港政府除了对所需的具体措施、其影响及可选择方案等详尽资料参考了世界卫生组织的新技术指标以及其他先进国家的技术条例外，也提倡全面的公众参与。香港政府于2012年1月公布将会采纳新的空气质量指标并推出一系列空气质量改善措施，以加强保障公众的健康，需要的减排措施包括广泛使用洁净发电燃料和技术、洁净的集体运输系统、洁净的生产技术、高效节能技术。部分洁净生产和节能技术可能非常昂贵或仍在海外发展当中。采用该等措施有可能会对广泛的政策范畴，包括能源、运输、工业生产、城市规划、保育以及市民的生活方式带来深远的影响。

根据2013年7月10日香港特区立法会最新通过的《空气污染管制（修订）条例》，新的空气质量指标以世界卫生组织空气质量指引的中期和最终目标为基准，与欧盟及美国采纳的标准大致相若，将于2014年1月1日正式实施。[②] 改条例还规定，政府最少每五年重新审定空气质量指标，并制定相应的空气质量改善方案。可以看出，香港为了保障公众健康和改善空气质量，加强关注空气质量指标，并通过立法的方式不断深入，以加快其落实的步伐，取得了良好的效果。

---

① 香港环境保护署：《空气污染管制策略》，http：//sc. epd. gov. hk/gb/www. epd. gov. hk/epd/tc_chi/environmentinhk/air/prob_solutions/strategies_apc. html#point。

② 《香港通过空气污染修订条例，标准与美国欧盟相若》，新华网，2013年7月11日，http：//news. xinhuanet. com/2013 -07/11/c_124989872. htm。

第五章　空气污染治理国际经验对中国的启示

第一节　城市化、空气污染与环境治理

一、城市化与空气污染：不可避免的困境?

2000 年的《世界发展报告》指出，“城市化对于发展是必不可少的，但是它也提出了难以应对的挑战”①。城市化给各个国家带来了经济的发展、人口的持续增长、社会文明的进步等，但同时也附带了对生态环境的破坏、对大气环境的污染等严峻问题。工业化是城市化的根本动力，各国工业化发展的进程也不可避免地带来城市空气污染，成为社会发展的难题，威胁着城市的健康发展、居民的生存环境和社会的和谐进步。②

本书中阐述的欧美和亚洲不同城市的历史发展都揭示了这一严峻的问题。无论是传统的欧美工业化国家或新兴的亚洲工业化国家，都在其城市化的发展过程中经历了空气污染的阵痛。从 19 世纪的英国伦敦、德国的鲁尔工业区，到 20 世纪中叶的美国洛杉矶，再到 20 世纪 60 年代

---

① 世界银行：《世界发展报告（2000 年）》，中国财政经济出版社 2001 年版，第 119 页。

② Gross, Jill S. , Ye, Lin and Richard LeGates, Asian and the Pacific Rim: The New Peri-Urbanization and Urban Theory, Journal of Urban Affairs, 2014, Vol, 36, Issue S1, p. 309 – 314.

的日本四日市和70年代的新加坡和香港，空气污染的黑色魔爪似乎总是伴随着工业社会发展的进步在全球各大城市肆虐。虽然各个大洲、各个国家和各个城市的情况有所不同，但城市化对空气污染带来的压力主要都包括工业生产消耗、机动车辆排污和其他有害气体等方面。

严重的空气污染对国民健康、经济发展和社会进步带来了巨大的威胁。1952年12月英国发生的“伦敦烟雾事件”，夺走了超过1.2万人的生命，还有更多人患上了支气管炎、冠心病、肺结核乃至癌症。1955年9月洛杉矶发生的严重“光化学烟雾污染事件”，在两天内导致数百个老年人因呼吸系统衰竭死亡。1961年日本的“四日市哮喘病”事件影响到周边地区的数千名居民，使他们成为哮喘和支气管疾病的患者，死亡人数到达两位数。在德国的传统工业区鲁尔地区，由于工业企业过度排放有毒有害物质，整个地区的河流受到污染，水体系统的生态环境受到彻底的破坏，鱼类大量死亡，周边植被受到重度污染，在很长一段时间内无法恢复自然界的生态循环。

在这种严峻的环境下，人们不禁要问：城市化与空气污染难道是不可避免的两难困境吗?“先污染、后治理”的道路是工业发展和经济进步的必然轨迹吗？如何才能吸取其他国家的经验，在付出最小环境代价的条件下走出这个怪圈呢？针对这些问题，本书对欧美和亚洲八个国家和地区的研究揭示了一条“公众行动—政府立法—技术创新—多方协同”的空气污染合作治理道路。

二、公众行动作为空气污染治理的推动力量

从各个国家和地区的经历可以看出，当空气污染成为威胁国民健康的严重问题时，公众通常成为推动政策制定的第一股力量。在这个过程中，公众行动可能会形成不同的模式，但是其结果通常推动重要空气污染防治立法的制定和政策的推行。

在美国，各大城市的空气污染在20世纪60年代达到了顶峰，严重

影响了居民的身体健康和生活质量。1970 年 4 月 22 日，2000 万民众在全美各地举行了声势浩大的游行，呼吁保护环境。[①] 这一草根行动最终直达美国国会山，立法机构开始意识到环境保护的迫切性。于是在同一年，美国通过 1970 年《清洁空气法》修正案，这是对收效甚微的 1967《清洁空气法案》的重大修订，第一次将大气污染物分为基准空气污染物和有害空气污染物两类，并首次界定了空气污染物的组成，这部法律的修订在后来的环境保护中发挥了关键作用。在这个法令的影响下，美国国会授权联邦政府组建了美国环境保护署（Environmental Protection Agency）来负责监督法案的实施，开始了对空气污染真正有效的治理。

在日本的空气污染治理进程中，公众行动则以民间诉讼的形式发挥了关键性的推动作用，大大推动了日本空气污染治理的进程。在四日市，居民由于环境周边工业企业的污染，生活环境恶化，身体健康严重受损。公众通过发起民间诉讼维护自己的权益。随着民众舆论日益高涨，“反公害运动”的大力推动，日本政府开始制定《公害健康被害补偿法》等相关法律，采取措施开始治理空气污染。

英国和德国是世界上工业革命开始最早的两个国家，同时也是传统的大气污染最严重的两个国家。这两个国家对空气污染治理采取的措施可以说是代表了欧洲传统工业国家在经济发展与环境保护间寻求平衡的典型努力。在英国，公众行动推动空气污染治理的形式表现为科研力量的广泛参与。包括里丁大学、阿斯顿大学、帝国理工学院、威尔士大学、谢菲尔德大学和利兹大学等高等学府积极投入到排放污染物鉴定、空气质量标准制定、污染物控制技术的研究中，为大气污染的防治以及其他环境问题的解决提供了有力的科学理论支撑和实践技术标准。在德国的许多城市，居民们广泛支持和参与了“环保贴”等措施，减少家用机动车辆的出行。

经过半个世纪的努力，欧盟成员国在 2012 年的空气可吸入颗粒物

① 后来这一天被美国政府定为“地球日”。

比2000年减少了15%。目前，欧洲各国致力于降低汽车尾气和发电站排放的污染物。由于缺乏开发新技术和执行新规定所需的资金和一些汽车制造厂商的反对，英国政府向欧盟提出推迟英国12个地区的“空气污染改善计划”，阻碍了空气污染治理的进程。在2012年5月，英国的公共环境法律公司Clientearth将英国政府告上了最高法院，强迫其提出一个修改计划来帮助英国的空气达到欧盟提出的2015年的二氧化氮以及微型颗粒物的排放标准。由于英国政府没有在规定时间内对这个诉讼进行应对，欧盟在2014年2月对英国采取了诉讼，可能对其采取高达3亿欧元的处罚。[①] 这也从另一方面表现了公众对政府的监督。

当空气污染治理推动到一定程度后，公众行动更加广泛地推动环境治理的深入。比如在新加坡，全民式的环保教育使绝大部分居民从年幼时就意识到环境保护的重要性，很多新加坡人在长大成年后尽量减少私人轿车的使用。[②] 在美国，遍布各个城市的“共用汽车”（carpool）推广组织使共同使用汽车的理念深入人心。很多市民都开始对频繁使用汽车进行日常活动产生反感态度，共用汽车已经成为当下许多美国人“时髦”的举动之一。政府也对这种行动提供了税收补贴、专用车道、停车费减免等激励措施。

总之，在空气污染治理的不同阶段，公众行动从推动立法、监督实施、改进技术和公共参与等方面成为治理的“助推器”。

三、政府立法作为空气污染治理的坚实基础

在公众行动将空气污染政策推到政府重要议程上来后，政府的立法就成为实施污染治理的最重要武器。从各国的空气污染经验来看，无一例外地都有作为治理基础的重要立法。由于空气污染的跨域特性，其治

---

① 参见 www. europa. eu/rapid/press – release_IP – 14 – 154_en. htm。

② 当然，这与新加坡政府对私人轿车的使用征收较高的税收和费用也有一定关系。两者相辅相成。

理的立法通常都来源于国家政府层面，有些地方性的立法成为国家立法的先期尝试，为最终的严格立法提供了实践的基础，比如伦敦的《控制烟雾污染条例（1853 年）》［*Smoke Nuisance Abatement*（*Metropolis*）*Acts of 1853*］和《公共健康法（1891 年）》［*Public Health*（*London*）*Act of 1891*］就成为英国 1956 年《清洁空气法案》的重要参考依据。英国在 1956 年颁布的《清洁空气法案》（*Clean Air Act of 1956*）被认为是世界上最早的全国性控制大气污染的基本法。这部法令除了对煤烟等有害有毒物质的排放作了详细具体的规定，对其他可能产生空气污染的工业的监管范围也进一步扩大。在此基础上，1995 年，英国通过了《环境法》（*The Environment Act*），要求制定一个在全国范围内对新型空气污染进行综合治理的长期战略。1997 年 3 月 12 日，《国家空气质量战略》（*The National Air Quality Strategy*）出台，将空气污染治理上升到国家战略的层面。

1974 年，德国出台了《联邦污染防治法》，主要对大型的工业企业进行约束，限制其排放标准，并且在 1990 年颁布施行了专门监控尾气排放、减少空气污染的《联邦废气排放法》。在《德国 21 世纪环保纲要》中也将空气污染治理作为环境保护的核心内容。不但如此，德国还主动加入和引进了包括《关于远距离跨境空气污染的日内瓦条约》和《哥德堡协议》等国际公约，加强空气污染治理的国际统一标准和跨国合作。

法国在 1996 年通过的《空气和能源合理利用法》则成功确立了全国空气污染治理的法律基础和政策框架。除此之外，法国的《环境法典》（*code de l'environnement*）在历年的法令更新中也突出了改良空气质量的举措，比如其在 2010 年实施的《空气治理条例》就规定了最新的空气治理和尾气排放等标准。在 2013 年，法国还通过部门间的空气治理委员会通过了“空气治理紧急计划”，在法国的多个都市地区实施欧盟最严格的空气污染防治标准。这一系列的常规和特别空气污染防治规定都为法国空气污染治理奠定了基础。

美国 1963 年颁布的《清洁空气法》虽然时间比英国的《清洁空气

法案》晚一些，但其经过多次修订，构建了一套独特、完善、经济、高效的管理模式，不仅成为美国治理空气污染、气候变化等问题时的主要法律依据，也成为世界上其他国家治理空气污染的立法范例。世界上许多发达国家和地区，包括欧盟、日本和韩国等国都把美国《清洁空气法》及其历次修正案中的技术标准、机构设置和立法模式等作为其各国修改相关法律的重要参考依据和研究对象。美国在过去几十年中制定的一系列法律法规，包括《清洁空气法》、《清洁水法》、《固体废物处置法》、《杀虫剂、真菌剂和灭鼠剂法》、《有毒物控制法》等都是全球空气污染治理具有里程碑意义的法律。《清洁空气法》1970 年修正案正式建立了《国家环境空气质量标准》，针对对人类健康产生影响的主要空气污染物，包括二氧化硫、氮氧化物和细微颗粒及铅、臭氧、一氧化碳及其他尾气排放都作了严格的规定。

加拿大从 20 世纪 70 年代开始进行了一系列的和空气污染有关的立法，主要包括机动车辆、烟尘控制、危险品管理等方面，影响最大的立法是在 1999 年对其环境保护法进行的更新，并规定了环境质量标准，对大气污染物进行了详细的规定，并采取了严格的预警制度。这些立法都对加拿大的空气污染治理起到了严格的法律规范作用，并成为加拿大幅员辽阔的各地建立区域和地方空气污染治理法规体系的基础。

在亚洲各国中，新加坡通过“优先立法、严厉执法、市场运作”多管齐下，真正达成了经济与环境共同发展的“双赢”局面；日本是在解决 20 世纪 50、60 年代工业化的过程中，积累了成熟的空气污染治理经验，以“详尽的法律法规体系、民间诉讼、严格的管制标准”为特色，有效治理了城市的空气环境污染；中国香港的空气污染治理，以“全面的减排策略、严厉的法律条例、专门的管理机构”为框架，大大缓解了空气污染问题，打造高质量的空气环境。

比如在日本，中央政府从 20 世纪 50 年代末就制定了一系列治理空气污染的专门法律，主要包括 1958 年针对工业行业废气污染制定的

《工厂排污规制法》；1962 年对烟尘排放进行规制的《烟尘排放规制法》，以及在 1967 年制定的《公害对策基本法》。日本在 1968 年颁布了综合的《大气污染防治法》，并先后在 1970 年、1972 年、1974 年对这部法律进行修订及完善。通过前文的分析可以发现，从 20 世纪 50 年代至 70 年代，日本在空气污染防治方面的立法工作层层深入，不断调整和完善，标准不断提升，为空气污染治理提供了有效的保障。

新加坡的主要空气污染治理的法律包括《环境污染控制法例（1999）》（EPCA）及其附属规例，其中《环境污染控制（空气杂质）条例（2000）》规定了空气污染物的排放标准。新加坡空气治理的制度特色在于立法详尽，且条例内容全面而具体、惩罚力度大，例如《环境污染控制法》中，专门设置了八个款项，清晰地规定了对各类环境保护违法行为进行连续处罚，提高了惩罚成本，保证了治理的力度。

香港的《空气污染管制条例》和《道路交通条例》发挥了重要的空气污染治理作用。此外，香港还制定了《汽车引擎空转（定额罚款）条例》。为了加快落实新的空气质量指标，香港特区立法会于 2013 年 7 月 10 日通过《空气污染管制（修订）条例》，增加了“每 5 年最少检讨空气质量指标一次”的条文，将于 2014 年 1 月 1 日正式实施。

这些国家的立法都回应了对空气污染问题的公众需求，从污染物的鉴别、污染源的控制、污染权的管理等各个方面降低尾气和污染源的排放、推广低污染技术和提高空气质量。

四、技术创新作为空气污染治理的实施动力

各个国家的法律都规定了严格的空气污染物排放和污染源管理的要求，众多的立法颁布实施后，接下来的问题就是如何通过技术创新来为严格地执行立法提供坚实的基础，提高空气污染治理的可行性和可操作性。

英国在实施 1974 年的《控制公害法》（*Controal of Pollution Act, 1974*）的过程中建立了“切实可行的措施”（the Best Practicable Means,

简称 BPM)。这个原则表明了在实施法令的过程中应该根据不同的地方环境和条件（local conditions and circumstances)，采取最适用的技术知识和财政手段（technical knowledge and to the financial implications)，以完成对污染源或排放设备的设计、安装和维护（design，installation，maintenance)。[①] 这种做法既为空气污染治理立法的实施提供了技术条件，又保证了不同地区政策实施的灵活性。

德国及欧盟的其他国家致力于采用最先进的技术（Best Available Technology，BAT）降低工业污染排放。欧盟根据工业排放条例（Industrial Emissions Directive，IED，2010/75/EU）专门颁布了供各成员国采纳使用的“最先进的技术参考指标”（BAT reference documents，BREFS）手册。这个手册详细规定了各个工业部门降低排放的技术工艺和法律要求。[②]

美国则对空气质量已经达标的区域内新增的污染排放源或现有排放物增加排放的，采取最佳可行控制技术（Best Available Control Technology，BACT）进行排放处理，提交空气质量分析报告和环境影响报告，并且充分保证公民的知情权。[③]

无论是英国的 BPM，还是德国的 BAT，或者是美国的 BACT，其重要原则都是加强法律实施的技术可行性，政府通过与科研机构合作进行研究，制定出根据不同地区、不同问题设计的最优技术方案。这样的技术体系一方面降低了空气污染治理法规执行的难度，使工业企业认识到遵守环境保护法规的可行性，提高了企业的积极性，使其主动采纳先进的环保技术，在一定程度上也降低了企业的守法成本，为空气污染治理提供了可操作的实施基础。在这个方面，欧美各国为世界提供了通过技术创新推动空气污染治理的成功经验。

在具备了这些技术条件之后，如何在正确的背景下正确应用技术，

---

① 参见 http：//www. legislation. gov. uk/ukpga/1974/40/section/72。

② 参见 http：//eippcb. jrc. ec. europa. eu/reference/。

③ 参见 http：//www. epa. gov/NSR/psd. html。

如何将成熟的、经过检验的技术放入正确的政策执行系统，与发明单纯的技术同样重要。在理念建设方面，欧盟提出发展“低碳经济”，是人类社会继农业文明、工业文明之后的又一次重大进步。低碳经济实质是人类社会在经历了对大自然过度的索取，导致自然生态环境遭到严重破，人们的生存环境面临威胁之后所作出的深刻反思。它是一场涉及生产模式、生活方式、价值观念和国家、人类权益的全球性能源经济革命。[①] 欧盟是低碳经济的先行者和积极倡导者，其低碳经济的发展和新能源的利用一直处于世界领先地位。建设低碳经济所面临的经济问题、技术缺乏、人力资源不足等问题都不足畏惧，其面临的最大障碍就是我们每个人业已形成的不良习惯。正如英国能源问题专家安德鲁指出的那样，“我们习以为常的舒适、富足的生活，都是建立在过度消费能源的基础上的”[②]。因此需要国家利用各种方式宣传环保，提高民众环保的意识。例如德国在70年代起开始就发展问题和环保问题开展过激烈的辩论，相关的研究论文和科普文章也开始大量出现。随着环境状况的日益恶化，德国民众开始意识到大自然的承载能力是有限的，所以人类的经济活动要尊重自然发展的规律并对自然资源要适度开发。德国政府也不失时机地加强环保宣传，利用各种舆论工具和宣传方法来呼唤民众提高环保意识，并成立专门的环境保护机构从事环保工作。政府还特别重视对环境保护知识在中小学生中的普及，并不断地通过社会实践直接地参与环保活动来强化他们的环保理念。因此，在德国的报纸、杂志、网络等各种社交媒体上经常可以见到“保护我们的家园，使之免受废气污染”、“同汽车和废气噪音作斗争”之类的呼吁，并且德国人把自己的生活方式和习惯也与环保直接联系起来，以自己一点一滴的行动为大气保护出力，如为了减少汽车废气的排放，德国工薪阶层经常“拼车”去上班；

---

① 金爱伟：《发展“低碳经济”的几点思考》，载《商业经济》，2011年第2期。

② 徐政华：《英国低碳经济建设及经验》，载《人民论坛》，2011年第11期。

甚至在一些城市骑自行车与步行在整个城市交通中所占比例超过30%。

在美国，不必要地频繁使用私人汽车已经成为一种使人反感的行为。在纽约和芝加哥等城市，居民都以能够“拼车”（carpool）或骑自行车上班为时尚。政府也在地铁站出口等地点为骑自行车上班的人提供了临时淋浴场所等便利措施，鼓励零排放的出行方式。这些措施与先进的技术创新一起为空气污染治理提供了实施的基础，接下来的关键就在于建立完一套完善的制度，推行各种法规和政策。本书中多个国家和地区的例子都表明多方协作是这种制度成功的关键。

五、多方协同作为空气污染治理的制度关键

在严格的空气污染治理立法出台后，同样重要和困难的即是法律的执行和政策的实施。从各国的经验中可以看出，政府与政府之间、政府与企业之间、政府与社会之间的多方参与和协作是空气污染治理成功的关键。

美国《清洁空气法》的实施可以算是政府间协同治理空气污染的典范。《清洁空气法》作为一部适用于全国的法律，由环境保护署负责统一执行，要求各州在《清洁空气法》的法律框架下制订当地执行计划（State Implementation Plans，SIP），具体说明贯彻执行《清洁空气法》有关规定的技术标准和处罚措施。SIP 也就是各州根据《清洁空气法》制定的相应法规。SIP 制定后需要经环境保护署的审批，如果不能批准通过，环境保护署会接管州政府执行《清洁空气法》的权力。在获得美国环境保护署批准后，各州根据各自实施原则的要求设立各项具体操作规范来管理州内的空气污染源和相关企业。这种联邦统一立法，各州制定经过联邦部门批准的、符合地方情况的具体实施标准的做法，既为联邦法规的实施提供了可操作性，也调动了州政府的能动性，兼顾了各州的具体情况，保证了全国空气污染防治标准的执行。这种政策执行框架充分考虑到，尽管州是执行环境法律法规的主力，但由于空气污染是不以行政区划为限的，往往是跨区域污染，所以 1990 年修正案对跨区空气

污染作了相关规定，成立了空气污染控制州际委员会，负责制定执行区域空气污染控制项目。实践证明，这种联邦和州政府协同治理的体系符合美国联邦体制的国情，对控制空气污染发挥了重要作用。

在英国，中央政府的环境保护事务主要由环境、食品与农村事务部（Departmentfor Environment，Food & Rural Affairs，DEFRA）负责，其在地方设立了一些分支机构，地方政府则相应地协助其环保政策顺利实施，尤其是空气污染的综合治理这样复杂的事务。各地主要通过“地方空气管理”（Local Air Quality Management）系统增强政府的环境保护职能。地方政府针对空气污染的“排放热点地区”进行重点监控，管理地方大气污染、地方性环境卫生（包括噪音尘土问题）和地方生活垃圾的处理等环境问题。如前文分析，在这个过程中有时中央机构和地方当局会由于利益保护的不同产生摩擦。

在德国和日本，联邦（中央）和地方之间的空气污染治理职能有明确的划分。德国的联邦污染控制法案制定了有关向工业界颁发排污许可证、进行空气污染监测的一系列要求，地方州政府则负责监督、检查、处罚违法排污企业。在日本，环境省设置了地方环境事务所，建立起了国家和地方之间的沟通桥梁，促进国家和地方在环境行政方面相互协调、上下一致，在全国统一立法的基础上根据地方实际情况灵活施政。

可以看出，美国是中央（联邦）和地方分权自治、合作治理空气污染的典型。德国和日本则是在中央（联邦）领导下的全国统一治理，地方机构主要起到执行的作用。英国的模式处于两者之间，中央环境管理部门在地方设立分支机构，但地方也有一定的空气污染治理自主权。但无论如何，政府间的协调都是落实空气污染治理法令，提升空气污染治理效果的重要因素。

这种协调不但表现在各国国内政府之间，在很大情况下也表现在跨国和跨地区合作协议上。比如1993年美国、加拿大和墨西哥三国签订了《北美环境合作协定》（*North American Agreement on Environmental Cooperation*, NAAEC），主要通过规定环境保护的条约义务、建立专门的环境工作机构和寻求环境争端的妥善解决等各种方式来实现北美区域内环境保护。德国也通过加入的《关于远距离跨境空气污染的日内瓦条约》和《哥德堡协议》两项国际多边空气污染防治条例，成为欧洲跨国空气污染控制的主要参与国家。中国香港与广东之间的粤港合作治理空气污染更是成为跨区域合作的典范。

2007 年 3 月欧盟 27 国达成协议，到 2020 年欧盟内温室气体排放要比 1990 年减少五分之一，同时新能源所占的比例将提高到 20%。2009 年 4 月欧盟委员会制定了《欧盟新能源方针》，给各国确定了有约束力的具体减排目标，以确保 2020 年新能源在总能源消耗中比例达到 20%。此方针的实行将大力促进欧盟各国太阳能、风能等新能源产业的开发，促使各国积极实施对煤电厂进行技术改造，占据技术制高点，并力争从“碳排放交易”中获利，以此促进经济增长，增加社会所需要的就业岗位，使欧盟引领世界新的经济发展潮流。

除了政府之间的关系至关重要，政府与企业之间的联系也是各国空气污染治理取得成功的重要环节，主要表现在政府与企业在制定空气污染治理标准上的合理沟通、法律条例的有效执行和新型技术的推广合作上。

比如在英国，在环保政策的制定过程中，政府经常召集一些相关的主要企业家和环保组织负责人共同协商，达成一致，制定最合理有效的政策，有利于政策的合理实施。新加坡也是企业与政府共同治理空气污染的典型。通过建立合作伙伴关系，降低了政府治理空气污染的负担，也增加了私人企业界的参与。主要是通过制定管制措施、支持政策，双管齐下，由此刺激经济主体的行为，形成“政企合作”的空气污染治理模式。

德国环保产业的发展尤其是垃圾经济的发展，主要是依靠政府引导、市场运作。政府通过投入基础设施，运营采用企业方式进行，利用价格杠杆，鼓励中小企业发展垃圾经济。日本政府也采取优惠政策、激励和惩罚机制等多种措施，通过给予环保型企业一定的优惠和补偿金，大力支持环保产业的发展，引导企业向环保企业转型。各级政府通过设立生态园区、产业园区，促进环保产业迅速发展。

社会组织更是成为空气污染治理的主力，与政府、企业结成合力。在德国，联邦政府、地方各州以及各社会组织在财力、技术、人力资源上相互支持与配合。英国政府更是直接资助许多社会组织作为环境保护的参与者，并通过为成功的环保社会组织颁发“皇家”勋章等办法大力鼓励社会组织的参与。在美国，许多社区成为“智慧出行”行动的发起者，公民用实际行动减少小轿车的行驶次数，选择步行、自行车、共用汽车等无排放或低排放的出行方式，有效减少了家庭轿车尾气排放。总而言之，城市空气污染是各国城市发展中面临的普遍性问题，其治理不是一蹴而就的，需要一定的时间，更需要构建一套有效的治理体系。

从本书中的这些国家的发展轨迹中可以看出，治理空气污染需要从根本上转变经济增长方式，实现绿色增长，从长期看，其得远大于失。当城市越来越不宜居，城市化和城市经济发展无法为居民带来真正的利益时，世界各国逐渐重视空气和环境质量，制定了工业转型、尾气控制和发展公共交通等有力措施对城市空气进行全面治理。在治理的过程中，不同国家和地区由于地理条件、历史变迁和经济发展等因素的差异，需要调整具体的治理制度，建立强有力的治理机构和行之有效的治理政策，结合国家与地区特殊的地理和经济环境，全面发挥空气污染治理政策的作用，在经济发展的同时减少空气污染对健康与环境的有害影响。“公众行动—政府立法—技术创新—多方协同”的合作治理模式是空气污染治理的成功经验。下一部分将讨论这些经验对我国空气污染治理的借鉴作用。

第二节　中国的困境与展望

一、高速城市化带来的空气污染压力

中国的城市人口在 2011 年首次超过了农村人口，城市化进入了一

个全新的时期。根据传统的城市化阶段划分，一个国家的城市化率低于30%时处于初级城市化的水平，介于30%和70%之间处于快速城市化的阶段，而城市化率到达70%后则进入稳定发展的时期。中国在20世纪80年代后进入了城市化高速发展的时期，全国的城市化水平从70年代末的不到20%，发展到目前的接近50%，开始进入了中期城市化和高速城市化的发展轨道。据估计，中国的城市化水平在2050年将达到70%，城市人口将超过10亿，进入"后城市化"时期，成为世界上最大的城市化国家。[①] 快速的城市化为中国的社会经济发展提供了强大的动力。城市的聚集效应和规模经济提高了资源配置效率，促进了国民经济的高速发展。然而，快速的城市化也为日益膨胀的中国城市带来了严峻的挑战。1980年，中国只有51个城市人口超过50万。从1980年到2010年的30年间，共有185个中国城市跨过50万人口门槛。到2025年，中国又将有107个城市加入这一行列。城市的扩张带来的是自然环境的消耗、交通压力的增大和机动车辆使用的增加。这些大大增加了中国城市空气污染的压力。

中国经济经过了30多年的长足发展，生产力水平大大提高。但是传统的高污染、高能耗、低产出、低效益的粗放式发展模式也给我国的经济发展带来了诸多弊端。在城市日益普及的机动车正成为我国空气的重要污染源之一，北京、上海等大城市机动车对PM2.5的贡献率达20%至25%。中国面临着日益恶化的环境，必须采取措施努力控制空气污染。空气污染的治理是一项长期而复杂的工程，本书中的多个国家和地区的空气污染治理经验，有许多值得我国学习和借鉴之处。在结合自身现状的基础上，参考国外关于治理空气污染的有效措施，改善空气质量，进一步推进环境保护工作，是十分必要的。

根据我国333个地级以上城市的大气环境监测数据，2010年我国地

---

① Ye, Lin & Alfred Muluan Wu, "Urbanization, Land Urbanization, and Land Financing: Evidence from Chinese Cities", *Journal of Urban Affairs*, 2014, Vol. 36, Issue S1, pp. 354 –368.

级市的二氧化硫、二氧化氮、PM10 的年平均浓度分别为 35 微克/立方米、28 微克/立方米、79 微克/立方米。根据 2012 年新修订的《环境空气质量标准》（GB3095 - 2012），这 333 个城市中不能达到二氧化硫、二氧化氮、PM10 年平均浓度二级标准的城市数量分别为 18、51 和 201 个。即便不考虑臭氧（O_3）和 PM2.5 污染的问题，也有 216 个城市的空气质量不能达到年平均浓度国家标准，占总城市数的 2/3。①

中国的许多重要城市都陷入了十面“霾”伏。2013 年新年伊始，中国城市从南至北经历了最新、最强一轮的空气污染警报。华北的京、津、冀，东北三省，中部陕西、河南、湖北、湖南、安徽，以及东部沿海省市的部分城市，都出现了重度或严重污染，一条深褐色的“污染带”由东北往中部斜向穿越我国大部分地区，其中深褐色点位最密集的在京、津、冀地区。全国 74 个进行空气质量指数（AQI）监测的城市中，有 33 个城市的部分检测站点监测数据超过 300，空气质量达到了严重污染。②

根据亚洲开发银行和清华大学 2013 年发布的《迈向环境可持续的未来——中华人民共和国国家环境分析》报告显示，全球 10 大空气污染城市分别是：太原、米兰、北京、乌鲁木齐、墨西哥城、兰州、重庆、济南、石家庄、德黑兰，有 7 个位于中国。中国 500 个大型城市中，只有不到 1% 达到世界卫生组织空气质量标准。中国城市的大范围持续雾霾天气已经十分严重，形成了几大特点：一是影响范围广，涉及华北平原、黄淮、江淮、江汉、江南、华南北部等地区，受影响面积约占国土面积的四分之一，受影响人口约 6 亿人。二是持续时间长，雾霾状况在全年的大多数月份都持续出现。三是污染物浓度高。根据国家发改委 2013 年 7 月发布的报告，全国 74 个进行空气质量指数（AQI）监测的

① 引自中国环境与发展国际合作委员会环境与发展政策研究报告《区域平衡与绿色发展 2012》，第 186 页。

② 引自《北京河北发最高级别霾预警 17 省市将继续十面“霾”伏》，载《东方早报》，2013 年 1 月 14 日。

城市中，部分点位的小时最大值达到900微克/立方米。[1] 中国城市正面临越来越严峻的雾霾围城，严重威胁到了居民的生活、城市的进步和社会的发展。纵观全球，这种现象要求中国城市从根源进行深刻的反思。

（一）高能耗、重污染的工业生产结构亟须改变

中国的城市化是在工业化驱使下的城市发展，改革开放以来30多年的工业化道路使许多城市在高能耗、重污染的发展道路上“积重难返”。2010年中国单位GDP能耗是世界平均水平的2.2倍，比美国、欧盟、日本分别高2.3倍、4.5倍、8倍。我国的主要矿产资源对外依存度逐年提高，石油、铁矿石等均已超过50%。在2011年，我国的能源消耗总量达到34.8亿吨标准煤，其中煤炭消耗占能源消费总量的比重达到68%，比1980年72%的占比下降不大。环保型能源，包括水电、核电、风电的占比不到10%。可以看出，我国在1980年至1990年间煤炭占能源消费总量的比重持续上升，直到1995年后才开始略有下降（图5.1）。

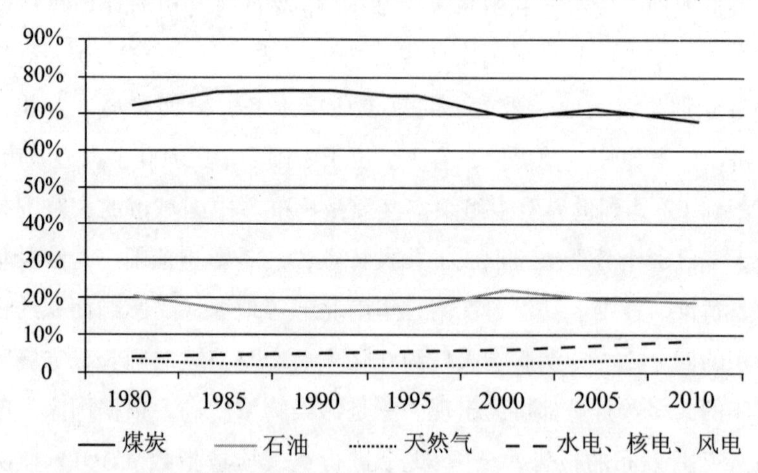

图5.1　中国各类能源消耗占能源消耗总量比重，1980—2010年

资料来源：《中国统计年鉴》（2012年）

① 《国家发改委2013年上半年节能减排形势分析》，http：//www.sdpc.gov.cn/hjbh/hjzhdt/t20130710_549561.htm。

相比之下，美国在2010年全国煤炭消耗量仅占能源消耗总量的22.8%，全国能源消耗总量的将近14%为可再生或无污染型能源（图5.2）。可以看出，我国能源总消耗中对煤炭过度依赖。虽然经过了多年产业转型，但总体改变不大。根据国家发改委2013年7月份的报告，2013年1—5月，规模以上工业能源消费量111183万吨标准煤，同比增长2.98%，增速较去年同期加快0.42个百分点，比一季度提高0.64个百分点，节能减排形势严峻，城市空气污染压力持续增大。① 根据2014年的最新统计数据，在2013年全年我国企业单位GDP能耗下降3.7%，基本实现全年下降3.7%以上目标。根据“十二五”规划中期评估，我国单位国内生产总值能耗以及排放总量减少指标完成情况滞后，节能减排形势严峻。工业与信息化部在2014年2月12日发布2013年工业领域节能减排完成情况，全国规模以上企业单位工业增加值能耗比上年预计下降4.9%，未完成全年5%的预期年度目标。工信部将2014年单位工业增加值能耗及二氧化碳排放量下降目标定为4.5%以上。② 在这种情况下，要实现“十二五”的节能减排目标，在2014和2015两年全国万元GDP能耗年均降幅要远高于前三年平均降幅，形势十分严峻，任务非常艰巨，应对气候变化压力增大。国家发改委特别指出我国当前生态环境恶化，空气雾霾等问题突出，严重影响群众身体健康。这迫切要求各级发展改革部门以及节能主管部门，要采取更加强有力的硬性政策措施，确保实现“十二五”节能减排约束性目标，以促进经济转型升级。③

（二）缺规划、低智能的城市出行模式亟须调整

截至2012年年底我国汽车保有量超过1.2亿辆（包括三轮汽车和低速货车1145万辆），达到全球第二。其中私人汽车保有量9309万辆，

---

① 《国家发改委2013年上半年节能减排形势分析》，http：//www.sdpc.gov.cn/hjbh/hjzhdt/t20130710_549561.htm。

② 参见http：//www.chinairn.com/news/20140215/112009451.html。

③ 参见http：//www.ndrc.gov.cn/fzgggz/hjbh/jnjs/201312/t20131218_570950.html。

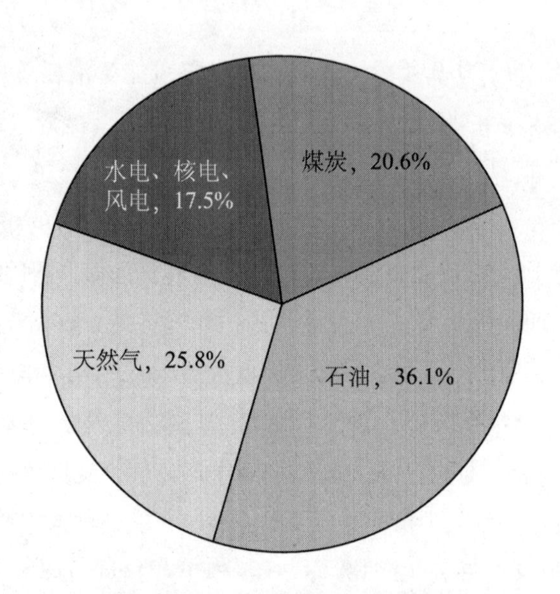

图 5.2　美国各类能源消耗统计数据，2010 年

数据来源：美国能源信息管理委员会 2011 年度能源报告（Annual Energy Outlook）

比上年增长 18.3%。在轿车总量中民用轿车 5989 万辆，比上年增长 20.7%，私人轿车 5308 万辆，增长 22.8%[①]，形成了巨大的尾气排放源。我国公民家庭私人轿车保有量在近几年中都保持了约 20% 的年均增长量。在中国各大城市中，北京拥有最高的私人轿车保有量。北京汽车保有量在 2012 年突破 520 万辆，每千人保有量达到 230 辆以上。上海汽车保有量约 260 万辆，每千人保有量约 100 辆。广州和深圳的汽车保有量也突破了 240 万和 200 万辆。

从图 5.3 可以看出，中国的每万元 GDP 的能源使用强度在过去 30 年中持续下降。但是人均能源消费却逐年上升，从 1980 年的人均 0.61 吨标准煤上升到 2010 年的人均 2.58 吨，增加了三倍。目前我国人均能源消费量比世界平均水平（1.82 吨标准煤）高 25% 左右。美国的人均能源消费量大约是每年 8 吨标准煤。然而，形势更为严峻的是我国的人均生活能

① 国家统计局：《中华人民共和国 2012 年国民经济和社会发展统计公报》。

源消费，从2000年开始，这个指标开始了急速的增加。从2000年至2010年之间，我国人均生活能源消费从123.7千克标准煤上升到258.3千克标准煤，在短短10年内翻了一番。这个惊人的数字表示随着个人和家庭的经济实力的增加，我国居民消费模式朝着高能耗的模式发生急剧的转变，其中重要原因之一就是私人轿车消费的增加。超过13亿的总人口的能源消费模式不但对中国意义重大，对全球的能源消费和环境压力都会产生巨大的影响。能源消费结构已经成为影响我国城市空气质量的主要因素。

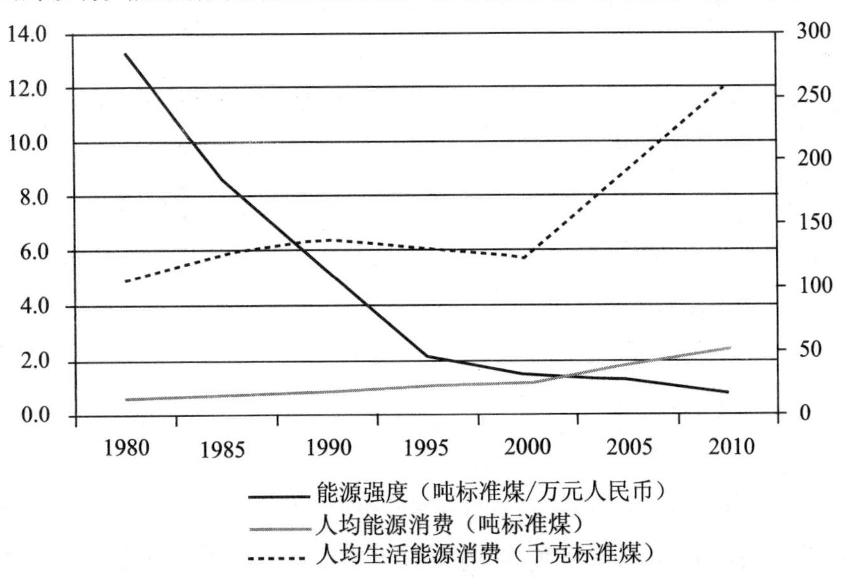

图5.3　中国能源强度及人均能源消费量，1980—2010年

数据来源：《中国统计年鉴》（2012年）

目前，美国的汽车保有量是每千人800辆左右，欧洲和日本的汽车保有量是每千人500～600辆。目前中国全国汽车保有量平均每千人25辆左右，与发达国家相比处于较低水平。从一方面，这预示着未来中国汽车产业的发展空间。随着中国经济的发展，百姓生活水平的日益提高，会有更多的家庭达到买车的最低经济门槛，加入“有车一族”的行列。但是，我国极其有限的人均资源禀赋和城市的负载能力却决定了我国汽车的平均保有量如果达到发达国家的水平，必将对我国乃至全球的能源市场和自然环境带来巨大的压力甚至是灾难。

目前，我国的北京、上海、广州、天津和杭州都实施了不同形式的私人轿车限行、限购政策。深圳、成都、石家庄、重庆、青岛、武汉等城市也在考虑实施限购政策的可行性。但是这种限购政策对治理城市交通拥堵和空气污染治理的直接作用却有待论证。

二、我国现行的主要空气污染治理措施与指标

（一）《大气污染防治法》与《环境空气质量标准》

我国《大气污染防治法》于1987年制定，于1995年和2000年进行了修订。在过去的十几年中，我国城市的空气污染物已经由以二氧化硫（SO_2）和细微颗粒（PM10）为主要污染物转变成以细微颗粒（PM10）、（PM2.5）和地表臭氧（O_3）浓度为主，修订《大气污染防治法》，制定更加严格的空气污染标准势在必行。中国往年实行的《环境空气质量标准》规定空气污染微粒是PM10标准，即只检测直径10微米以下的空气污染微粒。这就出现了北京市环境保护局公布的当地的空气质量等级为“良好”，而美国大使馆根据其监测的数据公布当地的空气质量非常不健康的情况。相较而言，我国空气污染微粒标准是远低于美国1997年的PM2.5标准，仅相当于那时美国1987年的标准。在2014年第十二届全国人大第二次会议上，多名代表对加紧修订《大气污染防治法》提出了建议，明确提出要把PM2.5、氮氧化物、扬尘等污染指标纳入监管重点，同时明确地方政府在大气污染防治中的责任。全国人大常委会已经将《大气污染防治法》修改列入了2014年的工作计划。时隔14年对《大气污染防治法》进行重大修订，这将是我国空气污染治理的重大举措。

2012年2月29日，我国环境保护部批准颁布了《环境空气质量标准》，（*Ambient Air Quality Standard*，GB3095－2012）参考了世界卫生组织对空气质量标准的建议，提高了对PM10的限制要求，并把PM2.5纳入指

标体系，使针对 PM10 和 PM2.5 的标准与世界卫生组织推荐的空气质量改善目标接轨。目前我国越来越多的城市开始监测 PM2.5 的指标。PM2.5 的来源十分复杂，既包括有污染源直接排放的颗粒，又包括由二氧化硫、氮氧化物、氨等气体在大气中转化形成的二次颗粒。对于我国空气污染比较严重的城市，PM2.5 的监控难度远大于 PM10。为了在 2025 年实现全国城市 PM2.5 的年均浓度达标率达到 80%，全国主要城市 PM2.5 的平均浓度每年需要下降 3% 以上。[①]《环境空气质量标准》对全国不同地区制定了分期实施的时间要求[②]：

1. 2012 年，京津冀、长三角、珠三角等重点区域以及直辖市和省会城市；

2. 2013 年，113 个环境保护重点城市和国家环保模范城市；

3. 2015 年，所有地级以上城市；

4. 2016 年 1 月 1 日，全国实施新标准。

2012 年 9 月，国务院正式批复《重点区域大气污染防治“十二五”规划》，规划范围为京津冀、长三角、珠三角等 13 个重点区域，涉及 19 个省的 117 个地级及以上城市，明确提出“到 2015 年，空气中 PM10、SO_2、NO_2、PM2.5 年均浓度分别下降 10%、10%、7%、5%”的目标；明确了防治 PM2.5 的工作思路和重点任务，增强了区域大气环境管理合力。这是中国第一部综合性大气污染防治规划，标志着中国大气污染防治工作逐步由污染物总量控制为目标导向向以改善环境质量为目标导向转变。[③]

---

① 引自中国环境与发展国际合作委员会环境与发展政策研究报告《区域平衡与绿色发展 2012》，第 188 页。

② 参见 http://www.zhb.gov.cn/gkml/hbb/bwj/201203/t20120302_224147.htm。

③《中国环境质量公报》（2012 年），http://jcs.mep.gov.cn/hjzl/zkgb/2012zkgb/201306/t20130606_253402.htm。

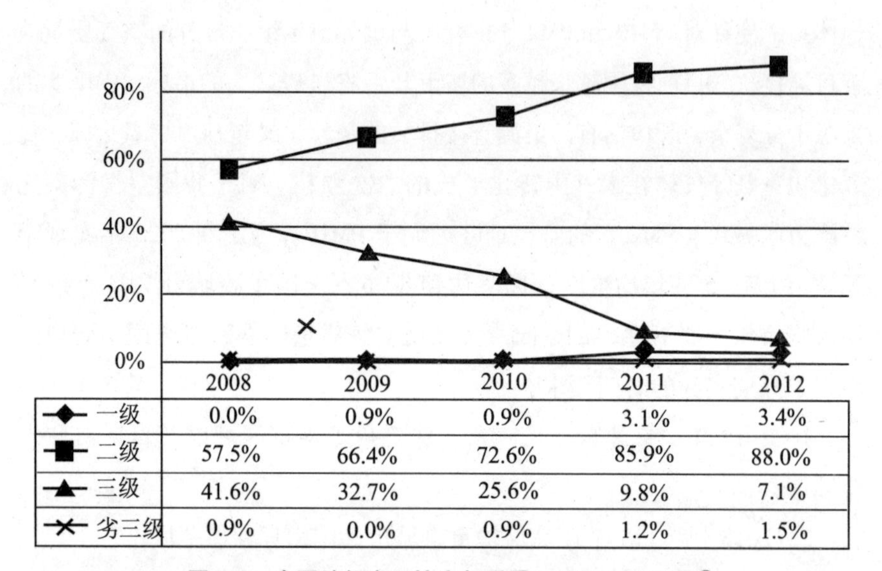

	2008	2009	2010	2011	2012
一级	0.0%	0.9%	0.9%	3.1%	3.4%
二级	57.5%	66.4%	72.6%	85.9%	88.0%
三级	41.6%	32.7%	25.6%	9.8%	7.1%
劣三级	0.9%	0.0%	0.9%	1.2%	1.5%

图 5.4　中国地级市环境空气质量，2008—2012 年①

资料来源：中国环境保护部历年《中国环境状况公报》，http://jcs.mep.gov.cn/hjzl/zkgb/。

2012 年，国务院根据《中华人民共和国国民经济和社会发展第十二个五年规划纲要》制定并颁布了《节能减排“十二五”规划》（附录一），要求确保到 2015 年实现单位国内生产总值（GDP）能耗比 2010 年下降 16% 的目标。到 2015 年，全国万元国内生产总值能耗下降到 0.869 吨标准煤（按 2005 年价格计算），比 2010 年的 1.034 吨标准煤下降 16%（比 2005 年的 1.276 吨标准煤下降 32%）。2015 年，全国化学需氧量和二氧化硫排放总量分别控制在 2347.6 万吨、2086.4 万吨，比 2010 年的 2551.7 万吨、2267.8 万吨各减少 8%，分别新增削减能力 601

① 我国 1982 年 4 月颁发《大气环境质量标准》，按标准的适用范围分为三级：一级标准适用于国家规定的自然保护区、风景游览区、名胜古迹和疗养地等；二级标准适用于城市规划中确定的居民区、商业交通居民混合区、文化区、名胜古迹和广大农村等；三级标准适用于大气污染程度比较重的城镇和工业区以及城市交通枢纽、干线等。三级以下的地区称为“劣三级”。主要是根据大气污染中的各种有毒有害物质进行检测。

万吨、654万吨；全国氨氮和氮氧化物排放总量分别控制在238万吨、2046.2万吨，比2010年的264.4万吨、2273.6万吨各减少10%，分别新增削减能力69万吨、794万吨。这些举措都将帮助缓解我国城市空气污染的压力。调整优化产业结构和能源消费结构、促进传统产业优化升级将是改变我国高能耗、重污染的工业生产结构，通过“节能”减少空气污染的根本途径。

表5.1　中国环境空气污染物基本项目浓度限值

污染物	平均时间	浓度限值		单位
		一级	二级	
二氧化硫	年平均	20	60	微克/立方米
	24小时平均	50	150	
	1小时平均	150	500	
二氧化氮	年平均	40	40	
	24小时平均	80	80	
	1小时平均	200	200	
一氧化碳	24小时平均	4	4	毫克/立方米
	1小时平均	10	10	
臭氧	日最大8小时平均	100	160	微克/立方米
	1小时平均	160	200	
颗粒物(PM10)	年平均	40	70	
	24小时平均	50	150	
颗粒物(PM2.5)	年平均	15	35	
	24小时平均	35	75	

资料来源：《中华人民共和国国家标准：环境空气质量标准》(GB3095－2012)

（二）我国现行空气污染治理措施的分析

从以上的空气污染治理措施及标准可以看出，我国在经历了改革开放以来30多年的高速经济发展之后，空气污染的现状已经十分严峻，对其进行彻底的治理已经刻不容缓。下表比较了我国的空气污染物浓度限值与世界卫生组织最新在2005年颁布的空气治理标准。可以看出，除了对空气中的颗粒物规定较为宽松外，我国最新颁布实施的《环境空气质量标准》中对各种空气污染物的规定和限制已经基本接近或达到了世界普遍的标准。

表 5.2 世界卫生组织（WHO）主要空气污染物浓度限值与我国标准比较

污染物	平均时间	浓度限值（我国标准）		浓度限值（WHO）	单位
		一级	二级		
二氧化硫	年平均	20	60	20	微克/立方米
	24 小时平均	50	150	无	
	1 小时平均	150	500	无	
二氧化氮	年平均	40	40	40	
	24 小时平均	80	80	无	
	1 小时平均	200	200	200	
一氧化碳	24 小时平均	4	4	无	毫克/立方米
	1 小时平均	10	10	无	
臭氧	日最大 8 小时平均	100	160	100	微克/立方米
	1 小时平均	160	200	200	
颗粒物（PM10）	年平均	40	70	20	
	24 小时平均	50	150	50	
颗粒物（PM2.5）	年平均	15	35	10	
	24 小时平均	35	75	25	

资料来源：世界卫生组织关于颗粒物、臭氧、二氧化氮和二氧化硫的空气质量准则，2005 年全球更新版，风险评估概要，http：//whqlibdoc. who. int/hq/2006/WHO_SDE_PHE_OEH_06. 02_chi. pdf? ua = 1

除了规定了严格的空气污染物限值标准外，我国的环境部也专门下设了污染物排放总量控制司、环境监测司、环境影响评价司等与空气污染治理有关的司局。其中，污染物总量控制司的职责包括“承担落实国家减排目标的责任，拟订主要污染物排放总量控制、排污许可证和环境统计政策、行政法规、部门规章、制度和规范，并监督实施，组织测算并确定重点区域、流域、海域的环境容量，组织编制总量控制计划，提出实施总量控制的污染物名称、总量控制的数量及对各省（自治区、直辖市）和重点企业的控制指标，监督管理纳入国家总量控制的主要污染物减排工作，负责污染减排工程运行监督工作，建立和组织实施总量减排责任制考核制度，负责审核涉及增加主要污染物排放总量新上项目的总量指标，负责核准节能减排财政和价格补贴，负责环境统计和污染源普查工作，组织编制并发布环境统计年报和统计报告，组织开展排污权交易工作”①。在污染防治司的职责中包括了“组织指导城镇环境综合整治工作，负责组织实施全国城市环境综合整治定量考核制度。负责新定型车辆发动机和车辆的环保型式核准，建立在用车以及油品监督管理制度”②。环境影响评价司则负责“对重大发展规划以及重大经济开发计划和重要产业、重点区域进行环境影响评价”等工作。③ 这些主要环保部门在空气污染治理方面的职责已经比较全面，覆盖了节能减排、机动车辆排放管理和重大环境影响评价等方面。

在严格规定了空气污染物限值，较为详尽地制定了环境保护部门职责的基础上，为何我国的城市空气质量仍然继续恶化，空气污染治理仍然形势严峻呢？结合本书各个章节的比较研究，下文对我国利用国际经验，切实执行空气污染治理政策，坚决保护空气环境质量提出综合性的建议。

三、扼住空气污染的咽喉：他山之石

中国大气严重污染问题，既有我国仍处于快速工业化中后期、经济发展方式粗放、产业结构和能源结构不合理的原因，也有空气流动等气象条件的因素，还与大气污染防控能力薄弱、法制体制不完善等有关。从本书中各国的典型案例分析中可以看出，要控制城市空气污染，必须从调整产业结构、控制机动车辆和加大政策力度几个方面多管齐下。“环境问题究其本质是经济结构、生产方式、消费模式和发展道路问题，

---

① 污染物排放总量控制司的机构职责详见 http://zls.mep.gov.cn/。

② 污染防治司的机构职责详见 http://wfs.mep.gov.cn/。

③ 环境影响评价司的机构职责详见 http://hps.mep.gov.cn/。

必须从发展方式上找根源，从最顶层的经济社会发展规划中寻出路，从国家宏观战略层面入手。”①

世界卫生组织的报告认为成功的空气污染治理应该至少包括以下几个方面②：

1. 工业发展：引进清洁技术，降低工业废气排放，提高工业废物管理效率；

2. 交通运输：采用清洁能源动力，提出快速公交、步行及自行车等城市交通方式，以及城际货运及客运规定交通，提倡使用清洁柴油、低排放、低硫含量引擎的机动车辆；

3. 城市规划：提高建筑物的能源标准，建设紧凑城市，提高能源效率；

4. 能源动力：增加低排放和可循环的燃料动力，包括太阳能、风能和水力，创新同时产生热能和电力的资源，利用小型电网及屋顶太阳能等设备提高能源产生的分布效率；

5. 城市及乡村废弃物管理：提倡减少废弃物，垃圾分类，垃圾燃烧，废物再利用等，并严格保证垃圾燃烧时的有害气体控制。

联合国也对城市空气污染治理提供了蓝图③：

1. 提高空气治理管理的信息和技术：包括对环境进行综合评价，保证各利益和行为主体（stakeholder）充分参与，明确空气污染问题，制定有序改进措施；

2. 提高空气污染治理的战略、计划和决策：首先明确联合多个主体的治理战略，充分考虑各项可能的治理措施，取得参与各方的统一意

---

① 张庆丰、罗伯特·克鲁克斯：《迈向环境可持续的未来——中华人民共和国国家环境分析》，中国财政经济出版社 2012 年版，第 15 页。

② 报告详见 http：//www. who. int/mediacentre/factsheets/fs313/en/。

③ “United Nations Environment and Human Settlement Program：Urban Air Quality Management”，2005.

见，并与现行的治理政策充分协调，保证治理措施的连贯性和可行性；

3. 提高政策的制度化实施：充分发挥各方资源，获得包括政治力量在内的最大支持，增强治理的系统性，使参与和合作成为制度化的措施，保证治理系统的新型反馈和持续改进。

综合以上原则以及对本书多国实践的比较，我国的空气污染治理应该从以下方面制定相辅相成、多方参与和循序渐进的综合战略措施，将空气污染治理上升到国家治理的核心层面，作为现代国家治理体系的重要内容，从根源上防止空气环境的进一步恶化，改善空气质量，提倡生态文明，保持社会经济的可持续发展。

（一）调整产业结构，实现节能减排

据悉，2005 年，我国二氧化硫排放总量为 2549 万吨，已成为世界上二氧化硫排放量最多的国家，燃煤电厂是我国二氧化硫排放的主要来源。[①] 减少空气污染物，特别是含氮、硝等氧化物的排放，通过“减排”减少城市空气污染，是在“十二五”期间的另一重要措施。我国的能源消耗以煤炭为主，推进工业排放物脱硫脱硝，将在一定程度上缓解由于我国对煤炭的高度依赖对空气造成的污染。《节能减排“十二五”规划》规定对新建燃煤机组全面实施脱硫脱硝，实现达标排放。尚未安装脱硫设施的现役燃煤机组要配套建设烟气脱硫设施，不能稳定达标排放的燃煤机组要实施脱硫改造。加快燃煤机组低氮燃烧技术改造和烟气脱硝设施建设，对单机容量 30 万千瓦及以上的燃煤机组、东部地区和其他省会城市单机容量 20 万千瓦及以上的燃煤机组，均要实行脱硝改造，综合脱硝效率达到 75% 以上。到 2015 年，所有烧结机和位于城市建成区的球团生产设备烟气脱硫效率达到 95% 以上。有色金属行业冶炼烟气中

---

① 资料来源于中国新闻网 2007 年 4 月 12 日讯，根据我国历年的环境状况公报，我国二氧化硫排放量自 2006 年以来呈下降趋势，2010 年二氧化硫排放量为 2158 万吨，比 2005 年下降约 15.33%。

二氧化硫含量大于3.5%的冶炼设施，要安装硫回收装置。石油炼制行业新建催化裂化装置要配套建设烟气脱硫设施，现有硫黄回收装置硫回收率达到99%。建材行业建筑陶瓷规模大于70万平方米/年且燃料含硫率大于0.5%的窑炉，应安装脱硫设施或改用清洁能源，浮法玻璃生产线要实施烟气脱硫或改用天然气。焦化行业炼焦炉荒煤气硫化氢脱除效率达到95%。水泥行业实施新型干法窑降氮脱硝，新建、改扩建水泥生产线综合脱硝效率不低于60%。燃煤锅炉蒸汽量大于35吨/小时且二氧化硫超标排放的，要实施烟气脱硫改造，改造后脱硫效率应达到70%以上。这些节能减排目标的达到，对我国城市空气污染的治理至关重要。

调整产业结构的重要措施之一是技术创新。在这一领域政府与市场的作用同样重要，需要重点协调。[①] 比如在英国，中央政府就采取了多种对企业的产业转型和设备更新进行激励的政策，包括公共资金补助形式的支付，或减免税收来提供投资刺激；而对一些危害空气质量的产业大幅度降低了财政补贴标准，使得长期依赖政府补贴的高污染产业，包括纺织、造船、机械、钢铁等大幅度萎缩。其他一部分制造业，如航空、化工、机电、石油等在市场竞争中，逐步从规模型生产向高端的设计、集成、概念化产品和附加值更高的品牌产品方向转变。与此同时，加大对服务业的扶持力度，促进低污染行业的发展。[②] 这在一方面鼓励了新兴服务业的发展，同时也降低了对空气环境的压力。新加坡也是通过技术创新和产业升级带动环境保护的典型例子。新加坡政府在20世纪70年代以后，通过电子、ICT与化学制造产业的高度集聚，成功吸引了全球业内领先的跨国公司到新加坡从事研发活动，形成日益重要的研发基地。这些产业逐渐替代新加坡传统的耗能高、污染大的石油化工工

---

① 叶林、赵旭铎：《科技创新中的政府与市场：来自英国牛津郡的经验》，载《公共行政评论》，2013年第5期。

② 张孝德：《从伦敦到北京：中英雾霾治理的比较与反思》，载《人民论坛·学术前沿》，2014年2月27日。

业，为新加坡空气污染的治理提供了经济基础。在20世纪90年代之后，新加坡政府又出于对经济过于依赖电子与IT制造业的担忧，投入大量研发资源，寻找更加绿色环保的替代性产业，国家经济的发展重点开始投向了生物技术产业和知识密集型的服务业，进一步推动“无污染、低耗能”的可持续经济发展和环境保护模式，大大减轻了经济增长对空气质量带来的污染压力。

（二）控制机动车辆，实现绿色出行

城市机动车辆的增长带来的大量有害尾气排放逐步成为工业污染之外我国城市空气污染的重要源头。由于汽车销售为各级政府带来的巨大财政收入及其对经济增长的贡献，控制机动车辆的增长比工业转型、节能减排的任务更为艰巨。

一方面，汽车的发展扩大了居民的出行范围，为人民生活带来了便利，让民众享受了科技进步和经济发展的成果。但是由于我国自然资源、交通道路和人口密度等客观因素的限制，向西方国家那样提倡私人与家庭轿车的全面使用，使中国成为“车轮上的国度”，必将导致中国的城市陷入灾难。空气污染、交通拥堵、能源枯竭将是不可避免的后果。[①]

然而，限制民用车辆的使用必须做到公平、公正、客观。北京、上海、广州和贵阳是我国最早实行了车辆“限购”或“限行”政策的四个城市。1994年，上海开始对新增客车额度实行拍卖制度，上海对私车牌照实行有底价、不公开拍卖的政策，购车者凭着拍卖中标后获得的额度，为自己购买的车辆上牌。并规定外地牌照的私车在上海从早上7点到9点、晚上4点到6点高峰时间不允许上内环高架行驶。上海实行私车牌照拍卖以后，每个月新增不到1万个新车牌，控制了机动车的增长。由于每个月额度只有几千辆，致使原本车管所发放的两块车牌变得

---

① 叶林、夏晓凤：《公平与效率：高密度环境下的基本公共服务“均等化”》，载《城市中国》，2012年第56期。

异常紧俏。在2013年，上海车辆牌照的拍卖达到均价8万元以上，被称为中国最昂贵的一块“铁皮”。

2010年12月23日北京正式公布《北京市小客车数量调控暂行规定》实施细则，俗称“限购令”。对汽车销售实行总量年度控制，并制订交通拥堵收费方案。例如在2011年，年度小客车总量额度指标为24万个（月均2万个），个人占88%。每月26日实行无偿摇号方式分配车辆指标。对于普通市民、个人申请者，需要先在北京小客车调控系统上进行申请，通过公安、社保、交通等多个部门的审核后，参加摇号。只有摇号中签后，才具有在北京新购买车辆的资格。外地居民在北京购车需有连续五年以上缴纳北京社保和个税的证明；港澳台居民、华侨及外籍人员只需一年居住证明。在2010年没有实施车辆限购时，北京全年新增机动车81万辆，而在实施限购后的2011年，北京净增机动车的数量只有17.4万辆。[①] 另外，北京机动车实施按车牌尾号工作日高峰时段区域限行交通管理措施，限行时间为7时至20时，范围为五环路以内道路（不含五环路）。此外，外地牌照交通高峰时段禁行五环路（含）以内。

2011年7月11日，贵阳市政府发布了《贵阳市小客车号牌管理暂行规定》。《规定》要求对在贵阳市新入户的小客车核发专段号牌和普通号牌，以达到控制车流量，缓解老城核心区交通压力的目的。根据《规定》，凡从当年7月12日起购买的吉普车、小轿车等九座以下的载人客车，可选择“专段号牌”和“普通号牌”两种号牌上牌。其中，“专段号牌”有入户限制，需要通过向市交警部门申请，以摇号方式无偿分配，该号牌可以在贵阳市所有道路通行；“普通号牌”入户不受限制，但该号牌车辆不能在贵阳市一环路（含一环路）以内的道路上行驶。[②]

---

① 参见 http://auto.sohu.com/20120722/n348736428.shtml。

② 参见 http://www.chexun.com/2012-07-03/100970485.html。

2012年6月30日21时，广州市宣布对中小型客车进行配额管理，7月1日零时实施。根据该汽车限购政策，在为期一年的试行期内，广州市中小客车增量配额为12万辆，按照每月1万辆进行配置。据市场统计，近年来广州市汽车每年的增量约为30万辆。“限购”政策将使广州每年汽车增量减少一半。参考北京“无偿摇号”模式和上海“有偿拍卖”模式后，广州推出“有偿竞拍+无偿摇号”的新模式，即获得车牌指标，竞拍和摇号各占一半。每个月26日将组织摇号。个人申请每个月摇号一次，单位申请每两个月摇号一次。个人未取得配置指标的有效编码将保留3个月，在保留期内自动转入下一次摇号基数。车牌指标有效期为6个月，不得转让。另外，单位和个人可以同时申请参加摇号和拍卖，但不能同时以两种形式取得指标。① 在实行“限购”令两年之后，广州车牌拍卖的均价已经超过2万元。

限购政策基本上针对普通消费者私人购车，这实际上构成了政府利用公权力限制消费者行使正当消费权。另外，已经购车的人可以享用作为公共资源的道路，还未购车的消费者却因一纸限购令无法享受同等的道路使用权，在民众中造成了消费权的不公平。由此可见，当政府启用限购这一行政手段的时候，需要慎重考虑的问题早已超出权力合法性范畴。从上文的数据分析可以看出，我国民用轿车中私人轿车仅占到了不到一半的比重，其余的轿车为商业和公务用车。为了缓解城市化交通拥堵与空气污染的现状，解决的办法不应是单纯限制民众的消费。政府在公务用车方面的支出与日俱增是客观事实，中央正在大力限制“三公消费”，限制公务用车是其中重要内容。那么，当政府用行政之手对汽车市场实行限购的时候，不妨将矛头对准自己，从限制政府购买公务用车做起。政府减少公务用车，特别是限制购买新的公务车，积极作用是多方面的。它将有效减少公款消费的数额，回归廉洁行政的本色；减少政

---

① 参见 http：//auto. qq. com/a/20120711/000097. htm。

府用车对道路的挤占，将道路更多地还给老百姓；减少拥堵，也缓解因排放而产生的环境污染。[①]

（三）加大管控力度，实现政策联动

虽然我国在“十一五”以来对空气污染实施了多项控制措施，实现了全国二氧化硫（SO_2）排放总量的下降，并在一定程度上控制了 SO_2 和 PM 10的平均浓度，但是我国城市化空气污染治理仍然存在标准有待提高、管控力度亟须加强、推进跨部门和跨区域政策联动的艰巨任务。纵观各国的空气污染治理重要法律法规，都是经过了历次的修订和完善，才对空气污染治理起到了重要的作用。比如英国在 1956 年通过了《清洁空气法案》之后的 30 年中，每隔几年就增加制定相关法律或者修订有关技术指标，期间颁布了《污染控制法》、《环境法》、《国家空气质量战略》等重要法律，并引入了欧盟有关空气污染治理的各项指令，使伦敦等传统工业城市彻底摆脱了“雾都”的困扰，大大改善了城市空气质量。在这个艰难的整治过程中，英国中央和地方层面的各级政府、各个部门形成了有力的跨部门和跨区域政策联动。在中央层面，主要通过环境、食品与农村事务部、能源与大气变化部及环境署等部门制定和执行有关法律法规，国家公园委员会、自然资源保护局等部门都投入到空气污染治理中。在地方层面，环境事务部在地方和地区设立了一些分支机构，以协助中央和地方政策的实施，特别是对空气污染的治理。除此之外，英国公众也开始大量关注环境问题。这一时期环保组织在组织水平、规模和影响程度等方面都得到了极大的提高。

在德国，联邦和各州紧密协作，建立起友好的合作关系，很好地完成了空气污染治理的任务。1994 年环境保护作为国家目标终于被写进了德国基本法第 20 条 A 款：国家通过立法、行政、司法以维护自然生态之本源。大多数州也将环境保护这一重要目标写进了本州的宪法之中。

---

① 参见 http：//www. cssn. cn/35/3516/201307/t20130712_381310. shtml。

有些州的宪法中明确提到了包括土地、水、空气在内的保护对象，并且把环境保护这一国家任务的要求具体化了。

由于空气污染的流动性，跨国家层面的治理手段也至关重要，欧盟就将空气污染治理作为其重要任务之一。1975 年，欧盟通过了它的第一项关于空气污染防治的法规——“汽油硫含量指令”。目前欧盟针对气体和粉尘排放共通过了近 20 个法规和指令，针对臭氧层保护通过了 9 个公约、决定和指令，并就成员国在空气污染防治合作方面制定了多项法规，形成了一个相当完善的法规体系。这些例子都说明了空气污染的治理需要跨部门和跨区域的通力协作。

在制定严格的技术标准的基础上，必须加强对环境违规行为的处罚，提高空气污染的违法成本。必须将违规处罚落到实处，实行以空气环境保护作为“一票否决”的标准。各级政府需要将缓解城市空气污染摆在与经济增长同等重要的位置，坚决贯彻相关法律法规，落实空气污染治理的相关技术标准，加大执法力度，才能使重要的法律法规落到实处，真正起到作用。

空气污染是“移动的”污染，跨部门和跨区域的政策联动至关重要。本书中分析的各个国家的案例都显示了空气污染治理需要众多部门的联合行为。在国家层面，需要发改委、环境保护部、交通运输部、能源局等部门为治理城市空气污染形成合力，在强大严格的立法支持下，制定空气污染治理的严格标准，紧密协作，联合执法。在地方层面，空气污染治理更是关系到发改委、环境、交通、建设、国土和城市管理等多个部门的共同职责。

在国务院 2013 年颁布实施的《大气污染防治行动计划》（附录二）中就强调了按照政府调控与市场调节相结合、全面推进与重点突破相配合、区域协作与属地管理相协调、总量减排与质量改善相同步的总体要求，提出加快形成政府统领、企业施治、市场驱动、公众参与的大气污染防治新机制，遵循“谁污染、谁负责，多排放、多负担，节能减排得收益、获补偿”的核心原则，实施分区域、分阶段治理。[①] 有环境保护部配合有关方面把配套政策措施分解到有关部门，与各省（区、市）政府和中央企业签定大气污染防治目标责任书，特别是建立京、津、冀及其周边地区大气污染防治协作机制。[②] 这些都表明了跨部门、跨地区协作是治理空气污染的必要手段。

作为一项跨区域的公共事务，空气污染治理需要不同行政区的协作。传统的观点认为协调区域事务是政府职能的重要组成部分，是政府运用公共权力，管理区域间公共事务、调整区域间相互关系、回应不同区域的利益诉求、化解区域矛盾，实现区域之间相互配合、协调发展，进而促进整个社会发展的过程。[③] 然而，空气污染治理由于可能触及地方的经济发展，不同政府受自利动机的驱使，可能会出现地方保护主义，出现“决而不行”的机会主义或者“搭便车”行为。[④] 特别是现阶段我国处于调整政府与市场关系，促进社会成熟发展的过程，需要重新认识政府在区域空气污染治理中的重要作用，通过政府职能定位，统一协调跨政府间和跨部门的合作，构建网络化治理平台，化解区域治理各主体之间的“碎片化”管理，通过协调环境保护和经济发展之间的关系，防止片面追求市场化、淡化政府的协调机制带来的潜在弊端。[⑤]

本书发现，英国和新加坡在空气污染治理和环境保护中都成立了一种不完全隶属于政府部门的“公共组织”（Public Body）或者是“法定机构”（Statutory Board）。比如英国的环境、食品与农村事务部建立了一个独立运行的“公共组织”——“环境署”（Environmental Agency），合

---

① 参见 http://www.gov.cn/jrzg/2013-09/12/content_2486918.htm。

② 参见 http://www.gov.cn/jrzg/2013-08/17/content_2468726.htm。

③ 李猛：《中国区域非均衡发展的政治学分析》，载《政治学研究》，2011 第 3 期。

④ 吕丽娜：《区域协同治理：地方政府合作困境化解的新思路》，载《实践·探索》，2012 年第 2 期。

⑤ 叶林：《找回政府："后新公共管理" 视阈下的区域治理探索》，载《学术研究》，2012 年第 5 期。

并了国家河流管理局（NRA）、英国污染监察局（HMIP）、废物管制局（WRA）、环境事务部（DOE）下属的一些分支机构，雇佣具有高度专业知识的科学家和技术人员，与高等研究机构联合开展空气污染治理的研究、监测和技术开发。新加坡则在其环境与水资源部成立了环境局（National Environment Agency，NEA）。环境局的主管部门虽然是环境与水资源部，但其负责人由新加坡公共服务委员会直接任命，在财政和人事上享有一定的自主权。这种机构在行使空气污染治理和环境保护的职能时能够避免受到各级政府的阻挠和推诿，独立地根据严格的技术标准进行检测、监督和处罚，保证了国家制定的空气污染治理法规得到严格的贯彻。这种模式十分值得我国关注和借鉴。在我国现阶段的发展中，环境保护在一定程度上可能与地方的经济发展发生矛盾，一些地方政府可能会对空气污染治理产生疑虑甚至加以阻挠。要解决这个问题除了需要上文提到的严格立法，也可以借鉴"公共组织"或"法定机构"的特点，建立相对独立于政府部门之外的监管组织，做到执法必严，公平执法。

（四）唤醒公众意识，推动社会行为

世界各国空气污染治理的成功经验都告诉我们公众行动和社会参与是环境保护的最根本动力。近两年来我国各大城市的"谈霾色变"已经使空气污染的危害成为广泛的共识。但是由于我国社会和社区力量还比较薄弱，公众行动缺乏组织，难以形成一致的利益表达。很多个人和家庭对汽车的使用等"现代化"生活方式还比较迷恋，新时代的环保意识亟待形成。只有当公众的力量形成合力，才能达到对空气污染治理本质的推动作用，促进空气污染治理的全面立法、统一政策和根本执行。

1969 年，美国学者谢莉·安斯汀（Sherry Arnstein）在美国规划师协会杂志上发表了著名的论文《市民参与的阶梯》，文章按照公众参与的程度，界定了具有八种层次的公众参与类型，分别为：操纵、引导、告知、咨询、劝解、合作、授权、公众控制。

表 5.3　公民参与的阶段

参与发展阶段	政治体制发展状况	参与形式	参与形式特征	参与程度
政府主导型	政治民主化水平较低，政府（精英）起绝对支配作用	政府控制与宣传教育为主	政府发起，参与形式取决于政府，政府动员公民参与	低度
象征型	公民权利和意识开始觉醒，争取广泛参与权，公民参与能力与组织化逐渐加强	政府提供信息，与公民及公民团体结成伙伴关系	政策过程的权力开始返乡，公民开始对政策制定和实施具有一定的影响力	中度
完全型	政府授权于公民，社区自主治理，公民参与能力基本成熟	政府授予权力，公民自治增强	积极、能动的公民参与对政策制定和实施起到决定性影响	高度

资料来源：S. R. Arnstein，"A Ladder of Citizen Particpation"，*Journal of the American Institute of Planners*，1969（35），pp. 216－224. 转引自孙柏瑛：《公民参与形式的类型及其适用性分析》，载《中国人民大学学报》，2005 年第 5 期。有修改。

在国务院颁布实施的《节能减排"十二五"规划》和《大气污染防治行动计划》中专门对公众参与空气污染防治作出了指导和规定。比如在《节能减排"十二五"规划》中提到"进一步形成政府为主导、企业为主体、市场有效驱动、全社会共同参与的推进节能减排工作格局"。规划中特别将"动员全社会参与节能减排"制定为 12 个专题政策之一，强调"倡导文明、节约、绿色、低碳的生产方式、消费模式和生活习惯"。《大气污染防治行动计划》也专门将"明确政府企业和社会的责任，动员全民参与环境保护"作为 10 个专题政策之一，要求"倡导文明、节约、绿色的消费方式和生活习惯，引导公众从自身做起、从点滴做起、从身边的小事做起，在全社会树立起"同呼吸、共奋斗"的行为准则，共同改善空气质量"。这都表明了我们国家已经充分意识到全民参与在空气污染治理和环境保护中的重要作用。[①]

然而，更重要的是如何为公民参与空气污染治理提供合理和全方位的渠道。2013 年 10 月 28 日，国家卫生计生委印发《2013 年空气污染（雾霾）健康影响监测工作方案》，提出将通过 3 年至 5 年时间，建立覆盖全国的空气污染（雾霾）健康影响监测网络，掌握不同地区 PM2.5 污染特征及成分差异，了解不同地区空气污染健康影响状况。[②] 这些技术统计数据是否能向公众公开，将成为我国空气污染治理中的公众参与究竟是停留在表面（低度阶段），还是可以像美国和日本的公众运动、甚至是公民诉讼那样推动空气污染治理的严格立法和具体实施的关键。[③] 只有当政府充分地赋予公众参与的权力和途径，才能够使积极、能动的公民参与对空气污染治理的政策制定和实施发生决定性影响。[④]

作为一项跨域的公共事务，空气污染治理问题要求一种新的治理模式——合作治理。合作治理（Cooperative Governance）又被称为协作治理，即“走向合作的治理”，是政府为了达成公共利益的目标而与非政府的、非盈利的社会组织、私人组织和普通公众开展的意义更为广泛的合作。合作治理意味着传统的公共事务管理模式已经发生了根本性的变革，作为传统的公共事务管理主体的政府组织要重新确定自身与社会组织、公民个体、企业组织、自治社区等的关系。合作治理承认政府权威的价值，但是彻底否认政府对于权威的垄断。走向合作的治理是“治理”

---

① 朱旭峰：《市场转型对中国环境治理结构的影响——国家污染物减排指标的分配机制研究》，载《中国人口、资源与环境》，2008 年第 6 期。

② 参见 http://www.nhfpc.gov.cn/jkj/s5898bm/201310/02c483b454264c4aa0e99d580fc91c71.shtml。

③ 中国环境保护部的官方网页虽然有显示“重点城市空气质量日报”和“重点城市空气质量预报”的链接（http://jcs.mep.gov.cn/hjzl/zkgb/），但是点击链接均无法打开相关内容（2014 年 3 月 18 日）。

④ 叶林：《“陌生人”城市社会背景下的枢纽型组织发展》，载《中国行政管理》，2013 年第 11 期。

概念和理论的“最终”归宿。[①] 特别在环境治理中，超越国家和市场的“第三条道路”更是诺贝尔经济学奖获得者奥斯特罗姆多次提出的。[②]

在跨域空气污染治理中，政府需要通过自身的建设不断提升应对空气污染的能力，重新定位自身与公民个体、社会组织、企业组织的关系，同时也是非政府的个人与组织寻求互动，互相协调的过程。合作治理非常强调政府组织、非政府组织、企业、公民个体之间的协同，自发促进公共部门、私有部门以及志愿部门的合作，以期实现市民需求的无缝满足。[③] 合作治理在某种程度上是对“作为管治的治理”和“无政府的治理”两种观念的整合，强调在地位平等的基础上，各个治理主体就公共事务管理中出现的问题实现充分的协调沟通。[④]

随着我国空气污染的跨越问题日益增多，传统以地域为边界的管理方式在治理区域公共事务上显得捉襟见肘。[⑤] 在许多跨域问题中，政府已经无法独立解决，而市场对区域事务的投入机制不够完善，社会的参与也存在其内生性的不足。因此，对区域公共事务常态化的治理机制要求政府、市场和社会的共同参与，通过合作治理的方式保证空气污染得到及时、有效的治理。[⑥]

在空气污染治理比较成功的美国，在诸如克里夫兰、明尼安纳波利斯等大中型城市都出现了大都市区域范围内的“公民联盟”（Citizens

---

① 刘辉：《管治、无政府与合作：治理理论的三种图式》，载《上海行政学院学报》，2012年第3期。

② 叶林：《超越国家与市场：第三条道路——对话奥斯特罗姆》（整理），载《公共行政评论》，2011年第3期。

③ 杨立华：《环境管理的范式变迁：管理、参与式管理到治理》，载《公共行政评论》，2013年第6期。

④ ［英］格里·斯托克：《作为理论的治理：五个论点》，载《国际社会科学杂志》，1999年第1期。

⑤ 叶林：《新区域主义的兴起与发展》，载《公共行政评论》，2010年第3期。

⑥ 杨立华：《多元协作性治理：以草原为例的博弈模型构建和实证研究》，载《中国行政管理》，2011年第4期。

League），由数千名个人成员和几百个企业成员组成对区域事务的联合委员会，当地企业为这种组织提供了丰富的资金支持。针对区域内的各种环境问题，这种“公民联盟”都自发成立“专门事务工作小组”，负责与区域内的各地方政府的多方协商，并共同制定区域政策。这种类型的区域社会组织积极地参与到空气质量的保护、城际轨道交通和区域财政等区域事务中，成为向区域内的地方政府传达公众意愿、促进公众需求得到保障的有效机制。这种以公民和社区为基础的社会组织和第三部门从地方居民和企业中获取所需的资金和行动支持，形成与政府的平等对话平台，推动区域合作治理中政府与社会良性关系的发展。① 这种类型的组织的发展和壮大，可以为我国推动社会力量参与空气污染治理提供借鉴。

当前由于我国社会组织和第三部门的发展尚处于初级阶段，参与空气污染合作治理的能力比较有限，支持和培养健康的政府与社会的关系至少需要达到两个前提条件。首先是社会组织和第三部门力量的壮大，以提高其在区域合作治理中的能力和地位。政府与非政府部门的合作（或“公私合作”）已经成为合作治理的关键元素之一。② 在空气污染治理中，许多跨域事务都牵涉到相邻区域的居民和社区，包括流域治理、基础设施和经济发展等。这些环境事务的协商和治理过程越来越需要社会组织和第三部门的深入参与。

党的“十八大”提出“社会管理体制是社会体制的重要组成部分”，“要发挥人民团体、基层自治组织、各类社会组织和企事业单位的协同作用，推进社会管理的规范化、专业化、社会化、法制化”，强调了“引导社会组织健康有序发展，充分发挥群众参与社会管理的基础作用”。政府作为治理权力的主要拥有和行使者，需要主动转变观念，树立合作共治、权力共享的新理念，创造公平、平等、开放的合作治理环

---

① 叶林：《转型过程中的中国城市管理创新：内容、体制及目标》，载《中国行政管理》，2012年第10期。

② 朱旭峰：《论“环境治理公平”》，载《中国行政管理》，2007年第9期。

境和氛围，以确保治理主体对于合作过程的认同和合作结果的执行。政府不再是空气污染治理的权力中心，原本属于政府的权力和职能向社会和市场转移，政府主要行使监督和协调的功能，从制度和资源上支持社会组织发展将大大增强其参与公共环境事务的能力。

任何先进的理论在不同国家的运用离不开基于本土现实的考量和调整。空气污染中的合作治理在我国特定的政治制度、社会发展和传统文化背景下需要具备其特殊性。只有在建立合理、有效的政府间关系和政府与社会关系的大前提下，空气污染合作治理才能在我国取得现实的发展。合作治理的实现依赖于各主体之间的伙伴关系、协议和同盟所组成的网络来完成。在这个发展过程中，各国的空气污染治理经验和理论需要与我国实践进行有效对接，构建政府与政府、政府与社会的良性关系，平衡各个治理参与主体的关系，提供市场与社会参与区域公共事务的合理机制，并在环境事务中培养公民和社会的力量。通过这些手段才能促进空气污染合作治理的真正形成，这将是一个循序渐进的过程。

（五）落实长期目标与短期防治相结合的空气污染治理标准

空气污染治理是一个漫长而又艰巨的历程。比如美国洛杉矶就在21世纪经过了数十年与雾霾斗争的历史，被美国著名的记者称为“烟雾之都60多年空气污染治理史”①。我国仍然处于经济增长和工业发展的中期，空气污染治理任重而道远。既不能希望在短时期内取得完美的效果，也不能因为污染治理的艰巨性而放松对空气污染的防治。通过上文世界卫生组织与我国对空气污染主要物质的标准比较，我国在空气细微颗粒污染防治方面的标准还比较低。世界卫生组织的标准旨在为各国制订空气质量政策和管理策略提供科学依据，不断提升各国的空气质量标准。世界卫生组织明确指出，个别国家订立的空气质量标准不尽相同，

---

① ［美］奇普·雅各布斯、威廉·凯利：《洛杉矶雾霾启示录》，曹军骥等译，上海科学技术出版社2014年版。

须在当地空气质量对人体健康的风险、切实可行的技术、经济考虑以及政治和社会因素间求取平衡。为了使这套非常严格的空气质量指标体系得到切实的落实，世界卫生组织相应增加制定了一些空气质量中期目标，以便各国能够逐步改善空气质量。世界卫生组织建议各地政府在采用其新空气质量指引作为法定标准时，充分考虑本地的实际情况。比如香港在采用世界卫生组织的新空气质量指引时就指出该指标比香港现行的空气质量指标严格许多。香港要达到世界卫生组织的新空气质量指引，是一项非常艰巨的任务。长远来说，不仅要在香港实施非常严厉的措施，也需要珠江三角洲等地区加大力度，互相配合。因此，我国在制定空气污染治理、特别是现阶段社会各界普遍关注的细微颗粒（PM10 和 PM2.5）治理具体指标时，需要做到循序渐进，符合实际。世界卫生组织对颗粒物的空气质量标准制定了过渡时期的三个目标，可以为我国所借鉴。

表 5.4　世界卫生组织颗粒物准则值和过渡时期目标（微克/平方米）

	PM10		PM2.5	
	年平均值	24 小时浓度	年平均值	24 小时浓度
过渡时期目标 -1	70	150	35	75
过渡时期目标 -2	50	100	25	50
过渡时期目标 -3	30	75	15	37.5
空气质量准则值	20	50	10	25

资料来源：《世界卫生组织关于颗粒物、臭氧、二氧化氮和二氧化硫的空气质量准则》（2005 年全球更新版），风险评估概要，第 11—12 页。

综上所述，国际空气污染的经验告诉我们，只有通过调整产业结构，实现节能减排；控制机动车辆，实现绿色出行；加大管控力度，实现政策联动；唤醒公众意识，推动社会行为；合理可行地制定长期目标与短期防治相结合的空气污染治理标准，才能推动我国着实有效地进行空气污染治理，改善空气环境质量，真正做到环境保护、经济增长、社会发展并重，实现可持续发展。

结 语

城市化和城镇化是我国在“十二五”期间的发展战略，是我国经济和社会发展的必然趋势。如何借鉴国际经验，在城市化的进程中最大限度地避免城市空气污染，是完成党的“十八大”提出的经济建设、政治建设、文化建设、社会建设、生态文明建设“五位一体”发展模式，从源头扭转生态环境恶化趋势，为人民创造良好生产生活环境，努力建设美丽中国，实现中华民族永续发展的重要要求。

雾霾背后是多年掠夺式开发利用资源带来的生态破坏、资源枯竭、生态服务功能退化。生态环境问题已经成为制约中国发展的重大矛盾、影响生活质量提高的重大障碍、威胁民族永续发展的重大隐患。就在2013 年 12 月 6 日，中央气象台发布了自有霾预警以来的首个橙色预警三天之后的 12 月 9 日，中共中央组织部向全国发出《关于改进地方党政领导班子和领导干部政绩考核工作的通知》，集中强调了环境质量在主要政绩考核中的重要作用。“唯 GDP 论”和“先污染、后治理”的理念已经遭到了彻底的否定。“生态 GDP、绿色 GDP”将成为我国政府绩效的重要指标。2013 年 12 月 13 日国家发改委等六部委联合发布的《国家生态文明先行示范区建设方案（试行）》，指出在经济社会发展，现有法律、制度、政策尚不适应生态文明建设要求的情况下，必须选取不同发展阶段、不同资源环境禀赋、不同主体功能要求的地区开展生态文明先行示范区建设，总结有效做法，提炼推广模式，创新体制机制，把资源消耗、环境损害、生态效益等体现生态文明建设的指标纳入经济社会发展综合评价体系，以点带面推动生态文明建设。通过全面控制工业排污和汽车尾气两个最大的空气污染源，将环境保护提高到关系到我国可持续发展和社会稳定的重要高度，作为经济社会发展的核心政策和提高国家治理能力现代化的重要内容。

党的十八届三中全会报告指出，我国需要紧紧围绕建设美丽中国深化生态文明体制改革，加快建立生态文明制度，推动人与自然和谐发展的现代化建设新格局。本书的内容表明我国需要建立系统完整的生态文明制度体系，用制度保护生态环境，以公众需求为推动，政府立法为基础，技术创新为保障，协调合作为抓手，这样才能还中国城市一片蓝天，建设“五位一体”的美丽中国。

附录一：

国务院关于印发“十二五”节能减排综合性工作方案的通知

国发〔2011〕26 号

各省、自治区、直辖市人民政府，国务院各部委、各直属机构：

现将《“十二五”节能减排综合性工作方案》印发给你们，请结合本地区、本部门实际，认真贯彻执行。

一、“十一五”时期，各地区、各部门认真贯彻落实党中央、国务院的决策部署，把节能减排作为调整经济结构、转变经济发展方式、推动科学发展的重要抓手和突破口，取得了显著成效。全国单位国内生产总值能耗降低 19.1%，二氧化硫、化学需氧量排放总量分别下降 14.29% 和 12.45%，基本实现了“十一五”规划纲要确定的约束性目标，扭转了“十五”后期单位国内生产总值能耗和主要污染物排放总量大幅上升的趋势，为保持经济平稳较快发展提供了有力支撑，为应对全球气候变化作出了重要贡献，也为实现“十二五”节能减排目标奠定了坚实基础。

二、充分认识做好“十二五”节能减排工作的重要性、紧迫性和艰巨性。“十二五”时期，我国发展仍处于可以大有作为的重要战略机遇期。随着工业化、城镇化进程加快和消费结构持续升级，我国能源需求呈刚性增长，受国内资源保障能力和环境容量制约以及全球性能源安全和应对气候变化影响，资源环境约束日趋强化，“十二五”时期节能减排形势仍然十分严峻，任务十分艰巨。特别是我国节能减排工作还存在责任落实不到位、推进难度增大、激励约束机制不健全、基础工作薄弱、能力建设滞后、监管不力等问题。这种状况如不及时改变，不但“十二五”节能减排目标难以实现，还将严重影响经济结构调整和经济发展方式转变。

各地区、各部门要真正把思想和行动统一到中央的决策部署上来，切实增强全局意识、危机意识和责任意识，树立绿色、低碳发展理念，进一步把节能减排作为落实科学发展观、加快转变经济发展方式的重要抓手，作为检验经济是否实现又好又快发展的重要标准，下更大决心，用更大气力，采取更加有力的政策措施，大力推进节能减排，加快形成资源节约、环境友好的生产方式和消费模式，增强可持续发展能力。

三、严格落实节能减排目标责任，进一步形成政府为主导、企业为主体、市场有效驱动、全社会共同参与的推进节能减排工作格局。要切实发挥政府主导作用，综合运用经济、法律、技术和必要的行政手段，加强节能减排统计、监测和考核体系建设，着力健全激励和约束机制，进一步落实地方各级人民政府对本行政区域节能减排负总责、政府主要领导是第一责任人的工作要求。要进一步明确企业的节能减排主体责任，严格执行节能环保法律法规和标准，细化和完善管理措施，落实目标任务。要进一步发挥市场机制作用，加大节能减排市场化机制推广力度，真正把节能减排转化为企业和各类社会主体的内在要求。要进一步增强全体公民的资源节约和环境保护意识，深入推进节能减排全民行动，形成全社会共同参与、共同促进节能减排的良好氛围。

四、要全面加强对节能减排工作的组织领导，狠抓监督检查，严格考核问责。发展改革委负责承担国务院节能减排工作领导小组的具体工作，切实加强节能减排工作的综合协调，组织推动节能降耗工作；环境保护部为主承担污染减排方面的工作；统计局负责加强能源统计和监测工作；其他各有关部门要切实履行职责，密切协调配合。各省级人民政府要立即部署本地区“十二五”节能减排工作，进一步明确相关部门责任、分工和进度要求。

各地区、各部门和中央企业要按照本通知的要求，结合实际抓紧制定具体实施方案，明确目标责任，狠抓贯彻落实，坚决防止出现节能减排工作前松后紧的问题，确保实现“十二五”节能减排目标。

国务院

二〇一一年八月三十一日

“十二五”节能减排综合性工作方案

一、节能减排总体要求和主要目标

（一）总体要求。以邓小平理论和“三个代表”重要思想为指导，深入贯彻落实科学发展观，坚持降低能源消耗强度、减少主要污染物排放总量、合理控制能源消费总量相结合，形成加快转变经济发展方式的倒逼机制；坚持强化责任、健全法制、完善政策、加强监管相结合，建立健全激励和约束机制；坚持优化产业结构、推动技术进步、强化工程措施、加强管理引导相结合，大幅度提高能源利用效率，显著减少污染物排放；进一步形成政府为主导、企业为主体、市场有效驱动、全社会共同参与的推进节能减排工作格局，确保实现“十二五”节能减排约束性目标，加快建设资源节约型、环境友好型社会。

（二）主要目标。到2015年，全国万元国内生产总值能耗下降到0.869吨标准煤（按2005年价格计算），比2010年的1.034吨标准煤下降16%，比2005年的1.276吨标准煤下降32%；“十二五”期间，实现节约能源6.7亿吨标准煤。2015年，全国化学需氧量和二氧化硫排放总量分别控制在2347.6万吨、2086.4万吨，比2010年的2551.7万吨、2267.8万吨分别下降8%；全国氨氮和氮氧化物排放总量分别控制在238.0万吨、2046.2万吨，比2010年的264.4万吨、2273.6万吨分别下降10%。

二、强化节能减排目标责任

（三）合理分解节能减排指标。综合考虑经济发展水平、产业结构、节能潜力、环境容量及国家产业布局等因素，将全国节能减排目标合理分解到各地区、各行业。各地区要将国家下达的节能减排指标层层分解落实，明确下一级政府、有关部门、重点用能单位和重点排污单位的责任。

（四）健全节能减排统计、监测和考核体系。加强能源生产、流通、消费统计，建立和完善建筑、交通运输、公共机构能耗统计制度以及分地区单位国内生产总值能耗指标季度统计制度，完善统计核算与监测方法，提高能源统计的准确性和及时性。修订完善减排统计监测和核查核算办法，统一标准和分析方法，实现监测数据共享。加强氨氮、氮氧化物排放统计监测，建立农业源和机动车排放统计监测指标体系。完善节能减排考核办法，继续做好全国和各地区单位国内生产总值能耗、主要污染物排放指标公报工作。

（五）加强目标责任评价考核。把地区目标考核与行业目标评价相结合，把落实五年目标与完成年度目标相结合，把年度目标考核与进度跟踪相结合。省级人民政府每年要向国务院报告节能减排目标完成情况。有关部门每年要向国务院报告节能减排措施落实情况。国务院每年组织开展省级人民政府节能减排目标责任评价考核，考核结果向社会公告。强化考核结果运用，将节能减排目标完成情况和政策措施落实情况作为领导班子和领导干部综合考核评价的重要内容，纳入政府绩效和国有企业业绩管理，实行问责制和“一票否决”制，并对成绩突出的地区、单位和个人给予表彰奖励。

三、调整优化产业结构

（六）抑制高耗能、高排放行业过快增长。严格控制高耗能、高排放和产能过剩行业新上项目，进一步提高行业准入门槛，强化节能、环保、土地、安全等指标约束，依法严格节能评估审查、环境影响评价、建设用地审查，严格贷款审批。建立健全项目审批、核准、备案责任制，严肃查处越权审批、分拆审批、未批先建、边批边建等行为，依法追究有关人员责任。严格控制高耗能、高排放产品出口。中西部地区承接产业转移必须坚持高标准，严禁污染产业和落后生产能力转入。

（七）加快淘汰落后产能。抓紧制定重点行业“十二五”淘汰落后产能实施方案，将任务按年度分解落实到各地区。完善落后产能退出机制，指导、督促淘汰落后产能企业做好职工安置工作。地方各级人民政府要积极安排资金，支持淘汰落后产能工作。中央财政统筹支持各地区淘汰落后产能工作，对经济欠发达地区通过增加转移支付加大支持和奖励力度。完善淘汰落后产能公告制度，对未按期完成淘汰任务的地区，严格控制国家安排的投资项目，暂停对该地区重点行业建设项目办理核准、审批和备案手续；对未按期淘汰的企业，依法吊销排污许可证、生产许可证和安全生产许可证；对虚假淘汰行为，依法追究企业负责人和地方政府有关人员的责任。

（八）推动传统产业改造升级。严格落实《产业结构调整指导目录》。加快运用高新技术和先进适用技术改造提升传统产业，促进信息化和工业化深度融合，重点支持对产业升级带动作用大的重点项目和重污染企业搬迁改造。调整《加工贸易禁止类商品目录》，提高加工贸易准入门槛，促进加工贸易转型升级。合理引导企业兼并重组，提高产业集中度。

（九）调整能源结构。在做好生态保护和移民安置的基础上发展水电，在确保安全的基础上发展核电，加快发展天然气，因地制宜大力发展风能、太阳能、生物质能、地热能等可再生能源。到2015年，非化石能源占一次能源消费总量比重达到11.4%。

（十）提高服务业和战略性新兴产业在国民经济中的比重。到2015年，服务业增加值和战略性新兴产业增加值占国内生产总值比重分别达到47%和8%左右。

四、实施节能减排重点工程

（十一）实施节能重点工程。实施锅炉窑炉改造、电机系统节能、能量系统优化、余热余压利用、节约替代石油、建筑节能、绿色照明等节能改造工程，以及节能技术产业化示范工程、节能产品惠民工程、合同能源管理推广工程和节能能力建设工程。到2015年，工业锅炉、窑炉平均运行效率比2010年分别提高5个和2个百分点，电机系统运行效率提高2-3个百分点，新增余热余压发电能力2000万千瓦，北方采暖地区既有居住建筑供热计量和节能改造4亿平方米以上，夏热冬冷地区既有居住建筑节能改造5000万平方米，公共建筑节能改造6000万平方米，高效节能产品市场份额大幅度提高。“十二五”时期，形成3亿吨标准煤的节能能力。

（十二）实施污染物减排重点工程。推进城镇污水处理设施及配套管网建设，改造提升现有设施，强化脱氮除磷，大力推进污泥处理处置，加强重点流域区域污染综合治理。到2015年，基本实现所有县和重点建制镇具备污水处理能力，全国新增污水日处理能力4200万吨，新建配套管网约16万公里，城市污水处理率达到85%，形成化学需氧量和氨氮削减能力280万吨、30万吨。实施规模化畜禽养殖场污染治理工程，形成化学需氧量和氨氮削减能力140万吨、10万吨。实施脱硫脱硝工程，推动燃煤电厂、钢铁行业烧结机脱硫，形成二氧化硫削减能力

277万吨；推动燃煤电厂、水泥等行业脱硝，形成氮氧化物削减能力358万吨。

（十三）实施循环经济重点工程。实施资源综合利用、废旧商品回收体系、“城市矿产”示范基地、再制造产业化、餐厨废弃物资源化、产业园区循环化改造、资源循环利用技术示范推广等循环经济重点工程，建设100个资源综合利用示范基地、80个废旧商品回收体系示范城市、50个“城市矿产”示范基地、5个再制造产业集聚区、100个城市餐厨废弃物资源化利用和无害化处理示范工程。

（十四）多渠道筹措节能减排资金。节能减排重点工程所需资金主要由项目实施主体通过自有资金、金融机构贷款、社会资金解决，各级人民政府应安排一定的资金予以支持和引导。地方各级人民政府要切实承担城镇污水处理设施和配套管网建设的主体责任，严格城镇污水处理费征收和管理，国家对重点建设项目给予适当支持。

五、加强节能减排管理

（十五）合理控制能源消费总量。建立能源消费总量控制目标分解落实机制，制定实施方案，把总量控制目标分解落实到地方政府，实行目标责任管理，加大考核和监督力度。将固定资产投资项目节能评估审查作为控制地区能源消费增量和总量的重要措施。建立能源消费总量预测预警机制，跟踪监测各地区能源消费总量和高耗能行业用电量等指标，对能源消费总量增长过快的地区及时预警调控。在工业、建筑、交通运输、公共机构以及城乡建设和消费领域全面加强用能管理，切实改变敞开口子供应能源、无节制使用能源的现象。在大气联防联控重点区域开展煤炭消费总量控制试点。

（十六）强化重点用能单位节能管理。依法加强年耗能万吨标准煤以上用能单位节能管理，开展万家企业节能低碳行动，实现节能2.5亿吨标准煤。落实目标责任，实行能源审计制度，开展能效水平对标活动，建立健全企业能源管理体系，扩大能源管理师试点；实行能源利用状况报告制度，加快实施节能改造，提高能源管理水平。地方节能主管部门每年组织对进入万家企业节能低碳行动的企业节能目标完成情况进行考核，公告考核结果。对未完成年度节能任务的企业，强制进行能源审计，限期整改。中央企业要接受所在地区节能主管部门的监管，争当行业节能减排的排头兵。

（十七）加强工业节能减排。重点推进电力、煤炭、钢铁、有色金属、石油石化、化工、建材、造纸、纺织、印染、食品加工等行业节能减排，明确目标任务，加强行业指导，推动技术进步，强化监督管理。发展热电联产，推广分布式能源。开展智能电网试点。推广煤炭清洁利用，提高原煤入洗比例，加快煤层气开发利用。实施工业和信息产业能效提升计划。推动信息数据中心、通信机房和基站节能改造。实行电力、钢铁、造纸、印染等行业主要污染物排放总量控制。新建燃煤机组全部安装脱硫脱硝设施，现役燃煤机组必须安装脱硫设施，不能稳定达标排放的要进行更新改造，烟气脱硫设施要按照规定取消烟气旁路。单机容量 30 万千瓦及以上燃煤机组全部加装脱硝设施。钢铁行业全面实施烧结机烟气脱硫，新建烧结机配套安装脱硫脱硝设施。石油石化、有色金属、建材等重点行业实施脱硫改造。新型干法水泥窑实施低氮燃烧技术改造，配套建设脱硝设施。加强重点区域、重点行业和重点企业重金属污染防治，以湘江流域为重点开展重金属污染治理与修复试点示范。

（十八）推动建筑节能。制定并实施绿色建筑行动方案，从规划、法规、技术、标准、设计等方面全面推进建筑节能。新建建筑严格执行建筑节能标准，提高标准执行率。推进北方采暖地区既有建筑供热计量和节能改造，实施“节能暖房”工程，改造供热老旧管网，实行供热计量收费和能耗定额管理。做好夏热冬冷地区建筑节能改造。推动可再生能源与建筑一体化应用，推广使用新型节能建材和再生建材，继续推广散装水泥。加强公共建筑节能监管体系建设，完善能源审计、能效公示，推动节能改造与运行管理。研究建立建筑使用全寿命周期管理制度，严格建筑拆除管理。加强城市照明管理，严格防止和纠正过度装饰和亮化。

（十九）推进交通运输节能减排。加快构建综合交通运输体系，优化交通运输结构。积极发展城市公共交通，科学合理配置城市各种交通资源，有序推进城市轨道交通建设。提高铁路电气化比重。实施低碳交通运输体系建设城市试点，深入开展“车船路港”千家企业低碳交通运输专项行动，推广公路甩挂运输，全面推行不停车收费系统，实施内河船型标准化，优化航路航线，推进航空、远洋运输业节能减排。开展机场、码头、车站节能改造。加速淘汰老旧汽车、机车、船舶，基本淘汰2005年以前注册运营的“黄标车”，加快提升车用燃油品质。实施第四阶段机动车排放标准，在有条件的重点城市和地区逐步实施第五阶段排放标准。全面推行机动车环保标志管理，探索城市调控机动车保有总量，积极推广节能与新能源汽车。

（二十）促进农业和农村节能减排。加快淘汰老旧农用机具，推广农用节能机械、设备和渔船。推进节能型住宅建设，推动省柴节煤灶更新换代，开展农村水电增效扩容改造。发展户用沼气和大中型沼气，加强运行管理和维护服务。治理农业面源污染，加强农村环境综合整治，实施农村清洁工程，规模化养殖场和养殖小区配套建设废弃物处理设施的比例达到50%以上，鼓励污染物统一收集、集中处理。因地制宜推进农村分布式、低成本、易维护的污水处理设施建设。推广测土配方施肥，鼓励使用高效、安全、低毒农药，推动有机农业发展。

（二十一）推动商业和民用节能。在零售业等商贸服务和旅游业开展节能减排行动，加快设施节能改造，严格用能管理，引导消费行为。宾馆、商厦、写字楼、机场、车站等要严格执行夏季、冬季空调温度设置标准。在居民中推广使用高效节能家电、照明产品，鼓励购买节能环保型汽车，支持乘用公共交通，提倡绿色出行。减少一次性用品使用，限制过度包装，抑制不合理消费。

（二十二）加强公共机构节能减排。公共机构新建建筑实行更加严格的建筑节能标准。加快公共机构办公区节能改造，完成办公建筑节能改造6000万平方米。国家机关供热实行按热量收费。开展节约型公共机构示范单位创建活动，创建2000家示范单位。推进公务用车制度改革，严格用车油耗定额管理，提高节能与新能源汽车比例。建立完善公共机构能源审计、能效公示和能耗定额管理制度，加强能耗监测平台和节能监管体系建设。支持军队重点用能设施设备节能改造。

六、大力发展循环经济

（二十三）加强对发展循环经济的宏观指导。研究提出进一步加快发展循环经济的意见。编制全国循环经济发展规划和重点领域专项规划，指导各地做好规划编制和实施工作。研究制定循环经济发展的指导目录。制定循环经济专项资金使用管理办法及实施方案。深化循环经济示范试点，推广循环经济典型模式。建立完善循环经济统计评价制度。

（二十四）全面推行清洁生产。编制清洁生产推行规划，制（修）订清洁生产评价指标体系，发布重点行业清洁生产推行方案。重点围绕主要污染物减排和重金属污染治理，全面推进农业、工业、建筑、商贸服务等领域清洁生产示范，从源头和全过程控制污染物产生和排放，降低资源消耗。发布清洁生产审核方案，公布清洁生产强制审核企业名单。实施清洁生产示范工程，推广应用清洁生产技术。

（二十五）推进资源综合利用。加强共伴生矿产资源及尾矿综合利用，建设绿色矿山。推动煤矸石、粉煤灰、工业副产石膏、冶炼和化工废渣、建筑和道路废弃物以及农作物秸秆综合利用、农林废物资源化利用，大力发展利废新型建筑材料。废弃物实现就地消化，减少转移。到2015年，工业固体废物综合利用率达到72%以上。

（二十六）加快资源再生利用产业化。加快“城市矿产”示范基地建设，推进再生资源规模化利用。培育一批汽车零部件、工程机械、矿山机械、办公用品等再制造示范企业，发布再制造产品目录，完善再制造旧件回收体系和再制造产品标准体系，推动再制造的规模化、产业化发展。加快建设城市社区和乡村回收站点、分拣中心、集散市场“三位一体”的再生资源回收体系。

（二十七）促进垃圾资源化利用。健全城市生活垃圾分类回收制度，完善分类回收、密闭运输、集中处理体系。鼓励开展垃圾焚烧发电和供热、填埋气体发电、餐厨废弃物资源化利用。鼓励在工业生产过程中协同处理城市生活垃圾和污泥。

（二十八）推进节水型社会建设。确立用水效率控制红线，实施用水总量控制和定额管理，制定区域、行业和产品用水效率指标体系。推广普及高效节水灌溉技术。加快重点用水行业节水技术改造，提高工业用水循环利用率。加强城乡生活节水，推广应用节水器具。推进再生水、矿井水、海水等非传统水资源利用。建设海水淡化及综合利用示范工程，创建示范城市。到2015年，实现单位工业增加值用水量下降30%。

七、加快节能减排技术开发和推广应用

（二十九）加快节能减排共性和关键技术研发。在国家、部门和地方相关科技计划和专项中，加大对节能减排科技研发的支持力度，完善技术创新体系。继续推进节能减排科技专项行动，组织高效节能、废物资源化以及小型分散污水处理、农业面源污染治理等共性、关键和前沿技术攻关。组建一批国家级节能减排工程实验室及专家队伍。推动组建节能减排技术与装备产业联盟，继续通过国家工程（技术）研究中心加大节能减排科技研发力度。加强资源环境高技术领域创新团队和研发基地建设。

（三十）加大节能减排技术产业化示范。实施节能减排重大技术与装备产业化工程，重点支持稀土永磁无铁芯电机、半导体照明、低品位余热利用、地热和浅层地温能应用、生物脱氮除磷、烧结机烟气脱硫脱硝一体化、高浓度有机废水处理、污泥和垃圾渗滤液处理处置、废弃电器电子产品资源化、金属无害化处理等关键技术与设备产业化，加快产业化基地建设。

（三十一）加快节能减排技术推广应用。编制节能减排技术政策大纲。继续发布国家重点节能技术推广目录、国家鼓励发展的重大环保技术装备目录，建立节能减排技术遴选、评定及推广机制。重点推广能量梯级利用、低温余热发电、先进煤气化、高压变频调速、干熄焦、蓄热式加热炉、吸收式热泵供暖、冰蓄冷、高效换热器，以及干法和半干法烟气脱硫、膜生物反应器、选择性催化还原氮氧化物控制等节能减排技术。加强与有关国际组织、政府在节能环保领域的交流与合作，积极引进、消化、吸收国外先进节能环保技术，加大推广力度。

八、完善节能减排经济政策

（三十二）推进价格和环保收费改革。深化资源性产品价格改革，理顺煤、电、油、气、水、矿产等资源性产品价格关系。推行居民用电、用水阶梯价格。完善电力峰谷分时电价政策。深化供热体制改革，全面推行供热计量收费。对能源消耗超过国家和地区规定的单位产品能耗（电耗）限额标准的企业和产品，实行惩罚性电价。各地可在国家规定基础上，按程序加大差别电价、惩罚性电价实施力度。严格落实脱硫电价，研究制定燃煤电厂烟气脱硝电价政策。进一步完善污水处理费政策，研究将污泥处理费用逐步纳入污水处理成本问题。改革垃圾处理收费方式，加大征收力度，降低征收成本。

（三十三）完善财政激励政策。加大中央预算内投资和中央财政节能减排专项资金的投入力度，加快节能减排重点工程实施和能力建设。

深化“以奖代补”、“以奖促治”以及采用财政补贴方式推广高效节能家用电器、照明产品、节能汽车、高效电机产品等支持机制，强化财政资金的引导作用。国有资本经营预算要继续支持企业实施节能减排项目。地方各级人民政府要加大对节能减排的投入。推行政府绿色采购，完善强制采购和优先采购制度，逐步提高节能环保产品比重，研究实行节能环保服务政府采购。

（三十四）健全税收支持政策。落实国家支持节能减排所得税、增值税等优惠政策。积极推进资源税费改革，将原油、天然气和煤炭资源税计征办法由从量征收改为从价征收并适当提高税负水平，依法清理取消涉及矿产资源的不合理收费基金项目。积极推进环境税费改革，选择防治任务重、技术标准成熟的税目开征环境保护税，逐步扩大征收范围。完善和落实资源综合利用和可再生能源发展的税收优惠政策。调整进出口税收政策，遏制高耗能、高排放产品出口。对用于制造大型环保及资源综合利用设备确有必要进口的关键零部件及原材料，抓紧研究制定税收优惠政策。

（三十五）强化金融支持力度。加大各类金融机构对节能减排项目的信贷支持力度，鼓励金融机构创新适合节能减排项目特点的信贷管理模式。引导各类创业投资企业、股权投资企业、社会捐赠资金和国际援助资金增加对节能减排领域的投入。提高高耗能、高排放行业贷款门槛，将企业环境违法信息纳入人民银行企业征信系统和银监会信息披露系统，与企业信用等级评定、贷款及证券融资联动。推行环境污染责任保险，重点区域涉重金属企业应当购买环境污染责任保险。建立银行绿色评级制度，将绿色信贷成效与银行机构高管人员履职评价、机构准入、业务发展相挂钩。

九、强化节能减排监督检查

（三十六）健全节能环保法律法规。推进环境保护法、大气污染防治法、清洁生产促进法、建设项目环境保护管理条例的修订工作，加快制定城镇排水与污水处理条例、排污许可证管理条例、畜禽养殖污染防治条例、机动车污染防治条例等行政法规。修订重点用能单位节能管理办法、能效标识管理办法、节能产品认证管理办法等部门规章。

（三十七）严格节能评估审查和环境影响评价制度。把污染物排放总量指标作为环评审批的前置条件，对年度减排目标未完成、重点减排项目未按目标责任书落实的地区和企业，实行阶段性环评限批。对未通过能评、环评审查的投资项目，有关部门不得审批、核准、批准开工建设，不得发放生产许可证、安全生产许可证、排污许可证，金融机构不得发放贷款，有关单位不得供水、供电。加强能评和环评审查的监督管理，严肃查处各种违规审批行为。能评费用由节能审查机关同级财政部门安排。

（三十八）加强重点污染源和治理设施运行监管。严格排污许可证管理。强化重点流域、重点地区、重点行业污染源监管，适时发布主要污染物超标严重的国家重点环境监控企业名单。列入国家重点环境监控范围的电力、钢铁、造纸、印染等重点行业的企业，要安装运行管理监控平台和污染物排放自动监控系统，定期报告运行情况及污染物排放信息，推动污染源自动监控数据联网共享。加强城市污水处理厂监控平台建设，提高污水收集率，做好运行和污染物削减评估考核，考核结果作为核拨污水处理费的重要依据。对城市污水处理设施建设严重滞后、收费政策不落实、污水处理厂建成后一年内实际处理水量达不到设计能力60%，以及已建成污水处理设施但无故不运行的地区，暂缓审批该城市项目环评，暂缓下达有关项目的国家建设资金。

（三十九）加强节能减排执法监督。各级人民政府要组织开展节能减排专项检查，督促各项措施落实，严肃查处违法违规行为。加大对重点用能单位和重点污染源的执法检查力度，加大对高耗能特种设备节能标准和建筑施工阶段标准执行情况、国家机关办公建筑和大型公共建筑节能监管体系建设情况，以及节能环保产品质量和能效标识的监督检查力度。对严重违反节能环保法律法规，未按要求淘汰落后产能、违规使用明令淘汰用能设备、虚标产品能效标识、减排设施未按要求运行等行为，公开通报或挂牌督办，限期整改，对有关责任人进行严肃处理。实行节能减排执法责任制，对行政不作为、执法不严等行为，严肃追究有关主管部门和执法机构负责人的责任。

十、推广节能减排市场化机制

（四十）加大能效标识和节能环保产品认证实施力度。扩大终端用能产品能效标识实施范围，加强宣传和政策激励，引导消费者购买高效节能产品。继续推进节能产品、环境标志产品、环保装备认证，规范认证行为，扩展认证范围，建立有效的国际协调互认机制。加强标识、认证质量的监管。

（四十一）建立“领跑者”标准制度。研究确定高耗能产品和终端用能产品的能效先进水平，制定“领跑者”能效标准，明确实施时限。将“领跑者”能效标准与新上项目能评审查、节能产品推广应用相结合，推动企业技术进步，加快标准的更新换代，促进能效水平快速提升。

（四十二）加强节能发电调度和电力需求侧管理。改革发电调度方式，电网企业要按照节能、经济的原则，优先调度水电、风电、太阳能发电、核电以及余热余压、煤层气、填埋气、煤矸石和垃圾等发电上网，优先安排节能、环保、高效火电机组发电上网。研究推行发电权交易。电网企业要及时、真实、准确、完整地公布节能发电调度信息，电力监管部门要加强对节能发电调度工作的监督。落实电力需求侧管理办法，制定配套政策，规范有序用电。以建设技术支撑平台为基础，开展城市综合试点，推广能效电厂。

（四十三）加快推行合同能源管理。落实财政、税收和金融等扶持政策，引导专业化节能服务公司采用合同能源管理方式为用能单位实施节能改造，扶持壮大节能服务产业。研究建立合同能源管理项目节能量审核和交易制度，培育第三方审核评估机构。鼓励大型重点用能单位利用自身技术优势和管理经验，组建专业化节能服务公司。引导和支持各类融资担保机构提供风险分担服务。

（四十四）推进排污权和碳排放权交易试点。完善主要污染物排污权有偿使用和交易试点，建立健全排污权交易市场，研究制定排污权有偿使用和交易试点的指导意见。开展碳排放交易试点，建立自愿减排机制，推进碳排放权交易市场建设。

（四十五）推行污染治理设施建设运行特许经营。总结燃煤电厂烟气脱硫特许经营试点经验，完善相关政策措施。鼓励采用多种建设运营模式开展城镇污水垃圾处理、工业园区污染物集中治理，确保处理设施稳定高效运行。实行环保设施运营资质许可制度，推进环保设施的专业化、社会化运营服务。完善市场准入机制，规范市场行为，打破地方保护，为企业创造公平竞争的市场环境。

十一、加强节能减排基础工作和能力建设

（四十六）加快节能环保标准体系建设。加快制（修）订重点行业单位产品能耗限额、产品能效和污染物排放等强制性国家标准，以及建筑节能标准和设计规范，提高准入门槛。制定和完善环保产品及装备标准。完善机动车燃油消耗量限值标准、低速汽车排放标准。制（修）订轻型汽车第五阶段排放标准，颁布实施第四、第五阶段车用燃油国家标准。建立满足氨氮、氮氧化物控制目标要求的排放标准。鼓励地方依法制定更加严格的节能环保地方标准。

（四十七）强化节能减排管理能力建设。建立健全节能管理、监察、服务“三位一体”的节能管理体系，加强政府节能管理能力建设，完善机构，充实人员。加强节能监察机构能力建设，配备监测和检测设备，加强人员培训，提高执法能力，完善覆盖全国的省、市、县三级节能监

察体系。继续推进能源统计能力建设。推动重点用能单位按要求配备计量器具，推行能源计量数据在线采集、实时监测。开展城市能源计量建设示范。加强减排监管能力建设，推进环境监管机构标准化，提高污染源监测、机动车污染监控、农业源污染检测和减排管理能力，建立健全国家、省、市三级减排监控体系，加强人员培训和队伍建设。

十二、动员全社会参与节能减排

（四十八）加强节能减排宣传教育。把节能减排纳入社会主义核心价值观宣传教育体系以及基础教育、高等教育、职业教育体系。组织好全国节能宣传周、世界环境日等主题宣传活动，加强日常性节能减排宣传教育。新闻媒体要积极宣传节能减排的重要性、紧迫性以及国家采取的政策措施和取得的成效，宣传先进典型，普及节能减排知识和方法，加强舆论监督和对外宣传，积极为节能减排营造良好的国内和国际环境。

（四十九）深入开展节能减排全民行动。抓好家庭社区、青少年、企业、学校、军营、农村、政府机构、科技、科普和媒体等十个节能减排专项行动，通过典型示范、专题活动、展览展示、岗位创建、合理化建议等多种形式，广泛动员全社会参与节能减排，发挥职工节能减排义务监督员队伍作用，倡导文明、节约、绿色、低碳的生产方式、消费模式和生活习惯。

（五十）政府机关带头节能减排。各级人民政府机关要将节能减排作为机关工作的一项重要任务来抓，健全规章制度，落实岗位责任，细化管理措施，树立节约意识，践行节约行动，作节能减排的表率。

附件：1. “十二五”各地区节能目标

2. “十二五”各地区化学需氧量排放总量控制计划

3. “十二五”各地区氨氮排放总量控制计划

4. “十二五”各地区二氧化硫排放总量控制计划

5. “十二五”各地区氮氧化物排放总量控制计划

附件1　“十二五”各地区节能目标

地区	单位国内生产总值能耗降低率（%）		
	“十一五”时期	“十二五”时期	2006—2015年累计
全国	19.06	16	32.01
北京	26.59	17	39.07
天津	21.00	18	35.22
河北	20.11	17	33.69
山西	22.66	16	35.03
内蒙古	22.62	15	34.23
辽宁	20.01	17	33.61
吉林	22.04	16	34.51
黑龙江	20.79	16	33.46
上海	20.00	18	34.40
江苏	20.45	18	34.77
浙江	20.01	18	34.41
安徽	20.36	16	33.10
福建	16.45	16	29.82
江西	20.04	16	32.83
山东	22.09	17	35.33
河南	20.12	16	32.90
湖北	21.67	16	34.20
湖南	20.43	16	33.16
广东	16.42	18	31.46
广西	15.22	15	27.94
海南	12.14	10	20.93
重庆	20.95	16	33.60
四川	20.31	16	33.06
贵州	20.06	15	32.05
云南	17.41	15	29.80
西藏	12.00	10	20.80

（续表）

地区	单位国内生产总值能耗降低率（%）		
	“十一五”时期	“十二五”时期	2006—2015 年累计
陕西	20.25	16	33.01
甘肃	20.26	15	32.22
青海	17.04	10	25.34
宁夏	20.09	15	32.08
新疆	8.91	10	18.02

备注：“十一五”各地区单位国内生产总值能耗降低率除新疆外均为国家统计局最终公布数据，新疆为初步核实数据。

附件 2 “十二五”各地区化学需氧量排放总量控制计划

单位：万吨

地区	2010 年		2015 年		2015 年比 2010 年（%）	
	排放量	其中：工业和生活	控制量	其中：工业和生活	增加或减少	其中：工业和生活
北京	20.0	10.9	18.3	9.8	-8.7	-9.8
天津	23.8	12.3	21.8	11.2	-8.6	-9.2
河北	142.2	45.6	128.3	40.7	-9.8	-10.8
山西	50.7	31.2	45.8	27.9	-9.6	-10.6
内蒙古	92.1	27.5	85.9	25.4	-6.7	-7.5
辽宁	137.3	47.0	124.7	42.1	-9.2	-10.4
吉林	83.4	28.8	76.1	26.1	-8.8	-9.4
黑龙江	161.2	47.8	147.3	43.4	-8.6	-9.3
上海	26.6	22.5	23.9	20.1	-10.0	-10.5
江苏	128.0	86.3	112.8	75.3	-11.9	-12.8
浙江	84.2	61.4	74.6	53.7	-11.4	-12.5
安徽	97.3	55.6	90.3	52.0	-7.2	-6.5
福建	69.6	45.8	65.2	43.1	-6.3	-6.0

（续表）

地区	2010 年		2015 年		2015 年比 2010 年（%）	
	排放量	其中：工业和生活	控制量	其中：工业和生活	增加或减少	其中：工业和生活
江西	77.7	51.9	73.2	48.3	-5.8	-7.0
山东	201.6	62.7	177.4	54.6	-12.0	-12.9
河南	148.2	62.0	133.5	55.8	-9.9	-10.0
湖北	112.4	62.1	104.1	59.0	-7.4	-5.0
湖南	134.1	71.8	124.4	66.8	-7.2	-7.0
广东	193.3	130.6	170.1	113.8	-12.0	-12.9
广西	80.7	58.1	74.6	53.6	-7.6	-7.8
海南	20.4	9.2	20.4	9.2	0	0
重庆	42.6	29.4	39.5	27.5	-7.2	-6.5
四川	132.4	75.0	123.1	71.3	-7.0	-5.0
贵州	34.8	28.1	32.7	26.4	-6.0	-6.1
云南	56.4	48.0	52.9	45.0	-6.2	-6.2
西藏	2.7	2.3	2.7	2.3	0	0
陕西	57.0	36.4	52.7	33.5	-7.6	-7.9
甘肃	40.2	25.5	37.6	23.7	-6.4	-6.9
青海	10.4	8.1	12.3	9.6	18.0	18.0
宁夏	24.0	13.3	22.6	12.5	-6.0	-6.3
新疆	56.9	26.2	56.9	26.2	0	0
新疆生产建设兵团	9.5	4.7	9.5	4.7	0	0
合计	2551.7	1328.1	2335.2	1214.6	-8.5	-8.5

备注：全国化学需氧量排放量削减 8% 的总量控制目标为 2347.6 万吨（其中工业和生活 1221.9 万吨），实际分配给各地区 2335.2 万吨（其中工业和生活 1214.6 万吨），国家预留 12.4 万吨，用于化学需氧量排污权有偿分配和交易试点工作。

附件3 “十二五”各地区氨氮排放总量控制计划

单位：万吨

地区	2010年		2015年		2015年比2010年（%）	
	排放量	其中：工业和生活	控制量	其中：工业和生活	增加或减少	其中：工业和生活
北京	2.20	1.64	1.98	1.47	-10.1	-10.2
天津	2.79	2.18	2.50	1.95	-10.5	-10.4
河北	11.61	6.98	10.14	6.10	-12.7	-12.6
山西	5.93	4.66	5.21	4.08	-12.2	-12.4
内蒙古	5.45	4.19	4.92	3.79	-9.7	-9.5
辽宁	11.25	7.56	10.01	6.69	-11.0	-11.5
吉林	5.87	3.92	5.25	3.49	-10.5	-10.9
黑龙江	9.45	6.14	8.47	5.49	-10.4	-10.6
上海	5.21	4.83	4.54	4.21	-12.9	-12.9
江苏	16.12	11.98	14.04	10.40	-12.9	-13.2
浙江	11.84	8.96	10.36	7.84	-12.5	-12.5
安徽	11.20	7.07	10.09	6.38	-9.9	-9.8
福建	9.72	6.16	8.90	5.67	-8.4	-8.0
江西	9.45	6.18	8.52	5.57	-9.8	-9.8
山东	17.64	10.06	15.29	8.70	-13.3	-13.5
河南	15.57	8.80	13.61	7.66	-12.6	-12.9
湖北	13.29	8.25	12.00	7.43	-9.7	-9.9
湖南	16.95	10.15	15.29	9.16	-9.8	-9.8
广东	23.52	17.53	20.39	15.16	-13.3	-13.5
广西	8.45	5.63	7.71	5.13	-8.7	-8.9
海南	2.29	1.36	2.29	1.37	0	1.0
重庆	5.59	4.19	5.10	3.81	-8.8	-9.0
四川	14.56	8.50	13.31	7.78	-8.6	-8.5
贵州	4.03	3.19	3.72	2.94	-7.7	-7.8
云南	6.00	4.66	5.51	4.29	-8.1	-8.0

（续表）

地区	2010 年		2015 年		2015 年比 2010 年（%）	
	排放量	其中：工业和生活	控制量	其中：工业和生活	增加或减少	其中：工业和生活
西藏	0.33	0.28	0.33	0.28	0	0
陕西	6.44	4.80	5.81	4.34	-9.8	-9.6
甘肃	4.33	3.70	3.94	3.38	-8.9	-8.7
青海	0.96	0.87	1.10	1.00	15.0	15.0
宁夏	1.82	1.60	1.67	1.47	-8.0	-8.0
新疆	4.06	3.08	4.06	3.08	0	0
新疆生产建设兵团	0.51	0.25	0.51	0.25	0	0
合计	264.4	179.4	236.6	160.4	-10.5	-10.6

备注：全国氨氮排放量削减 10% 的总量控制目标为 238.0 万吨（其中工业和生活 161.5 万吨），实际分配给各地区 236.6 万吨（其中工业和生活 160.4 万吨），国家预留 1.4 万吨，用于氨氮排污权有偿分配和交易试点工作。

附件 4 “十二五”各地区二氧化硫排放总量控制计划

单位：万吨

地区	2010 年排放量	2015 年控制量	2015 年比 2010 年（%）
北京	10.4	9.0	-13.4
天津	23.8	21.6	-9.4
河北	143.8	125.5	-12.7
山西	143.8	127.6	-11.3
内蒙古	139.7	134.4	-3.8
辽宁	117.2	104.7	-10.7
吉林	41.7	40.6	-2.7
黑龙江	51.3	50.3	-2.0
上海	25.5	22.0	-13.7

（续表）

地区	2010 年排放量	2015 年控制量	2015 年比 2010 年（%）
江苏	108.6	92.5	-14.8
浙江	68.4	59.3	-13.3
安徽	53.8	50.5	-6.1
福建	39.3	36.5	-7.0
江西	59.4	54.9	-7.5
山东	188.1	160.1	-14.9
河南	144.0	126.9	-11.9
湖北	69.5	63.7	-8.3
湖南	71.0	65.1	-8.3
广东	83.9	71.5	-14.8
广西	57.2	52.7	-7.9
海南	3.1	4.2	34.9
重庆	60.9	56.6	-7.1
四川	92.7	84.4	-9.0
贵州	116.2	106.2	-8.6
云南	70.4	67.6	-4.0
西藏	0.4	0.4	0
陕西	94.8	87.3	-7.9
甘肃	62.2	63.4	2.0
青海	15.7	18.3	16.7
宁夏	38.3	36.9	-3.6
新疆	63.1	63.1	0
新疆生产建设兵团	9.6	9.6	0
合计	2267.8	2067.4	-8.8

备注：全国二氧化硫排放量削减 8% 的总量控制目标为 2086.4 万吨，实际分配给各地区 2067.4 万吨，国家预留 19.0 万吨，用于二氧化硫排污权有偿分配和交易试点工作。

附件 5　“十二五”各地区氮氧化物排放总量控制计划

单位：万吨

地区	2010 年排放量	2015 年控制量	2015 年比 2010 年（%）
北京	19.8	17.4	-12.3
天津	34.0	28.8	-15.2
河北	171.3	147.5	-13.9
山西	124.1	106.9	-13.9
内蒙古	131.4	123.8	-5.8
辽宁	102.0	88.0	-13.7
吉林	58.2	54.2	-6.9
黑龙江	75.3	73.0	-3.1
上海	44.3	36.5	-17.5
江苏	147.2	121.4	-17.5
浙江	85.3	69.9	-18.0
安徽	90.9	82.0	-9.8
福建	44.8	40.9	-8.6
江西	58.2	54.2	-6.9
山东	174.0	146.0	-16.1
河南	159.0	135.6	-14.7
湖北	63.1	58.6	-7.2
湖南	60.4	55.0	-9.0
广东	132.3	109.9	-16.9
广西	45.1	41.1	-8.8
海南	8.0	9.8	22.3
重庆	38.2	35.6	-6.9
四川	62.0	57.7	-6.9
贵州	49.3	44.5	-9.8
云南	52.0	49.0	-5.8

（续表）

地区	2010 年排放量	2015 年控制量	2015 年比 2010 年（%）
西藏	3.8	3.8	0
陕西	76.6	69.0	-9.9
甘肃	42.0	40.7	-3.1
青海	11.6	13.4	15.3
宁夏	41.8	39.8	-4.9
新疆	58.8	58.8	0
新疆生产建设兵团	8.8	8.8	0
合计	2273.6	2021.6	-11.1

备注：全国氮氧化物排放量削减 10% 的总量控制目标为 2046.2 万吨，实际分配给各地区 2021.6 万吨，国家预留 24.6 万吨，用于氮氧化物排污权有偿分配和交易试点工作。

附录二：

国务院关于印发大气污染防治行动计划的通知

国发〔2013〕37 号

各省、自治区、直辖市人民政府，国务院各部委、各直属机构：

现将《大气污染防治行动计划》印发给你们，请认真贯彻执行。

国务院

2013 年 9 月 10 日

大气污染防治行动计划

大气环境保护事关人民群众根本利益，事关经济持续健康发展，事关全面建成小康社会，事关实现中华民族伟大复兴中国梦。当前，我国大气污染形势严峻，以可吸入颗粒物（PM_{10}）、细颗粒物（$PM_{2.5}$）为特征污染物的区域性大气环境问题日益突出，损害人民群众身体健康，影响社会和谐稳定。随着我国工业化、城镇化的深入推进，能源资源消耗持续增加，大气污染防治压力继续加大。为切实改善空气质量，制定本行动计划。

总体要求：以邓小平理论、“三个代表”重要思想、科学发展观为指导，以保障人民群众身体健康为出发点，大力推进生态文明建设，坚

持政府调控与市场调节相结合、全面推进与重点突破相配合、区域协作与属地管理相协调、总量减排与质量改善相同步，形成政府统领、企业施治、市场驱动、公众参与的大气污染防治新机制，实施分区域、分阶段治理，推动产业结构优化、科技创新能力增强、经济增长质量提高，实现环境效益、经济效益与社会效益多赢，为建设美丽中国而奋斗。

奋斗目标：经过五年努力，全国空气质量总体改善，重污染天气较大幅度减少；京津冀、长三角、珠三角等区域空气质量明显好转。力争再用五年或更长时间，逐步消除重污染天气，全国空气质量明显改善。

具体指标：到 2017 年，全国地级及以上城市可吸入颗粒物浓度比 2012 年下降 10% 以上，优良天数逐年提高；京津冀、长三角、珠三角等区域细颗粒物浓度分别下降 25%、20%、15% 左右，其中北京市细颗粒物年均浓度控制在 60 微克/立方米左右。

一、加大综合治理力度，减少多污染物排放

（一）加强工业企业大气污染综合治理。全面整治燃煤小锅炉。加快推进集中供热、“煤改气”、“煤改电”工程建设，到 2017 年，除必要保留的以外，地级及以上城市建成区基本淘汰每小时 10 蒸吨及以下的燃煤锅炉，禁止新建每小时 20 蒸吨以下的燃煤锅炉；其他地区原则上不再新建每小时 10 蒸吨以下的燃煤锅炉。在供热供气管网不能覆盖的地区，改用电、新能源或洁净煤，推广应用高效节能环保型锅炉。在化工、造纸、印染、制革、制药等产业集聚区，通过集中建设热电联产机组逐步淘汰分散燃煤锅炉。

加快重点行业脱硫、脱硝、除尘改造工程建设。所有燃煤电厂、钢铁企业的烧结机和球团生产设备、石油炼制企业的催化裂化装置、有色金属冶炼企业都要安装脱硫设施，每小时 20 蒸吨及以上的燃煤锅炉要实施脱硫。除循环流化床锅炉以外的燃煤机组均应安装脱硝设施，新型干法水泥窑要实施低氮燃烧技术改造并安装脱硝设施。燃煤锅炉和工业

窑炉现有除尘设施要实施升级改造。

推进挥发性有机物污染治理。在石化、有机化工、表面涂装、包装印刷等行业实施挥发性有机物综合整治，在石化行业开展“泄漏检测与修复”技术改造。限时完成加油站、储油库、油罐车的油气回收治理，在原油成品油码头积极开展油气回收治理。完善涂料、胶粘剂等产品挥发性有机物限值标准，推广使用水性涂料，鼓励生产、销售和使用低毒、低挥发性有机溶剂。

京津冀、长三角、珠三角等区域要于2015年底前基本完成燃煤电厂、燃煤锅炉和工业窑炉的污染治理设施建设与改造，完成石化企业有机废气综合治理。

（二）深化面源污染治理。综合整治城市扬尘。加强施工扬尘监管，积极推进绿色施工，建设工程施工现场应全封闭设置围挡墙，严禁敞开式作业，施工现场道路应进行地面硬化。渣土运输车辆应采取密闭措施，并逐步安装卫星定位系统。推行道路机械化清扫等低尘作业方式。大型煤堆、料堆要实现封闭储存或建设防风抑尘设施。推进城市及周边绿化和防风防沙林建设，扩大城市建成区绿地规模。

开展餐饮油烟污染治理。城区餐饮服务经营场所应安装高效油烟净化设施，推广使用高效净化型家用吸油烟机。

（三）强化移动源污染防治。加强城市交通管理。优化城市功能和布局规划，推广智能交通管理，缓解城市交通拥堵。实施公交优先战略，提高公共交通出行比例，加强步行、自行车交通系统建设。根据城市发展规划，合理控制机动车保有量，北京、上海、广州等特大城市要严格限制机动车保有量。通过鼓励绿色出行、增加使用成本等措施，降低机动车使用强度。

提升燃油品质。加快石油炼制企业升级改造，力争在2013年底前，全国供应符合国家第四阶段标准的车用汽油，在2014年底前，全国供应符合国家第四阶段标准的车用柴油，在2015年底前，京津冀、长三角、珠三角等区域内重点城市全面供应符合国家第五阶段标准的车用汽、柴油，在2017年底前，全国供应符合国家第五阶段标准的车用汽、柴油。加强油品质量监督检查，严厉打击非法生产、销售不合格油品行为。

加快淘汰黄标车和老旧车辆。采取划定禁行区域、经济补偿等方式，逐步淘汰黄标车和老旧车辆。到2015年，淘汰2005年底前注册营运的黄标车，基本淘汰京津冀、长三角、珠三角等区域内的500万辆黄标车。到2017年，基本淘汰全国范围的黄标车。

加强机动车环保管理。环保、工业和信息化、质检、工商等部门联合加强新生产车辆环保监管，严厉打击生产、销售环保不达标车辆的违法行为；加强在用机动车年度检验，对不达标车辆不得发放环保合格标志，不得上路行驶。加快柴油车车用尿素供应体系建设。研究缩短公交车、出租车强制报废年限。鼓励出租车每年更换高效尾气净化装置。开展工程机械等非道路移动机械和船舶的污染控制。

加快推进低速汽车升级换代。不断提高低速汽车（三轮汽车、低速货车）节能环保要求，减少污染排放，促进相关产业和产品技术升级换代。自2017年起，新生产的低速货车执行与轻型载货车同等的节能与排放标准。

大力推广新能源汽车。公交、环卫等行业和政府机关要率先使用新能源汽车，采取直接上牌、财政补贴等措施鼓励个人购买。北京、上海、广州等城市每年新增或更新的公交车中新能源和清洁燃料车的比例达到60%以上。

二、调整优化产业结构，推动产业转型升级

（四）严控“两高”行业新增产能。修订高耗能、高污染和资源性行业准入条件，明确资源能源节约和污染物排放等指标。有条件的地区要制定符合当地功能定位、严于国家要求的产业准入目录。严格控制

“两高”行业新增产能，新、改、扩建项目要实行产能等量或减量置换。

（五）加快淘汰落后产能。结合产业发展实际和环境质量状况，进一步提高环保、能耗、安全、质量等标准，分区域明确落后产能淘汰任务，倒逼产业转型升级。

按照《部分工业行业淘汰落后生产工艺装备和产品指导目录（2010年本）》、《产业结构调整指导目录（2011 年本）（修正）》的要求，采取经济、技术、法律和必要的行政手段，提前一年完成钢铁、水泥、电解铝、平板玻璃等 21 个重点行业的“十二五”落后产能淘汰任务。2015 年再淘汰炼铁 1500 万吨、炼钢 1500 万吨、水泥（熟料及粉磨能力）1 亿吨、平板玻璃 2000 万重量箱。对未按期完成淘汰任务的地区，严格控制国家安排的投资项目，暂停对该地区重点行业建设项目办理审批、核准和备案手续。2016 年、2017 年，各地区要制定范围更宽、标准更高的落后产能淘汰政策，再淘汰一批落后产能。

对布局分散、装备水平低、环保设施差的小型工业企业进行全面排查，制定综合整改方案，实施分类治理。

（六）压缩过剩产能。加大环保、能耗、安全执法处罚力度，建立以节能环保标准促进“两高”行业过剩产能退出的机制。制定财政、土地、金融等扶持政策，支持产能过剩“两高”行业企业退出、转型发展。发挥优强企业对行业发展的主导作用，通过跨地区、跨所有制企业兼并重组，推动过剩产能压缩。严禁核准产能严重过剩行业新增产能项目。

（七）坚决停建产能严重过剩行业违规在建项目。认真清理产能严重过剩行业违规在建项目，对未批先建、边批边建、越权核准的违规项目，尚未开工建设的，不准开工；正在建设的，要停止建设。地方人民政府要加强组织领导和监督检查，坚决遏制产能严重过剩行业盲目扩张。

三、加快企业技术改造，提高科技创新能力

（八）强化科技研发和推广。加强灰霾、臭氧的形成机理、来源解析、迁移规律和监测预警等研究，为污染治理提供科学支撑。加强大气污染与人群健康关系的研究。支持企业技术中心、国家重点实验室、国家工程实验室建设，推进大型大气光化学模拟仓、大型气溶胶模拟仓等科技基础设施建设。

加强脱硫、脱硝、高效除尘、挥发性有机物控制、柴油机（车）排放净化、环境监测，以及新能源汽车、智能电网等方面的技术研发，推进技术成果转化应用。加强大气污染治理先进技术、管理经验等方面的国际交流与合作。

（九）全面推行清洁生产。对钢铁、水泥、化工、石化、有色金属冶炼等重点行业进行清洁生产审核，针对节能减排关键领域和薄弱环节，采用先进适用的技术、工艺和装备，实施清洁生产技术改造；到2017年，重点行业排污强度比2012年下降30%以上。推进非有机溶剂型涂料和农药等产品创新，减少生产和使用过程中挥发性有机物排放。积极开发缓释肥料新品种，减少化肥施用过程中氨的排放。

（十）大力发展循环经济。鼓励产业集聚发展，实施园区循环化改造，推进能源梯级利用、水资源循环利用、废物交换利用、土地节约集约利用，促进企业循环式生产、园区循环式发展、产业循环式组合，构建循环型工业体系。推动水泥、钢铁等工业窑炉、高炉实施废物协同处置。大力发展机电产品再制造，推进资源再生利用产业发展。到2017年，单位工业增加值能耗比2012年降低20%左右，在50%以上的各类国家级园区和30%以上的各类省级园区实施循环化改造，主要有色金属品种以及钢铁的循环再生比重达到40%左右。

（十一）大力培育节能环保产业。着力把大气污染治理的政策要求有效转化为节能环保产业发展的市场需求，促进重大环保技术装备、产

品的创新开发与产业化应用。扩大国内消费市场，积极支持新业态、新模式，培育一批具有国际竞争力的大型节能环保企业，大幅增加大气污染治理装备、产品、服务产业产值，有效推动节能环保、新能源等战略性新兴产业发展。鼓励外商投资节能环保产业。

四、加快调整能源结构，增加清洁能源供应

（十二）控制煤炭消费总量。制定国家煤炭消费总量中长期控制目标，实行目标责任管理。到 2017 年，煤炭占能源消费总量比重降低到 65% 以下。京津冀、长三角、珠三角等区域力争实现煤炭消费总量负增长，通过逐步提高接受外输电比例、增加天然气供应、加大非化石能源利用强度等措施替代燃煤。

京津冀、长三角、珠三角等区域新建项目禁止配套建设自备燃煤电站。耗煤项目要实行煤炭减量替代。除热电联产外，禁止审批新建燃煤发电项目；现有多台燃煤机组装机容量合计达到 30 万千瓦以上的，可按照煤炭等量替代的原则建设为大容量燃煤机组。

（十三）加快清洁能源替代利用。加大天然气、煤制天然气、煤层气供应。到 2015 年，新增天然气干线管输能力 1500 亿立方米以上，覆盖京津冀、长三角、珠三角等区域。优化天然气使用方式，新增天然气应优先保障居民生活或用于替代燃煤；鼓励发展天然气分布式能源等高效利用项目，限制发展天然气化工项目；有序发展天然气调峰电站，原则上不再新建天然气发电项目。

制定煤制天然气发展规划，在满足最严格的环保要求和保障水资源供应的前提下，加快煤制天然气产业化和规模化步伐。

积极有序发展水电，开发利用地热能、风能、太阳能、生物质能，安全高效发展核电。到 2017 年，运行核电机组装机容量达到 5000 万千瓦，非化石能源消费比重提高到 13%。

京津冀区域城市建成区、长三角城市群、珠三角区域要加快现有工

业企业燃煤设施天然气替代步伐；到 2017 年，基本完成燃煤锅炉、工业窑炉、自备燃煤电站的天然气替代改造任务。

（十四）推进煤炭清洁利用。提高煤炭洗选比例，新建煤矿应同步建设煤炭洗选设施，现有煤矿要加快建设与改造；到 2017 年，原煤入选率达到 70% 以上。禁止进口高灰份、高硫份的劣质煤炭，研究出台煤炭质量管理办法。限制高硫石油焦的进口。

扩大城市高污染燃料禁燃区范围，逐步由城市建成区扩展到近郊。结合城中村、城乡结合部、棚户区改造，通过政策补偿和实施峰谷电价、季节性电价、阶梯电价、调峰电价等措施，逐步推行以天然气或电替代煤炭。鼓励北方农村地区建设洁净煤配送中心，推广使用洁净煤和型煤。

（十五）提高能源使用效率。严格落实节能评估审查制度。新建高耗能项目单位产品（产值）能耗要达到国内先进水平，用能设备达到一级能效标准。京津冀、长三角、珠三角等区域，新建高耗能项目单位产品（产值）能耗要达到国际先进水平。

积极发展绿色建筑，政府投资的公共建筑、保障性住房等要率先执行绿色建筑标准。新建建筑要严格执行强制性节能标准，推广使用太阳能热水系统、地源热泵、空气源热泵、光伏建筑一体化、“热—电—冷”三联供等技术和装备。

推进供热计量改革，加快北方采暖地区既有居住建筑供热计量和节能改造；新建建筑和完成供热计量改造的既有建筑逐步实行供热计量收费。加快热力管网建设与改造。

五、严格节能环保准入，优化产业空间布局

（十六）调整产业布局。按照主体功能区规划要求，合理确定重点产业发展布局、结构和规模，重大项目原则上布局在优化开发区和重点开发区。所有新、改、扩建项目，必须全部进行环境影响评价；未通过

环境影响评价审批的，一律不准开工建设；违规建设的，要依法进行处罚。加强产业政策在产业转移过程中的引导与约束作用，严格限制在生态脆弱或环境敏感地区建设“两高”行业项目。加强对各类产业发展规划的环境影响评价。

在东部、中部和西部地区实施差别化的产业政策，对京津冀、长三角、珠三角等区域提出更高的节能环保要求。强化环境监管，严禁落后产能转移。

（十七）强化节能环保指标约束。提高节能环保准入门槛，健全重点行业准入条件，公布符合准入条件的企业名单并实施动态管理。严格实施污染物排放总量控制，将二氧化硫、氮氧化物、烟粉尘和挥发性有机物排放是否符合总量控制要求作为建设项目环境影响评价审批的前置条件。

京津冀、长三角、珠三角区域以及辽宁中部、山东、武汉及其周边、长株潭、成渝、海峡西岸、山西中北部、陕西关中、甘宁、乌鲁木齐城市群等“三区十群”中的47个城市，新建火电、钢铁、石化、水泥、有色、化工等企业以及燃煤锅炉项目要执行大气污染物特别排放限值。各地区可根据环境质量改善的需要，扩大特别排放限值实施的范围。

对未通过能评、环评审查的项目，有关部门不得审批、核准、备案，不得提供土地，不得批准开工建设，不得发放生产许可证、安全生产许可证、排污许可证，金融机构不得提供任何形式的新增授信支持，有关单位不得供电、供水。

（十八）优化空间格局。科学制定并严格实施城市规划，强化城市空间管制要求和绿地控制要求，规范各类产业园区和城市新城、新区设立和布局，禁止随意调整和修改城市规划，形成有利于大气污染物扩散的城市和区域空间格局。研究开展城市环境总体规划试点工作。

结合化解过剩产能、节能减排和企业兼并重组，有序推进位于城市主城区的钢铁、石化、化工、有色金属冶炼、水泥、平板玻璃等重污染企业环保搬迁、改造，到2017年基本完成。

六、发挥市场机制作用，完善环境经济政策

（十九）发挥市场机制调节作用。本着“谁污染、谁负责，多排放、多负担，节能减排得收益、获补偿”的原则，积极推行激励与约束并举的节能减排新机制。

分行业、分地区对水、电等资源类产品制定企业消耗定额。建立企业“领跑者”制度，对能效、排污强度达到更高标准的先进企业给予鼓励。

全面落实“合同能源管理”的财税优惠政策，完善促进环境服务业发展的扶持政策，推行污染治理设施投资、建设、运行一体化特许经营。完善绿色信贷和绿色证券政策，将企业环境信息纳入征信系统。严格限制环境违法企业贷款和上市融资。推进排污权有偿使用和交易试点。

（二十）完善价格税收政策。根据脱硝成本，结合调整销售电价，完善脱硝电价政策。现有火电机组采用新技术进行除尘设施改造的，要给予价格政策支持。实行阶梯式电价。

推进天然气价格形成机制改革，理顺天然气与可替代能源的比价关系。

按照合理补偿成本、优质优价和污染者付费的原则合理确定成品油价格，完善对部分困难群体和公益性行业成品油价格改革补贴政策。

加大排污费征收力度，做到应收尽收。适时提高排污收费标准，将挥发性有机物纳入排污费征收范围。

研究将部分“两高”行业产品纳入消费税征收范围。完善“两高”行业产品出口退税政策和资源综合利用税收政策。积极推进煤炭等资源税从价计征改革。符合税收法律法规规定，使用专用设备或建设环境保护项目的企业以及高新技术企业，可以享受企业所得税优惠。

（二十一）拓宽投融资渠道。深化节能环保投融资体制改革，鼓励民间资本和社会资本进入大气污染防治领域。引导银行业金融机构加大对大气污染防治项目的信贷支持。探索排污权抵押融资模式，拓展节能环保设施融资、租赁业务。

地方人民政府要对涉及民生的“煤改气”项目、黄标车和老旧车辆淘汰、轻型载货车替代低速货车等加大政策支持力度，对重点行业清洁生产示范工程给予引导性资金支持。要将空气质量监测站点建设及其运行和监管经费纳入各级财政预算予以保障。

在环境执法到位、价格机制理顺的基础上，中央财政统筹整合主要污染物减排等专项，设立大气污染防治专项资金，对重点区域按治理成效实施“以奖代补”；中央基本建设投资也要加大对重点区域大气污染防治的支持力度。

七、健全法律法规体系，严格依法监督管理

（二十二）完善法律法规标准。加快大气污染防治法修订步伐，重点健全总量控制、排污许可、应急预警、法律责任等方面的制度，研究增加对恶意排污、造成重大污染危害的企业及其相关负责人追究刑事责任的内容，加大对违法行为的处罚力度。建立健全环境公益诉讼制度。研究起草环境税法草案，加快修改环境保护法，尽快出台机动车污染防治条例和排污许可证管理条例。各地区可结合实际，出台地方性大气污染防治法规、规章。

加快制（修）订重点行业排放标准以及汽车燃料消耗量标准、油品标准、供热计量标准等，完善行业污染防治技术政策和清洁生产评价指标体系。

（二十三）提高环境监管能力。完善国家监察、地方监管、单位负责的环境监管体制，加强对地方人民政府执行环境法律法规和政策的监

督。加大环境监测、信息、应急、监察等能力建设力度，达到标准化建设要求。

建设城市站、背景站、区域站统一布局的国家空气质量监测网络，加强监测数据质量管理，客观反映空气质量状况。加强重点污染源在线监控体系建设，推进环境卫星应用。建设国家、省、市三级机动车排污监管平台。到2015年，地级及以上城市全部建成细颗粒物监测点和国家直管的监测点。

（二十四）加大环保执法力度。推进联合执法、区域执法、交叉执法等执法机制创新，明确重点，加大力度，严厉打击环境违法行为。对偷排偷放、屡查屡犯的违法企业，要依法停产关闭。对涉嫌环境犯罪的，要依法追究刑事责任。落实执法责任，对监督缺位、执法不力、徇私枉法等行为，监察机关要依法追究有关部门和人员的责任。

（二十五）实行环境信息公开。国家每月公布空气质量最差的10个城市和最好的10个城市的名单。各省（区、市）要公布本行政区域内地级及以上城市空气质量排名。地级及以上城市要在当地主要媒体及时发布空气质量监测信息。

各级环保部门和企业要主动公开新建项目环境影响评价、企业污染物排放、治污设施运行情况等环境信息，接受社会监督。涉及群众利益的建设项目，应充分听取公众意见。建立重污染行业企业环境信息强制公开制度。

八、建立区域协作机制，统筹区域环境治理

（二十六）建立区域协作机制。建立京津冀、长三角区域大气污染防治协作机制，由区域内省级人民政府和国务院有关部门参加，协调解决区域突出环境问题，组织实施环评会商、联合执法、信息共享、预警应急等大气污染防治措施，通报区域大气污染防治工作进展，研究确定阶段性工作要求、工作重点和主要任务。

（二十七）分解目标任务。国务院与各省（区、市）人民政府签订大气污染防治目标责任书，将目标任务分解落实到地方人民政府和企业。将重点区域的细颗粒物指标、非重点地区的可吸入颗粒物指标作为经济社会发展的约束性指标，构建以环境质量改善为核心的目标责任考核体系。

国务院制定考核办法，每年初对各省（区、市）上年度治理任务完成情况进行考核；2015 年进行中期评估，并依据评估情况调整治理任务；2017 年对行动计划实施情况进行终期考核。考核和评估结果经国务院同意后，向社会公布，并交由干部主管部门，按照《关于建立促进科学发展的党政领导班子和领导干部考核评价机制的意见》、《地方党政领导班子和领导干部综合考核评价办法（试行）》、《关于开展政府绩效管理试点工作的意见》等规定，作为对领导班子和领导干部综合考核评价的重要依据。

（二十八）实行严格责任追究。对未通过年度考核的，由环保部门会同组织部门、监察机关等部门约谈省级人民政府及其相关部门有关负责人，提出整改意见，予以督促。

对因工作不力、履职缺位等导致未能有效应对重污染天气的，以及干预、伪造监测数据和没有完成年度目标任务的，监察机关要依法依纪追究有关单位和人员的责任，环保部门要对有关地区和企业实施建设项目环评限批，取消国家授予的环境保护荣誉称号。

九、建立监测预警应急体系，妥善应对重污染天气

（二十九）建立监测预警体系。环保部门要加强与气象部门的合作，建立重污染天气监测预警体系。到 2014 年，京津冀、长三角、珠三角区域要完成区域、省、市级重污染天气监测预警系统建设；其他省（区、市）、副省级市、省会城市于 2015 年底前完成。要做好重污染天气过程的趋势分析，完善会商研判机制，提高监测预警的准确度，及时

发布监测预警信息。

（三十）制定完善应急预案。空气质量未达到规定标准的城市应制定和完善重污染天气应急预案并向社会公布；要落实责任主体，明确应急组织机构及其职责、预警预报及响应程序、应急处置及保障措施等内容，按不同污染等级确定企业限产停产、机动车和扬尘管控、中小学校停课以及可行的气象干预等应对措施。开展重污染天气应急演练。

京津冀、长三角、珠三角等区域要建立健全区域、省、市联动的重污染天气应急响应体系。区域内各省（区、市）的应急预案，应于2013年底前报环境保护部备案。

（三十一）及时采取应急措施。将重污染天气应急响应纳入地方人民政府突发事件应急管理体系，实行政府主要负责人负责制。要依据重污染天气的预警等级，迅速启动应急预案，引导公众做好卫生防护。

十、明确政府企业和社会的责任，动员全民参与环境保护

（三十二）明确地方政府统领责任。地方各级人民政府对本行政区域内的大气环境质量负总责，要根据国家的总体部署及控制目标，制定本地区的实施细则，确定工作重点任务和年度控制指标，完善政策措施，并向社会公开；要不断加大监管力度，确保任务明确、项目清晰、资金保障。

（三十三）加强部门协调联动。各有关部门要密切配合、协调力量、统一行动，形成大气污染防治的强大合力。环境保护部要加强指导、协调和监督，有关部门要制定有利于大气污染防治的投资、财政、税收、金融、价格、贸易、科技等政策，依法做好各自领域的相关工作。

（三十四）强化企业施治。企业是大气污染治理的责任主体，要按照环保规范要求，加强内部管理，增加资金投入，采用先进的生产工艺和治理技术，确保达标排放，甚至达到“零排放”；要自觉履行环境保护的社会责任，接受社会监督。

（三十五）广泛动员社会参与。环境治理，人人有责。要积极开展多种形式的宣传教育，普及大气污染防治的科学知识。加强大气环境管理专业人才培养。倡导文明、节约、绿色的消费方式和生活习惯，引导公众从自身做起、从点滴做起、从身边的小事做起，在全社会树立起“同呼吸、共奋斗”的行为准则，共同改善空气质量。

我国仍然处于社会主义初级阶段，大气污染防治任务繁重艰巨，要坚定信心、综合治理，突出重点、逐步推进，重在落实、务求实效。各地区、各有关部门和企业要按照本行动计划的要求，紧密结合实际，狠抓贯彻落实，确保空气质量改善目标如期实现。

参考文献

[美] 奥斯特罗姆:《公共事物的治理之道: 集体行动制度的演进》, 余逊达、陈旭东译, 上海译文出版社 2012 年版。

白志鹏、王宝庆、王秀艳:《空气颗粒物污染与防治》, 化学工业出版社 2011 年版。

薄燕:《美国国会对环境问题的治理》, 载《中共天津市委党校学报》, 2011 年第 1 期。

蔡成平:《日本经验: 治理污染有赖社会合力》, 载《中国环境报》, 2013 年 1 月 23 日。

蔡岚:《空气污染治理中的政府间关系》, 载《中国行政管理》, 2013 年第 10 期。

陈丙欣、叶裕民:《德国政府在城市化推进过程中的作用及启示》, 载《重庆工商大学学报》(社会科学版), 2007 年第 3 期。

陈平:《日本空气环境保护法律法规探讨》, 载《环境与可持续发展》, 2013 年第 3 期。

陈平、赵淑莉、范庆:《解析日本空气环境质量标准体系》, 载《环境与可持续发展》, 2012 年第 4 期。

陈强:《世纪之殇: 日本史上的大气污染》, 载《羊城晚报》, 2013 年 3 月 30 日。

陈盛樑:《城市空气质量管理的系统研究》, 重庆大学博士学位论文，2002 年。

陈云峰：《主要发达国家城市化发展经验及其对我国的启示》，吉林大学硕士学位论文，2004 年。

戴启秀、王志强：《21 世纪德国环保发展纲要及新政策》，载《德国研究》，2001 年第 1 期。

Daniel A. Mazmanian：《美国洛杉矶空气管理经验分析》，载《环境科学研究》，2006 第 19 期。

［英］德利克·埃尔森：《烟雾警报——城市空气质量管理》，田文学、朱志辉、韩建国等译，科学出版社 1999 年版。

邓玉华：《雾霾天气治理中的企业社会责任：理论与案例研究》，中国工商出版社 2013 年版。

董永在、冯尚春：《英、法城市化进程的特点及其对我国的借鉴》，载《当代经济》，2007 年第 12 期。

高桂林、于钧泓、罗晨煜：《大气污染防治法理论与实务》，中国政法大学出版社，2014 年版。

高鉴国：《加拿大城市化的历史进程与特点》，载《文史哲》，2000 年第 6 期。

［英］格里·斯托克：《作为理论的治理：五个论点》，载《国际社会科学杂志》，1999 年第 1 期。

耿欣：《环境保护经济激励措施在发达国家的应用》，载《地方财政研究》，2006 年第 4 期。

顾向荣：《伦敦综合治理城市大气污染的举措》，载《北京规划建设》，2000 年第 2 期。

顾向荣：《伦敦综合治理城市大气污染的举措》，载《北京规划建设》，2002 年第 2 期。

关大博、刘竹：《雾霾真相：京津冀地区 PM2. 5 污染解析及减排策略研究》，中国环境出版社 2014 年版。

韩笋生、迟顺芝：《加拿大城市化发展概况》，载《国外城市规划》，1995 年第 3 期。

韩笋生、迟顺芝：《加拿大城市发展特点》，载《国外城市规划》，1995 年第 3 期。

国际空气污染协会：《全球空气污染控制的立法与实践》，侯雪松、赵紫霞、朱钟杰、张新华译，中国环境科学出版 1992 年版。

姜立杰：《美国工业城市环境污染及其治理的历史考察》，东北师范大学博士学位论文，2002 年。

姜丽丽：《德国工业革命时期的城市化研究》，华中师范大学硕士论文，2008 年。

蒋荣：《香港人口城市化发展趋势及其影响意义》，载《中国城市化》，2005 年第 2 期。

金爱伟：《发展“低碳经济”的几点思考》，载《商业经济》，2011 年第 2 期。

［英］克莱夫·庞廷：《绿色世界史》，王毅、张学广译，上海人民出版社 2002 年版。

［德］拉蒙得·多米尼加：《资本主义、共产主义与环境保护：德国人的经验教训》，载《环境历史》，1998 年第 3 期。

李大勇、张学才：《论粤港大气污染联合减排的可能性及其理论意义》，载《理论月刊》，2006 年第 4 期。

李峰：《英国环境政治的产生及其特点》，载《衡阳师范学院学报》（社会科学版），1999 年第 5 期。

李宏图：《英国工业革命时期的环境污染和治理》，载《探索与争鸣》，2009 年第 2 期。

李虎军：《直面细尘埃》，载《财经》，2009 年第 242 期。

李猛：《中国区域非均衡发展的政治学分析》，载《政治学研究》，2011 第 3 期。

李松：《汽车发展与环境保护关系述评》，载《中国环境报》，2006年6月14日。

梁睿：《美国清洁空气法研究》，中国海洋大学硕士学位论文，2010年。

廖红、朱坦：《德国环境政策的实施手段研究》，载《上海环境科学》，2002年第12期。

罗健博：《发展、治理与平衡——美国环境保护运动与联邦环境政策研究》，复旦大学博士学位论文，2008年。

林建杨：《香港治理空气污染目标未能实现》，载《人民日报》，2012年11月15日。

林娅：《环境哲学概论》，中国政法大学出版社2000年版。

刘立群：《德国产业结构变动的绿色化趋势》，载《德国研究》，1999年第3期。

刘辉：《管治、无政府与合作：治理理论的三种图式》，载《上海行政学院学报》，2012年第3期。

刘民望：《成为大气环境问题的世界性城市化》，载《大气环境》，1991年第5期。

刘向阳：《20世纪中期英国空气污染治理的内在张力分析——环境、政治与利益博弈》，载《史林》，2010年第3期。

刘志侠：巴黎如何治理空气污染，载《劳动安全与健康》，1999年第1期。

[美] 詹姆斯·N.罗西瑙：《没有政府的治理》，张胜军、刘小林等译，江西人民出版社2001年版。

吕丽娜：《区域协同治理：地方政府合作困境化解的新思路》，载《实践·探索》，2012年第2期。

梅雪芹：《工业革命以来西方主要国家环境污染与治理的历史考察》，载《世界历史》，2000年第6期。

梅雪芹:《工业革命以来英国城市大气污染及防治措施研究》，载《北京师范大学学报》(人文社会科学版)，2001 年第 2 期。

明晓东:《新加坡工业化过程及其启示》，载《宏观经济管理》，2003 年第 12 期。

莫小坤:《环境保护执法联动机制研究》，西南政法大学硕士学位论文，2012 年。

彭峰:《香港、澳门空气污染管制法的启示》，载《环境经济》，2013 年第 6 期。

[美] 奇普·雅各布斯、威廉·凯利:《洛杉矶雾霾启示录》，曹军骥等译，上海科学技术出版社，2014 年版。

矫波:《加拿大环境保护法的变迁：1988—2008》，载《中国地质大学学报》，2009 年第 3 期。

秦虎、张建宇:《以〈清洁空气法〉为例简析美国环境管理体系》，载《环境科学研究》，2005 年第 4 期。

盛晓白:《德国的环保政策和措施》，载《审计与经济研究》，2000 年第 4 期。

世界卫生组织：《关于颗粒物、臭氧、二氧化氮和二氧化硫的空气质量准则》，2005 年全球更新版，风险评估概要。

世界银行:《世界发展报告》，中国财政经济出版社 2001 年版。

石泉、赵黎明:《欧盟的环境政策》，载《环境保护》，2006 年第 22 期。

钱华、戴海夏:《室内空气污染来源与防治》，中国环境科学出版社 2012 年版。

秦岭:《谁为香港的清洁空气买单?》，中国作家网，http://www.chinawriter.com.cn/bk/2006-12-22/8409.html，2006 年 12 月 22 日。

孙柏瑛：《公民参与形式的类型及其适用性分析》，载《人民大学学报》，2005 年第 5 期。

王安林：《德国环境政策拾零》，载《陕西环境》，2002 年第 3 期。

王炳华、赵明：《美国环境监测一百年历史回顾及其借鉴续一》，载《环境监测管理与技术》，2001 年第 1 期。

汪劲：《论现代环境法的演变与形成》，载《法学评论》，1998 年第 5 期。

王倩：《20 世纪 60、70 年代美国治理空气污染政策探析》，东北师范硕士学位论文，2009 年 。

王曦：《美国环境法概论》，中国环境科学出版社 1992 年版。

汪小勇等：《美国跨界大气环境监管经验对中国的借鉴》，载《中国人口·资源与环境》，2012 年第 3 期。

王艳红：《雾都伦敦治理空气污染的历史》，载《中国建设报》，2001 年 10 月 9 日。

王翊亭：《加拿大环境保护法制及机构体系》，载《环境科学研究》，1992 年第 6 期。

王玉明、邓卫文：《加拿大环境治理中的跨部门合作及其借鉴》，载《岭南学刊》，2010 年第 5 期。

Woodin, S. J.：《英国空气污染的环境后果》，吴觐、赵秦涛译，载《生态学报》，1990 年第 1 期。

吴木銮：《香港治理空气污染的经验》，载《东方早报》，2013 年 1 月 28 日。

吴小进：《浅谈排污权交易制度》，载《绿色视野》，2013 年第 3 期。

夏凌：《德国环境的法典化项目及其新进展》，载《甘肃政法学院学报》，2010 年第 3 期。

邢来顺：《德国工业化经济—社会史》，湖北人民出版社 2003 年版。

徐强：《英国城市研究》，上海交通大学出版社 2005 年版。

徐伟敏：《加拿大环境保护法（1999）介评——兼论我国环境基本

法的完善》，2001 环境资源法学国际研讨会论文集，2001 年 11 月。

徐政华：《英国低碳经济建设及经验》，载《人民论坛》，2011 年第 11 期。

燕乃玲、夏健明：《加拿大资源与环境管理的特点及对中国的启示》，载《决策咨询通讯》，2007 年第 5 期。

颜永光：《20 世纪中后期伦敦环境污染及其治理的历史考察》，湖南师范大学硕士论文，2008 年。

杨澜、付少平、蒋舟文：《法国城市化进程对当今中国城市化的启示》，载《法国研究》，2008 年第 4 期。

杨立华：《环境管理的范式变迁：管理、参与式管理到治理》，载《公共行政评论》，2013 年第 6 期。

杨立华：《多元协作性治理：以草原为例的博弈模型构建和实证研究》，载《中国行政管理》，2011 年第 4 期。

杨萌：《空气污染指数计算法将更严格》，载《联合早报》，2014 年 3 月 12 日。

叶林：《新区域主义的兴起与发展：一个综述》，载《公共行政评论》，2010 年第 3 期。

叶林：《超越国家与市场：第三条道路——对话奥斯特罗姆》（整理），载《公共行政评论》，2011 年第 3 期。

叶林：《转型过程中的中国城市管理创新：内容、体制及目标》，载《中国行政管理》，2012 年第 10 期。

叶林：《“陌生人”城市社会背景下的枢纽型组织发展》，载《中国行政管理》，2013 年第 11 期。

叶林、夏晓凤：《公平与效率：高密度环境下的基本公共服务“均等化”》，载《城市中国》，2012 年第 56 期。

叶林、赵旭铎：《科技创新中的政府与市场：来自英国牛津郡的经验》，载《公共行政评论》，2013 年第 5 期。

尹志军：《美国环境法史论》，中国政法大学博士学位论文，2005年。

俞可平：《治理与善治》，社会科学文献出版社2000年版。

余志乔、陆伟芳：《现代大伦敦的空气污染成因与治理——基于生态城市视野的历史考察》，载《城市观察》，2012年第6期。

曾道红：《法国环保经验及启示》，载《异域观察》，2008年第1期。

张朝辉：《法国、德国生态环境保护的经验与启示》，载《武汉建设》，2012年第3期。

张丽娅、陈建军，《日本治理大气污染经验对中国的启示》，人民网（日本频道），2013年2月21日。

张庆丰、［美］罗伯特·克鲁克斯：《迈向环境可持续的未来——中华人民共和国国家环境分析》，中国财政经济出版社2012年版。

张伟：《加拿大环境治理中的协调机制》，载《学习时报》，2004年3月25日。

张孝德：《从伦敦到北京：中英雾霾治理的比较与反思》，载《人民论坛·学术前沿》，2014年2月27日。

张晓萌、王连生：《美国控制空气污染物的对策》，载《环境科学与技术》，2010年第3期。

赵洁敏：《新加坡特色的环境治理模式研究》，湖南大学硕士论文，2011年。

赵颖：《印尼林火不断 新加坡受烟霾之苦》，载《国际在线》，2013年6月20日。

郑红：《德国如何走出空气污染》，人民网，2013年1月23日。

周文：《美国如何治理机动车排放污染》，载《生态经济》，2011年第11期。

周向红：《加拿大健康城市经验与教训研究》，载《城市规划》，

2007年第9期。

朱旭峰:《市场转型对中国环境治理结构的影响——国家污染物减排指标的分配机制研究》,载《中国人口、资源与环境》,2008年第6期。

朱旭峰:《论“环境治理公平”》,载《中国行政管理》,2007年第9期。

自然之友:《20世纪环境警示录》,华夏出版社2001年版。

Brimblecombe, Peter, *The Big Smoke: London and New York*, Methuen, 1987.

Brimblecombe, P., *The Big Smoke: London And New York*, Methuen, 1987.

British, M. B. R., *Historical Statistic*, Cambridge, 1988.

Bull, K., Johansson, M., and Krzyzanowski, M., "Impacts of the Convention on Long-range Transboundary Air Pollution on Air Quality in Europe", *Journal of Toxicology & Environmental Health: Part A*, 2008, Vol. 71, Issue 1, pp. 51 – 55.

Clap, B. W., *An Environmental Historyt of Britain since the Industrial Revolution*, New York: Longman press, 1994.

Dominick, R. Capitalism, " Communism and Environmental Protection: Lessons from the German Experience", *Environmental History*, Vol. 3, No. 3, 1998, pp. 311 – 332.

Elsom, D. M., "Air and Climate", in Morris, P. and Therivel, R. (eds.), *Methods of Environmental Impact Assessment*, London: UCL press, 1995, p. 129.

Faulkner, H. U., *The Decline of Laissez Faire, 1897 – 1917*, New York: Library of Congress, 1951.

Gross, Jill S., Ye, Lin, and Richard LeGates, " Asian and the Pacific Rim: The New Peri-Urbanization and Urban Theory", *Journal of Urban Af-*

fairs, 2014, Vol, 36, Issue S1, pp. 309 -314.

Hawke, N., *Environmental Health Law*, London: Sweet & Maxwell, 1995.

Hentrich, S., Matschoss, P., and Michaelis, P., "Emissions Trading and Competitiveness: Lessons from Germany", *Climate Policy*, 2009, Vol. 9, Issue 3, pp. 316 -329.

"International Union of Air Pollution Prevention Associations", *Clear Air Around The World: The Law and Practice of Air Pollution Control in 14 Countries in 5 Continents*, Brighton, 1988.

Keong, C. K., *Road Pricing: Singapore's Experience*, IMPRINT-EUROPE Seminar, 2002.

Krzyzanowski, M., Vandenberg, J., and Stieb, D., "Perspectives on Air Quality Policy Issues in Europe and North America", *Journal of Toxicology & Environmental Health: Part A*, 2005, Vol. 68, Issue 13/14, pp. 1057 -1061.

Layton, G., *From Bismarck to Hitler: Germany 1890 -1933*, Hodder & Stoughton, 1995.

Michel, B. R., *British Historical Statistics*, Cambridge, 1988.

Michie, Ranald C., *The City of London Basingstoke*, Hamsphire: Macmillan Academic and Professional, 1992.

Marsden, G. and Bell, M. C., "Road Traffic Pollution Monitoring and Modelling Tools and the UK National Air Quality Strategy", *Local Environment*, 2001, Vol. 6, Issue 2, pp. 181 -197.

Merchant, C., *The Columbia Guide to American Environmental History*, Columbia University Press, 2002.

Michie, R. C., *The City of London Basingstoke. Hamsphire*, Macmillan Academic and Professional, 1992.

Mücke, H., "Air Quality Management in the WHO European Region—Results of a Quality Assurance and Control Programme on Air Quality Monitoring (1994 - 2004)", *Environment International*, 2008, Vol. 34, Issue 5, pp. 648 -653.

National Academies, *Energy Futures and Urban Air Pollution: Challenges for China and the United States*, Washington, D. C.: The national Academic Press, 2007.

Nivola, P. S., *Laws of the Landscape: How Policies Shape Cities in Europe and America*, Washington, D. C.: Brookings Institution Press, 1999.

Parkhurst, G., "Air Quality and the Environmental Transport Policy Discourse in Oxford", *Transportation Research: Part D*, 2004, Vol. 9, Issue 6, pp. 419 -436.

Porter, G., *Encyclopedia of American Economic History*, New York: Charles Scribner's Sons, 1980.

Rehbinder, E., "Environmental Justice in Germany: Legal Aspects of Spatial Distribution of Environmental Quality", *Environmental Policy & Law*, 2007, Vol. 37, Issue 2/3, pp. 177 -184.

Stoker, G., "Governance asTheory: Five Propositions", *International Social Science Journal*, 1998, Vol, 50, pp. 17 -28.

Strading, D. and Thorshein, P., "The Smoke of Great Cities, British and American Efforts to Control Air Pollution. 1860 - 1914", *Environmental History*, NO. 4, 1999, p. 8.

The Commission on Global Governance, *Our Global Neighborhood*, Oxford University Press, 1995.

United Nations Environment and Human Settlement Program: Urban Air Quality Management, 2005.

van Erp, Annemoon M. M., O'Keefe, R., Cohen, Aaron J., and Warren, J., "Evaluating the Effectiveness of Air Quality Interventions", *Journal of Toxicology & Environmental Health: Part A*, May 2008, Vol. 71, Issue 10, pp. 583 –587.

Woodfield, N. K. , Longhurst, J. W. S. , Beattie, C. I. ; Laxen & D. P. H. , "Critical Evaluation of the Role of Scientific Analysis in UK Local Authority AQMA Decision-Making: Method Development and Preliminary Results", *Science of the Total Environment*, 2003, Vol. 311, Issue 1 –3, pp. 1 –18.

Woods, N. D. and Potoski, M. , "Environmental Federalism Revisited: Second-Order Devolution in Air Quality Regulation", *Review of Policy Research*, 2013, Volume 27, Number 6, pp. 721 –739.

Ye, Lin, "Urban Transformation and Institutional Policies: Case Study of Mega-Region Development in China's Pearl River Delta", *Journal of Urban Planning and Development*, 2010, Volume 139, Number 6, pp. 292 –300.

Ye, Lin and Alfred Muluan Wu, "Urbanization, Land Urbanization, and Land Financing: Evidence from Chinese Cities", *Journal of Urban Affairs*, 2014, Vol. 36, Issue S1, pp. 354 –368.

图书在版编目(CIP)数据

空气污染治理国际比较研究 / 叶林著.
—北京:中央编译出版社,2014.9
ISBN 978-7-5117-2333-8

Ⅰ. ①空… Ⅱ. ①叶… Ⅲ. ①空气污染控制-对比研究-世界 Ⅳ. ①X51

中国版本图书馆 CIP 数据核字(2014)第 225057 号

空气污染治理国际比较研究

出 版 人:刘明清
出版统筹:贾宇琰
责任编辑:王 琳
责任印制:尹 珺
出版发行:中央编译出版社
地　　址:北京西城区车公庄大街乙 5 号鸿儒大厦 B 座(100044)
电　　话:(010)52612345(总编室)　(010)52612341(编辑室)
(010)52612316(发行部)　(010)52612317(网络销售)
(010)52612346(馆配部)　(010)66509618(读者服务部)
传　　真:(010)66515838
经　　销:全国新华书店
印　　刷:北京金瀑印刷有限公司
开　　本:787 毫米×1092 毫米　1/16
字　　数:310 千字
印　　张:22
版　　次:2014 年 9 月第 1 版第 1 次印刷
定　　价:85.00 元

网　　址:www.cctphome.com　**邮　箱**:cctp@cctphome.com
新浪微博:@中央编译出版社　**微　信**:中央编译出版社(ID:cctphome)
淘宝店铺:中央编译出版社直销店(http://shop108367160.taobao.com)

本社常年法律顾问:北京市吴栾赵阎律师事务所律师　闫军　梁勤

凡有印装质量问题,本社负责调换,电话:(010)66509618